高等学校工程应用型土建类系列教材

土木工程概预算与清单计价

（第3版）

主　编　孟新田　任晓宇

副主编　韩英爱　何美丽　刘灵勇　徐希鹏

中国教育出版传媒集团

高等教育出版社·北京

内容简介

本书为高等学校工程应用型土建类系列教材之一，是在第2版的基础上修订而成的。全书共9章，内容包括：总论、土木工程定额原理、建筑工程施工图预算的编制与审查、公路工程施工图预算的编制与审查、土木工程设计概算的编制与审查、土木工程结算与竣工决算、建设工程清单计价、公路工程清单计价及信息技术在建设工程造价管理中的应用。

本书吸收了近年来教学改革的成果，增加了工程量清单、招标标底及投标报价、施工方案和施工组织计划对工程造价的影响、工程量计算等内容，还介绍了应用信息技术编制工程造价的方法。本书具有内容全面，架构合理，突出新意，注重应用，体现新标准、新规范等特色。

本书可作为普通高等学校土木工程专业的教材，也可供工程技术人员作为培训参考用书使用。

图书在版编目(CIP)数据

土木工程概预算与清单计价／孟新田,任晓宇主编；韩英爱等副主编. --3版. --北京:高等教育出版社,2022.9

ISBN 978-7-04-059045-6

Ⅰ.①土…　Ⅱ.①孟…　②任…　③韩…　Ⅲ.①土木工程-建筑概算定额-高等学校-教材②土木工程-建筑预算定额-高等学校-教材③土木工程-工程造价-高等学校-教材　Ⅳ.①TU723.3

中国版本图书馆CIP数据核字(2022)第131039号

TUMU GONGCHENG GAIYUSUAN YU QINGDAN JIJIA

策划编辑　葛　心　　责任编辑　葛　心　　封面设计　杨立新　　版式设计　杜微言
责任绘图　邓　超　　责任校对　陈　杨　　责任印制　存　怡

出版发行　高等教育出版社
社　　址　北京市西城区德外大街4号
邮政编码　100120
印　　刷　北京市艺辉印刷有限公司
开　　本　787mm×1092mm　1/16
印　　张　19.25
字　　数　470千字
购书热线　010-58581118
咨询电话　400-810-0598

网　　址　http://www.hep.edu.cn
　　　　　http://www.hep.com.cn
网上订购　http://www.hepmall.com.cn
　　　　　http://www.hepmall.com
　　　　　http://www.hepmall.cn
版　　次　2006年5月第1版
　　　　　2022年9月第3版
印　　次　2022年9月第1次印刷
定　　价　42.80元

物 料 号　59045-00

土木工程概预算与清单计价（第3版）

1 计算机访问http://abook.hep.com.cn/1228635，或手机扫描二维码、下载并安装Abook应用。
2 注册并登录，进入"我的课程"。
3 输入封底数字课程账号（20位密码，刮开涂层可见），或通过Abook应用扫描封底数字课程账号二维码，完成课程绑定。
4 单击"进入课程"按钮，开始本数字课程的学习。

课程绑定后一年为数字课程使用有效期。受硬件限制，部分内容无法在手机端显示，请按提示通过计算机访问学习。

如有使用问题，请发邮件至abook@hep.com.cn。

http://abook.hep.com.cn/1228635

第3版前言

本书第1版是教育科学“十五”国家规划课题研究成果，是为适应21世纪高等学校人才培养的教学需求而编写的高等学校工程应用型土建类系列教材之一，于2006年5月出版。第2版于2015年12月出版，距今已近7年。为适应我国经济体制改革的需要，力求科学地反映建设工程造价管理的发展情况，第3版做了以下修改。

1. 根据《公路工程标准施工招标文件》（交通运输部公告2017年第51号）、《公路工程建设项目概算预算编制办法》（JTG 3830—2018）、《公路工程预算定额》（JTG/T 3832—2018）等的有关规定，对原第1章、第4章、第9章进行了全面修改。

2. 根据《财政部 国家税务总局关于全面推开营业税改征增值税试点的通知》（财税〔2016〕36号）、《基本建设项目建设成本管理规定》（财建〔2016〕504号）、《关于深化增值税改革有关政策的公告》（财政部 税务总局 海关总署公告2019年第39号）、《住房城乡建设部办公厅关于调整建设工程计价依据增值税税率的通知》（建办标函〔2019〕193号）、交通运输部公告2019年第26号及建设工程项目相关管理规范的有关规定，对书中相关内容进行了完善。

3. 随着市场经济的不断发展，建设行政管理部门不再组织编制施工定额，施工企业更多地采用目标责任成本管理、全生命周期成本管理、作业成本法管理及挣值管理等方法进行成本的控制与管理。因此，删除了原第6章“土木工程施工预算”。

4. 根据工程造价管理软件的发展和BIM技术的推广应用，对原第10章进行了重新编写，并改为第9章。

本书由湖南城市学院孟新田、山东理工大学任晓宇主编。本书第1章、第2章、第5章由孟新田修订，第3章、第6章由任晓宇修订，第4章由湖南城市学院刘灵勇修订，第7章由长春工程学院韩英爱修订。第8章由孟新田、刘灵勇、山东华宇工学院徐希鹏修订，第9章由湖南城市学院何美丽修订。湖南城市学院梁虹参与了本书数字资源的收集与整理，任晓宇编制了各章教学课件。全书由孟新田统稿，湖南城市学院汤勇教授审阅。

本书编写过程中，参阅了许多专家和学者的论著。湖南新星项目管理有限公司罗国基、湖南智多星软件有限公司宋智勇为本书的案例编写提供了许多宝贵的意见与建议，在此表示衷心的感谢。

限于作者的水平，不妥之处在所难免，诚请读者批评指正。

编者

2022年5月

第2版前言

本书第1版是教育科学“十五”国家规划课题研究成果，是为适应21世纪高等学校人才培养的教学需求而编写的，系高等学校工程应用型土建类系列教材之一。第1版于2006年5月出版，距今已有9年，为适应我国经济体制改革的需要，力求科学地反映建设工程造价管理的发展情况，在第2版中做了以下修改：

1. 根据《建筑安装工程费用项目组成》（建标〔2013〕44号）、《公路工程基本建设项目概算预算编制办法》（JTG B06—2007）和《关于公布公路工程基本建设项目概算预算编制办法局部修订的公告》（交通运输部公告2011年第83号）的有关规定，对第1章、第4章、第9章进行了全面修改。

2. 根据《建筑工程建筑面积计算规范》（GB/T 50353—2013）、《建设工程工程量清单计价规范》（GB 50500—2013）的有关规定，对第3章进行了全面修改。

3. 随着工程造价管理软件的不断开发和BIM技术的推广应用，对第10章进行了重新编写。

湖南城市学院孟新田修订了第1章、第2章、第6章、第10章，攀枝花学院谢治英修订了第3章、第7章，山东交通学院崔艳梅修订了第4章、第5章，长春工程学院韩英爱修订了第8章，山东交通学院张素娟修订了第9章，全书由孟新田统稿。大连理工大学姚少臣教授审阅了全书并提出了许多宝贵意见，在此表示衷心感谢。

限于作者的水平，不妥之处在所难免，诚请读者批评指正。

编者

2015年7月

第1版前言

本书是教育科学“十五”国家规划课题研究成果之一，从土木工程专业培养目标出发，教材内容紧跟我国建筑市场发展和工程造价管理体制改革的形势，并适应我国社会经济的发展、建筑业参与国际建筑市场竞争及建设项目全过程造价控制的需要而编写的。

本书内容精简，浅显易懂，突出了对学生应用能力的培养，努力体现先进性与实用性的特点。主要介绍了基本建设费用的构成、土木工程定额原理、建筑工程与公路工程概预算的编制与审查，将我国有关部委新近出台的《建筑工程建筑面积计算规范》(GB/T 50353—2005)、《建筑工程工程量清单计价规范》(GB 50500—2003)、《公路工程国内招标文件范本》(2003版)的有关内容纳入本教材中，并附有工程造价编制实例供读者参考。

本书结合现行国家规范及有关部委的工程造价管理法规编写，紧密结合工程实践，突出应用性，不仅可作为土木工程、工程管理等本科专业的教材，也可作为从事土木工程造价管理、施工、监理的技术人员的参考用书。

本书第1章由孟新田(湖南城市学院)编写，第2章由孟新田、曾革(湖南城市学院)编写，第3、7章由谢治英(攀枝花学院)编写，第4、5章由崔艳梅(山东交通学院)编写，第6章由曹春阳(辽宁工学院)编写，第8章由韩英爱(长春工程学院)编写，第9章由董立(山东交通学院)编写，第10章由陈建强(青岛理工大学)编写，刘方、张艳(长春工程学院)绘制了第8章实例附图。全书由孟新田主编，崔艳梅、谢治英、韩英爱副主编。高级工程师武树春审阅了全书并提出了许多宝贵的意见和建议，在此表示诚挚的感谢。

本书附带光盘，内容为土木工程清单整体解决方案(学习版)，软件包括图形算量、钢筋抽样和清单计价三个部分。学生可以通过光盘中的多媒体帮助，达到快速入门，掌握预算软件的使用方法。对于工程量较小的工程，学生可以进行实际操作，实现工程量计算、钢筋量计算、清单计价的电算化过程。感谢北京广联达软件技术有限公司郑艳丽和刘帅对本软件提供的技术支持。

本书在编写过程中参考并引用了大量文献，得到了全国高等学校教学研究中心、高等教育出版社、湖南城市学院、山东交通学院、攀枝花学院、长春工程学院、辽宁工学院和青岛理工大学等有关部门的大力支持，谨此一并表示衷心感谢。

由于编者的水平和经验有限，书中不妥之处在所难免，敬请读者批评指正。

编者

2005年11月

目　录

第 1 章

总　论

学习重点:基本建设各阶段的工程造价管理,建设项目工程造价的构成,建筑工程与公路工程的建筑安装费用组成,设备购置费、工程建设其他费用、预备费、建设期贷款利息的计算。

学习目标:通过本章的学习,理解基本建设程序与工程造价管理的内在联系,熟悉建设项目工程造价的构成,掌握建筑安装费用、设备购置费、工程建设其他费用、预备费、建设期贷款利息的计算方法,了解基本建设的概念、分类及工程造价的计价特征。

1.1 基本建设

1.1.1 基本建设及其分类

1. 基本建设的意义

基本建设是指固定资产的建造、添置和安装,是国民经济各部门为了扩大再生产而进行的增加固定资产的建设工作。具体来讲,基本建设就是人们利用各种施工机具,通过购置、建造和安装等活动,使一定的土木工程材料、设备等成为固定资产的过程。诸如工厂、矿山、公路、铁路、港口、学校、医院等工程的建设,机具、车辆、各种设备的添置与安装,以及与建设对象有关的工程地质勘探、设计等。基本建设的目的就是发展国民经济,提高社会生产力水平和人民的物质文化生活水平。

2. 基本建设的内容

基本建设活动的内容主要有三部分:

(1) 建筑安装

① 建筑工程　如房屋建筑、路基、路面、桥梁、涵洞、隧道等。

② 设备安装工程　如工业厂房、高等级公路、大型桥梁所需各种机械、设备、仪器的安装、调试等。

(2) 设备购置

为满足建设项目的运营、管理等所必须购置的设备。其中公路设备包括渡口设备,隧道照明、消防、通风的动力设备,高等级公路的收费、监控、通信、供电设备,养护用的机械设备等。

(3) 其他基本建设工作

如征用土地、房屋拆迁、青苗补偿和安置补助工作,地质勘察、设计及与之有关的调查和技术研究工作等。

3. 基本建设的分类

(1) 按基本建设的性质分

① 新建项目 是指从无到有完全新开始建设的项目。有的建设项目原有基础很小，重新进行总体设计，经扩大建设规模后，其新增加的固定资产价值超过原有固定资产价值3倍的，也属于新建项目。

② 扩建项目 是指企业为扩大原有产品生产能力或增加新的生产能力，事业单位为增加或扩大原有固定资产的使用效益，在原有基本建设的基础上再扩大建设的项目。

③ 改建项目 是指企业为提高生产效率，改进产品质量，或改变产品的方向，对原有的设备、工艺流程进行技术改造的项目。企业为了提高综合生产能力，增加一些附属和辅助车间或非生产性工程，也属于改建项目。

④ 恢复项目 是指企业和事业单位的固定资产因自然灾害、战争或人为灾害等原因已全部或部分报废，而后又投资恢复建设的项目，不论是按原来规模恢复建设，还是在恢复同时进行扩建的都算恢复项目。

⑤ 迁建项目 是指原有企事业单位根据自身生产经营和事业发展的要求，按照国家调整生产力布局的经济发展战略需要或出于环境保护等其他特殊要求，搬迁到异地而建设的工程项目。

工程项目按其性质分为上述5类，一个工程项目只能有一种性质，在工程项目按总体设计全部建成之前，其建设性质始终不变。

(2) 按基本建设投资用途分

① 生产性建设 是指直接用于物质生产或为满足物质生产需要的建设，如工业建设、农林水利气象建设、交通运输建设、商业和物资供应建设、地质资源勘探建设等。

② 非生产性建设 是指用于满足人民物质和文化生活需要的建设，如住宅建设、文教卫生建设、公用事业建设等。

(3) 按基本建设规模分

按照项目规模大小，将基本建设项目划分为大型项目、中型项目和小型项目。大、中、小型项目是按项目的建设总规模或总投资来确定的。对于建设项目的大、中、小型划分标准，国家发展和改革委员会(简称发改委)、住房和城乡建设部(简称住建部)、财政部都有明确的规定。

4. 基本建设项目的组成

每项基本建设工程，就其实物形态来说，都由许多部分组成。为了便于编制各种基本建设的施工组织设计和概、预算文件，必须对每项基本建设工程进行项目划分。基本建设工程可依次划分为：建设项目、单项工程、单位工程、分部工程和分项工程。建设项目的划分如图1-1所示。

(1) 建设项目

建设项目是指有设计任务书，按照一个总体设计进行施工的各个工程项目的总体。建设项目可由一个工程项目或几个工程项目所构成。建设项目在经济上实行独立核算，在行政上具有独立的组织形式。在我国，建设项目的实施单位一般称为建设单位，实行建设项目法人负责制。如新建一个工厂、矿山、学校、农场，新建一个独立的水利工程、一条公路或一条铁路等。建设项目由项目法人单位实行统一管理。

(2) 单项工程

单项工程是建设项目的组成部分。单项工程又称工程项目,是指具有独立的设计文件,独立施工、竣工后可以独立发挥生产能力并能产生经济效益或效能的工程,如工业建设项目中的生产车间、办公楼和职工住宅,公路建设项目中的某独立大、中桥梁和某隧道工程等。

(3) 单位工程

单位工程是单项工程的组成部分。单位工程是指不能独立发挥生产能力,但具有独立设计的施工图纸,并能独立组织施工的工程。如某生产车间可分为土建工程(包括建筑物、构筑物)、电气安装工程(包括动力、照明等)、工业管道工程(包括蒸气、压缩空气、煤气等)、暖通卫生工程(包括采暖、上下水等)、通风工程和电梯工程等单位工程;某隧道单项工程可分为土建工程、照明和通风工程等单位工程。

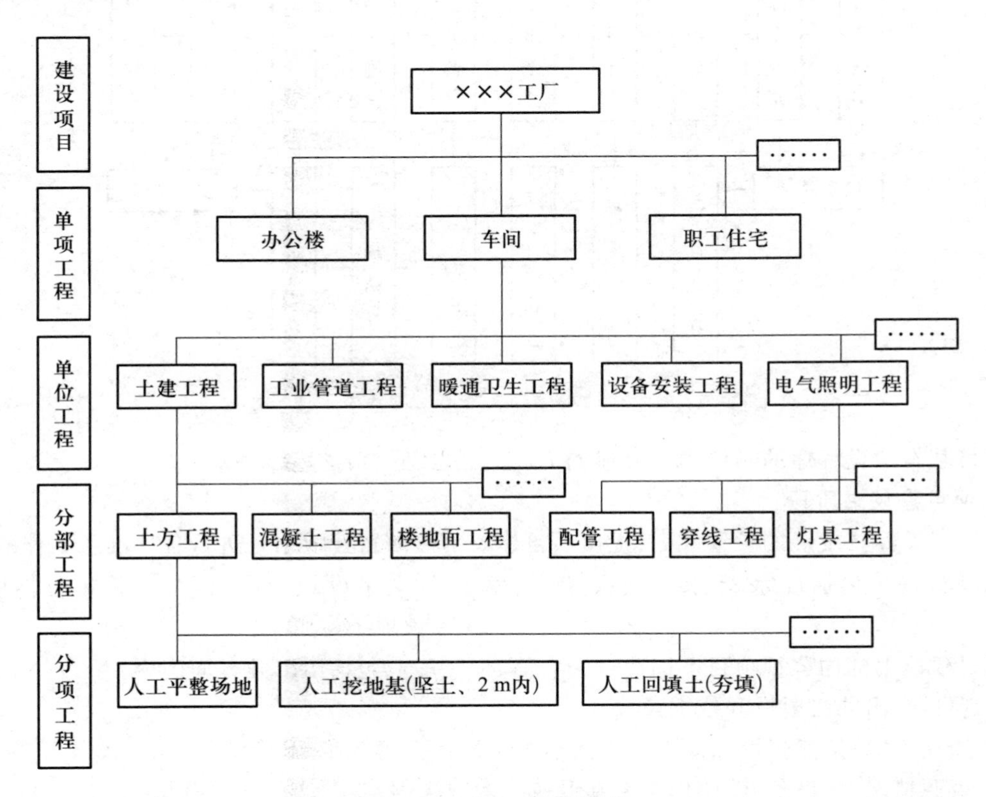

图 1-1 建设项目的划分

(4) 分部工程

分部工程是单位工程的组成部分。它是按照单位工程的各个部位由不同工种的工人利用不同的工具和材料完成的工程。例如土建工程可分为土方工程、桩基础工程、脚手架及垂直运输工程、砌筑工程、混凝土及钢筋混凝土工程、构件运输安装工程、木结构工程、屋面及防水工程、金属结构制作工程、门窗工程、楼地面工程、顶棚装饰工程等。

(5) 分项工程

分项工程是分部工程的组成部分,它是将分部工程进一步划分为若干更细的部分,如土方工程可划分为人工平整场地、人工挖地基、人工回填土等分项工程。分项工程是建筑安装工程的基本构成因素,是工程预算分项中最基本的分项单元。

1.1.2 基本建设程序

基本建设项目在整个建设过程中各项工作的先后顺序,称为基本建设程序。这个程序是由基本建设进程的客观规律(包括自然规律和经济规律)决定的。基本建设程序如图1-2所示。所有新建及改建的大中型项目,都应严格按照程序进行。对于小型项目,可根据具体情况适当合并或删去某些程序。

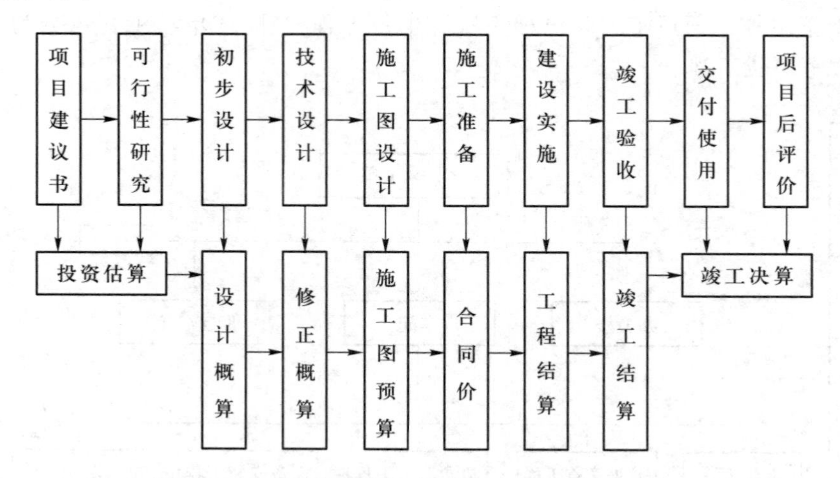

图1-2 基本建设程序和各阶段工程造价管理示意图

现将基本建设程序的具体内容分述如下:

1. 项目建议书阶段

根据国民经济发展的长远规划,提出项目建议书。项目建议书是进行各项准备工作的依据。对建设项目提出包括目标、要求、原料、资金来源等的文字设想说明,作为进行可行性研究的依据。

项目建议书的内容视项目不同而有繁有简,但一般应包括以下几方面内容:

① 项目提出的必要性和依据;

② 产品方案、拟建规模和建设地点的初步设想;

③ 资源情况、建设条件、协作关系和设备技术引进国别、厂商的初步分析;

④ 投资估算、资金筹措及还贷方案设想;

⑤ 项目进度安排;

⑥ 经济效益和社会效益的初步估计;

⑦ 环境影响的初步评价。

对于政府投资项目,项目建议书按要求编制完成后,应根据建设规模和限额划分报送有关部门审批。项目建议书经批准后,可进行可行性研究工作,但并不表明项目非上不可,批准的项目建议书不是项目的最终决策。

2. 可行性研究阶段

建设项目的可行性研究,是在投资决策前,对与拟建项目有关的社会、经济、技术等各方面进行深入细致的调查研究,对各种可能采用的技术方案和建设方案进行认真的技术经济分析和比较论证,对项目建成后的经济效益进行科学的预测和评价。在此基础上,对拟建项目的技术先进性和适用性,经济合理性和有效性,以及建设必要性和可行性进行全面分析、系统论证、多方案比较和综合评价,由此得出该项目是否应该投资和如何投资等结论性意见,为项目投资决策提供可靠的科学依据。由于基础资料的占有程度、研究深度与可靠程度要求不同,可行性研究的各个工作阶段的研究性质、研究要求、投资估算精度与工作时间各不相同,详见表1-1。

表1-1 可行性研究各工作阶段的要求

工作阶段	机会研究	初步可行性研究	详细可行性研究	评价与决策阶段
研究性质	项目设想	项目初选	项目准备	项目评估
研究要求	编制项目建议书	编制初步可行性研究报告	编制可行性研究报告	提出项目评估报告
投资估算精度	±30%	±20%	±10%	±10%
工作时间/月	1~3	4~6	8~12	—

可行性研究工作完成后,需要编写出反映其全部工作成果的"可行性研究报告"。就其内容来看,各类项目的可行性研究报告内容不尽相同,对一般工业项目而言,其可行性研究报告应包括以下基本内容:

① 项目提出的背景、项目概况及投资的必要性;
② 产品需求、价格预测及市场风险分析;
③ 资源条件评价(对资源开发项目而言);
④ 建设规模及产品方案的技术经济分析;
⑤ 建厂条件与厂址方案;
⑥ 技术方案、设备方案和工程方案;
⑦ 主要原材料、燃料供应;
⑧ 总图、运输与公共辅助工程;
⑨ 节能、节水措施;
⑩ 环境影响评价;
⑪ 劳动安全卫生与消防;
⑫ 组织机构与人力资源配置;
⑬ 项目实施进度;
⑭ 投资估算及融资方案;
⑮ 财务评价和国民经济评价;
⑯ 社会评价和风险分析;
⑰ 研究结论与建议。

根据《国务院关于投资体制改革的决定》(国发〔2004〕20号),政府投资项目实行审批制,非政府投资项目实行核准制或登记备案制。

政府投资项目一般都要经过符合资质要求的咨询中介机构的评估论证，从投资决策的角度审批项目建议书和可行性研究报告，特别重大的项目还应实行专家评议制度。国家将逐步实行政府投资项目公示制度，以广泛听取各方面的意见和建议。

非政府投资项目虽然政府不审批项目建议书和可行性研究报告，但这并不意味着企业不需要编制可行性研究报告。为了保证企业投资决策的质量，投资企业也应编制可行性研究报告。

3. 设计阶段

设计文件是安排建设项目、控制投资、编制招标文件、组织施工和竣工验收的重要依据。设计文件的编制必须精心设计，认真贯彻国家有关方针政策，严格执行基本建设程序的规定。设计阶段具体包括初步设计阶段、技术设计阶段及施工图设计阶段。

初步设计应根据批准的可行性研究的要求和相关技术资料（包括自然条件、基础设施、业主的要求等），拟定设计原则，选定设计方案，计算主要工程数量，提出施工方案的意见，编制设计概算，提供文字说明及图表资料。初步设计文件经审查批准后，是国家控制建设项目投资及编制施工图设计文件或技术设计文件（采用三阶段设计时）的依据，并且为订购和调拨主要材料、机具、设备，安排重大科研试验项目，征用土地等的筹划提供资料。

技术设计是初步设计的具体化，也是各种技术问题的定案阶段。技术设计所研究和决定的问题，与初步设计大致相同。对重大、复杂的技术问题通过科学试验、专题研究，加深勘探调查及分析比较，解决初步设计中未能解决的问题，落实技术方案，计算工程数量，提出修正的施工方案，编制修正设计概算。经批准后作为编制施工图设计的依据。

施工图设计主要是通过图纸，把设计者的意图和全部设计结果表达出来，作为工人施工制作的依据。它是设计工作和施工工作的桥梁。具体包括建设项目各部分工程的详图和零部件、结构件明细表，以及验收标准、方法等。施工图设计的深度应能满足设备材料的选择和确定、非标准设备的设计与加工制作、施工图预算的编制、工程施工和安装的要求。

根据《房屋建筑和市政基础设施工程施工图设计文件审查管理办法》（中华人民共和国住房和城乡建设部令第13号），建设单位应当将施工图送施工图审查机构审查。施工图审查机构按照有关法律、法规，对施工图涉及公共利益、公众安全和工程建设强制性标准的内容进行审查。

4. 施工准备阶段

为了保证施工顺利进行，在施工准备阶段，建设主管部门应根据计划要求的建设进度，指定一个企业或事业单位组织基建管理机构（即业主）办理登记及拆迁，做好施工沿线有关单位和部门的协调工作，抓紧配套工程项目的落实，组织分工范围内的技术资料、材料、设备的供应。勘测设计单位应按照技术资料供应协议，按时提供各种图纸资料，做好施工图纸的会审及移交工作。业主通过工程招标确定施工单位，施工单位接到中标通知后，应尽早组织劳动力、材料、施工机具进场，进行施工测量，搭设临时设施，熟悉图纸要求，编制实施性施工组织设计和施工预算，提交开工报告，业主按投资隶属关系报请交通运输部或省（市）、自治区基建主管部门核准并申请领取施工许可证。

5. 建设实施阶段

施工单位要遵照施工程序合理组织施工，施工过程中应严格按照设计要求和施工规范，确保工程质量,安全施工,推广应用新工艺、新技术,努力缩短工期,降低造价,同时应注意做好施工记录,建立技术档案。

6. 竣工验收、交付使用阶段

竣工验收是一项十分细致而又严肃的工作,必须从国家和人民的利益出发,按照住建部《房屋建筑和市政基础设施工程竣工验收规定》和交通部颁发的《公路工程竣(交)工验收办法》的要求,认真负责地对全部基本建设工程进行总验收。竣工验收包括对工程质量、数量、期限、生产能力、建设规模、使用条件的审查,对建设单位和施工企业编报的固定资产移交清单、隐蔽工程说明、竣工结算和竣工决算等进行细致检查。特别是竣工决算,它是反映整个基本建设工作所消耗的建设资金的综合性文件,也是通过货币指标对全部基本建设工作的全面总结。

7. 项目后评价阶段

项目后评价是工程项目实施阶段管理的延伸。工程项目竣工验收或通过销售交付使用,只是工程建设完成的标志,而不是工程项目管理的终结。工程项目建设和运营是否达到投资决策时所确定的目标,只有经过生产经营或销售取得实际投资效果后,才能进行正确的判断;也只有在这时,才能对工程项目进行总结和评估,才能综合反映工程项目建设和工程项目管理各环节工作的成效和存在的问题,并为以后改进工程项目管理、提高工程项目管理水平、制定科学的工程项目建设计划提供依据。

项目后评价的基本方法是对比法,就是将工程项目建成投产后所取得的实际效果、经济效益和社会效益、环境保护等情况与前期决策阶段的预测情况相对比,与项目建设前的情况相对比,从中发现问题,总结经验和教训。主要从效益和过程两个方面对工程项目进行后评价。

效益后评价是以项目投产后实际取得的效益(经济、社会、环境等)及其隐含在其中的技术影响为基础,重新测算项目的各项经济数据,得到相关的投资效果指标,然后将这些指标与项目前期评估时预测的有关经济效果值、社会环境影响值进行对比,评价和分析其偏差情况及原因,吸取经验教训,从而为提高项目的投资管理水平和投资决策服务。效益后评价包括经济效益后评价、环境效益和社会效益后评价、项目可持续性后评价及项目综合效益后评价。

过程后评价是指对工程项目的立项决策、设计施工、竣工投产、生产运营等全过程进行系统分析,找出项目后评价与原预期效益之间的差异及其产生的原因,使后评价结论有根有据,同时针对问题提出解决办法。

1.1.3 基本建设概(预)算分类

1. 按工程对象分类

(1) 单位工程概(预)算

单位工程概(预)算是以单位工程为编制对象编制的单位工程建设费用的文件,即确定一个独立建筑物或构筑物中的一般土建工程、卫生工程、工业管道工程、特殊构筑物工程、电气照明工程、机械设备及安装工程、电气设备及安装工程等各单位工程建设费用。它是根据设计图纸和概算指标、概算定额(预算定额)、费用定额和国家有关规定等资料编制的。

(2) 工程建设其他费用概(预)算

工程建设其他费用概(预)算是以建设项目为对象,根据有关规定应在建设投资中支付的除建筑工程、设备及安装工程之外的一些费用。如征地费、拆迁工程费、工程勘察设计费、建设单位管理费、生产工人技术培训费、科研试验费、试车费、固定资产投资方向调节税等费用。这些费用是根据设计文件和国家、地方主管部门规定的取费标准及相应的计算方法进行编制的。

工程建设其他费用概(预)算以独立的费用项目列入单项工程综合概(预)算或建设项目总概(预)算中。

(3) 单项工程综合概(预)算

单项工程综合概(预)算是确定各个单项工程(如某一生产车间、独立建筑物或构筑物)全部建设费用的文件,它由该工程项目内的各单位工程概(预)算书综合而成;当一个建设项目只包含一个单项工程时,则与该项工程有关的其他工程费用一起,列入该工程项目综合概(预)算书中。

(4) 建设项目总概(预)算

建设项目总概(预)算是确定建设项目从筹建到竣工验收、交付使用全过程的全部建设费用的文件,它由该建设项目的各个工程项目的综合概(预)算及其他工程费用概(预)算综合而成。

2. 按工程建设阶段分类

(1) 投资估算

投资估算是指在项目建议书阶段或可行性研究阶段对建设工程预期造价所进行的优化、计算、核定及相应文件的编制。一般可按规定的投资估算指标、类似工程的造价资料、现行的设备材料价格并结合工程实际情况进行投资估算。投资估算是判断项目可行性和进行项目决策的重要依据之一,并可作为工程造价的目标限额,为以后编制概预算做好准备。

(2) 设计概算

设计概算是在初步设计或扩大的初步设计阶段,设计单位根据初步设计图纸、概算定额(或概算指标)、各项费用定额等资料编制的。

设计概算是国家确定和控制建设项目总投资、编制基本建设计划的依据。每个建设项目只有在初步设计和概算文件被批准之后,才能列入基本建设计划,开始进行施工图设计。经批准的设计总概算是确定建设项目总造价、编制固定资产投资计划、签订建设项目承包总合同和贷款总合同的依据,也是控制基本建设拨款和施工图预算及考核设计经济合理性的依据。

(3) 施工图预算

施工图预算是根据施工图、预算定额、各项取费标准、建设地区的自然及技术经济条件等资料编制的建筑安装工程预算造价文件。施工图预算是签订建筑安装工程承包合同,实行工程预算包干,拨付工程款,进行竣工结算的依据;实行招标的工程,施工图预算是确定招标控制价或标底的基础。

(4) 工程量清单计价

工程量清单计价是根据工程量清单(表现拟建工程的分部分项工程项目、措施项目、其他项目名称和相应数量的明细清单)、综合单价、企业定额编制的建筑安装工程造价文件。工程量清单计价是工程实行工程量清单招标的依据。

(5) 招投标标价

在招投标过程中,建筑工程的价格是通过标价来确定的。标价分为招标控制价、投标价、中标价和签约合同价。

(6) 施工预算

施工预算是施工企业根据施工图、单位工程施工组织设计和施工定额等资料编制的。施工预算是施工企业计划管理、内部经济核算的依据。

(7) 工程结算

工程结算是指施工企业在工程实施过程中,依据施工合同关于工程付款条款中的规定和已完工程量,以及影响工程造价的设备、材料价差、设计变更、现场签证等,按规定程序向业主收取工程价款的经济活动。

(8) 竣工结算

竣工结算是建设项目发、承包双方依据国家有关法律、法规和标准规定,按照合同约定确定的,包括在履行合同过程中按合同约定进行的工程变更、索赔和价款调整,是承包人按合同约定完成了全部承包工作后,发包人应付给承包人的合同总金额。

(9) 竣工决算

建设项目的竣工决算,是当所建项目全部完工并经过验收后,由建设单位编制的从项目筹建到竣工验收、交付使用全过程中实际支付的全部建设费用的经济文件。它反映了建设项目实际造价和投资效果,是工程项目后评估的重要文件。

1.2 工程造价及计价特征

1.2.1 工程造价的概念

“工程造价”一词的前身是“建筑工程概预算”和“建筑产品价格”。“建筑工程概预算”一词从新中国成立以来一直沿用到改革开放前,这和我国在新中国成立初期引进苏联以概预算为核心的工程造价管理体制有关。

20 世纪 80 年代前期,在国内建筑经济学界使用“建筑产品价格”这一概念的同时,政府文件中开始出现“工程造价”一词。以后因各级行政部门的沿用,很快相继被有关学术组织、大专院校和基层单位等广泛使用。工程造价和建筑产品价格在同一时期共存的现象,一方面说明人们的思维向市场经济观念转变,但是另一方面却又为在建设事业系统内理顺市场经济关系和梳理新旧观念带来一定困难。当时,人们对这两个词的认识存在很多争议。客观地看,建筑产品价格一词其内涵和外延是清楚的。它在《中国大百科全书土木工程(建筑经济分册)》及国内出版的《建筑经济学》《价格学》等著作中都有较一致的界定。而工程造价一词的概念的确有明显的不确定性。例如,提到降低和控制工程造价时,显然指投资降低和控制建设工程投资费用;而政府在阐明工程造价改革政策的等价交换原则时,则又是指建筑产品价格。总之,工程造价一词从开始出现到后来的约定俗成,是我国现实的经济体制下,投资实施管理和建筑业行业管理两者合一统管体制的特定环境下的产物。

近年来,中国建设工程造价管理协会在工程造价管理组织内,为澄清人们认识上的混乱,正本清源,做了大量工作。经反复讨论,于 1996 年终于就界定工程造价一词含义问题取得一致意见。在中国建设工程造价管理协会为界定工程造价一词含义所作的决议中,确认工程造价是个多义词,具有一词两义性质,即工程造价有两种含义:一是指建设工程投资费用或称投资额;二是指工程价格或称合同价、承包价。

1.2.2 工程造价的构成

1. 我国现行投资构成和工程造价的构成

建设项目总投资含固定资产投资和流动资产投资两部分,固定资产投资与建设项目的工程造价在量上相等。工程造价的构成按工程项目建设过程中各类费用支出或花费的性质、途径等来确定,是通过费用划分和汇集所形成的工程造价的费用分解结构。工程造价基本构成中包括用于购买工程项目所含各种设备的费用,用于建筑施工和安装施工所需支出的费用,也包括用于建设单位自身进行项目筹建和项目管理所花费的费用等。总之,工程造价是工程项目按照确定的建设内容、建设规划、建设标准、功能要求和使用要求等全部建成并验收合格交付使用所需的全部费用。

我国现行工程造价的构成主要划分为设备购置费用、建筑安装工程费用、工程建设其他费用、预备费、建设期贷款利息等几项。具体构成内容如图1-3所示。

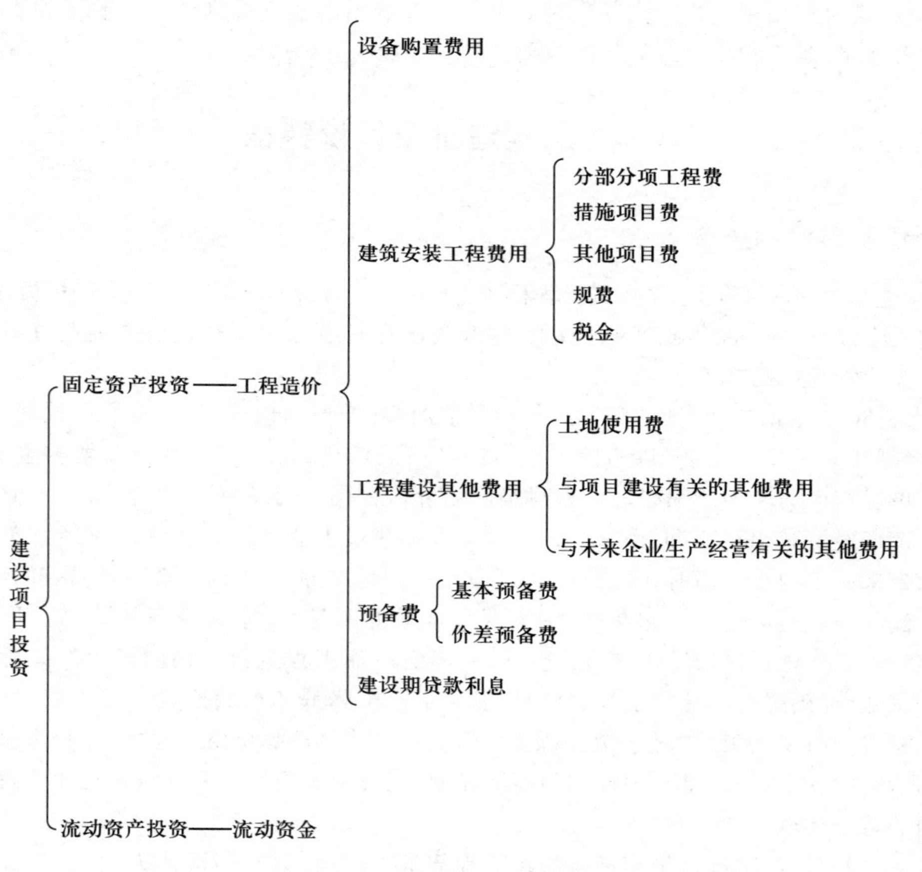

图1-3 我国现行工程造价的构成

2. 世界银行工程造价的构成

1978年,世界银行、国际咨询工程师联合会对项目的总建设成本(相当于我国工程造价)做了统一规定,其详细内容如下。

(1) 项目直接建设成本

项目直接建设成本包括以下内容：

① 土地征购费。

② 场外设施费用 如道路、码头、桥梁、机场、输电线路等设施费用。

③ 场地费用 指用于场地准备、厂区道路、铁路、围栏、场内设施等的建设费用。

④ 工艺设备费 指主要设备、辅助设备及零配件的购置费用，包括海运包装费用、交货港离岸价，但不包括税金。

⑤ 设备安装费 指设备供应商的监理费用，本国劳务及工资费用，辅助材料、施工设备、消耗品和工具等费用，以及安装承包商的管理费和利润等。

⑥ 管道系统费用 指与系统的材料及劳务相关的全部费用。

⑦ 电气设备费 其内容与第④项相似。

⑧ 电气安装费 指设备供应商的监理费用，本国劳务与工资费用，辅助材料、电缆、管道和工具费用，以及营造承包商的管理费和利润。

⑨ 仪器仪表费 指所有自动仪表、控制板、配线和辅助材料的费用，以及供应商的监理费用，外国或本国劳务及工资费用，承包商的管理费和利润。

⑩ 机械的绝缘和油漆费 指与机械及管道的绝缘和油漆相关的全部费用。

⑪ 工艺建设费 指原材料、劳务费及与基础、建筑结构、屋顶、内外装修、公共设施有关的全部费用。

⑫ 服务性建筑费用 其内容与第⑪项相似。

⑬ 工厂普通公共设施费 包括材料和劳务费及与供水、燃料供应、通风、蒸汽发生及分配、下水道、污物处理等公共设施有关的全部费用。

⑭ 车辆费 指工艺操作必需的机动设备零件费用，包括海运包装费用及交货港的离岸价，但不包括税金。

⑮ 其他当地费用 指那些不能归类于以上任何一个项目，不能计入项目的间接成本，但在建设期间又是必不可少的当地费用。如临时设备、临时公共设施及场地的维持费，营地设施及其管理费，建筑保险和债券、杂项开支等费用。

(2) 项目间接建设成本

① 项目管理费。

a. 总部人员的薪金和福利费，以及用于初步和详细工程设计、采购、时间和成本控制、行政和其他一般管理的费用。

b. 施工管理现场人员的薪金、福利费和用于施工现场监督、质量保证、现场采购、时间和成本控制、行政和其他施工管理机构的费用。

c. 零星杂项费用，如返工、旅行、生活津贴、业务支出等。

d. 各种酬金。

② 开工试车费 指工厂投料试车必需的劳务和材料费用(项目直接成本包括项目完工后的试车和空运转费用)。

③ 业主的行政性费用 指业主的项目管理人员费用及支出(其中某些费用必须排除在外，并在“估算基础”中详细说明)。

④ 生产前费用　指前期研究、勘测、建矿、采矿等费用(其中一些费用必须排除在外,并在“估算基础”中详细说明)。

⑤ 运费和保险费　指海运、国内运输、许可证及佣金、海洋保险、综合保险等费用。

⑥ 地方税　指地方关税、地方税及对特殊项目征收的税金。

(3) 应急费

应急费包括以下内容:

① 未明确项目的准备金　此项准备金用于在估算时不可能明确的潜在项目,包括那些在做成本估算时因为缺乏完整、准确和详细的资料而不能完全预见和不能注明的项目,并且这些项目是必须完成的,或它们的费用是必定要发生的。在每一个组成部分均单独以一定的百分比确定,并作为估算的一个项目单独列出。此项准备金不是为了支付工作范围以外可能增加的项目,不是用于应付天灾、非正常经济情况及罢工等情况,也不是用来补偿估算的任何误差,而是用来支付那些几乎可以肯定要发生的费用。因此,它是估算不可缺少的一个组成部分。

② 不可预见准备金　此项准备金(在未明确项目准备金之外)用于在估算达到了一定的完整性并符合技术标准的基础上,由于物质、社会和经济的变化导致估算增加的情况。此种情况可能发生,也可能不发生。因此,不可预见准备金只是一种储备,可能不动用。

(4) 建设成本上升费用

通常,估算中使用的构成工资、材料和设备价格基础的截止日期就是“估算日期”。必须对该日期或已知成本基础进行调整,以补偿直至工程结束时的未知价格增长。

工程的各个主要组成部分(国内劳务和相关成本、本国材料、外国材料、本国设备、外国设备、项目管理机构)的细目划分确定以后,便可确定每一个主要组成部分的增长率。这个增长率是一项判断因素,它以已发表的国内和国际成本指数、公司记录等为依据,并与实际供应商进行核对,然后根据确定的增长率和从工程进度表中获得的每项活动的中点值,计算出每项主要组成部分的成本上升值。

1.2.3 工程造价计价特征

工程造价除具有一切商品价值的共同特点以外,还具有其自身的特点,即单件性计价、多次性计价和按构成的分部组合计价。

1. 单件性计价

每一项建设工程都有指定的专用用途,所以也就有不同的结构、造型和装饰,不同的体积和面积。即使是用途相同的建设工程,技术水平、建筑等级和建筑标准也有差别。建设工程要采用不同的工艺设备和建筑材料,施工方法、施工机械和技术组织措施等方案的选择也必须结合当地的自然和技术经济条件,这就使建设工程的实物形态千差万别,再加上不同地区构成投资费用的各种价值要素的差异,最终导致工程造价的差别很大。因此,对于建设工程,不能像普通产品那样按照品种、规格、质量成批地定价,只能就各个项目,通过特殊的程序(编制估算、概算、预算、合同价、结算价及最后确定竣工决算价等)计算工程造价。

2. 多次性计价

建设工程的生产过程是一个周期长、数量大的生产消费过程。包括可行性研究在内的设计过程一般较长,而且要分阶段进行,逐步加深。为了适应工程建设过程中各方经济关系的建立,适应项目管理、工程造价控制和管理的要求，需要按照设计和建设阶段多次进行计价。

从投资估算、设计概算、施工图预算，到投标承包合同价，再到各项工程的结算价和最后在结算价基础上编制的竣工决算，整个计价过程是一个由粗到细，由浅到深，最后确定工程实际造价的过程，计价过程各环节之间相互衔接，前者制约后者，后者补充前者。

3. 组合性计价

工程建设项目有大、中、小型之分，由建设项目、单项工程、单位工程、分部工程、分项工程组成。其中，分项工程是能用较为简单的施工过程生产出来的，可以用适量的计量单位计量并便于测算其消耗的工程基本构造要素，也是工程结算中假定的建筑产品。与前述工程构成相适应，建设工程具有分部组合计价的特点。计价时，首先要对建设项目进行分解，按构成进行分部计算，并逐层汇总。例如，为确定建设项目的总概算，要先计算各单位工程的概算，再计算各单项工程的综合概算，最终汇总成总概算。

1.3 建筑安装工程费用

建筑安装工程费用包括建筑物的建造费用和设备安装费用两部分。建筑物的建造工程又常称为土建工程，是建筑业按照预定的建设目的直接完成的施工生产成果，是一种创造价值和转移价值的施工生产活动。它必须通过兴工动料才能实现。设备安装工程主要是指各种设备、装置的安装工程，通常包括工业民用设备，电气、智能化控制设备，自动化控制仪表，通风空调，工业、消防、给排水、采暖燃气管道，以及通信设备安装等。但桥涵工程及其他混凝土工程中的预制构件的安装，不属于设备安装工程，而是建筑工程中混凝土工程施工的一种方法。

不同专业工程的建筑安装工程有不同的费用项目组成和取费标准，一般实行对应的专业定额和取费标准的原则。建筑工程建设项目的费用按住建部、财政部联合颁发的建标〔2013〕44号文件，财税〔2016〕36号文件，财政部、税务总局、海关总署公告2019年第39号及有关规定执行；公路工程建设项目的费用按《公路工程建设项目概算预算编制办法》(JTG 3830—2018)的有关规定执行。

1.3.1 建筑工程的建筑安装工程费用

为适应深化工程计价改革的需要，根据国家有关法律、法规及相关政策，住建部、财政部联合颁发的建标〔2013〕44号文件，将建筑安装工程费用按费用构成要素划分为人工费、材料费、施工机具使用费、企业管理费、利润、规费和税金(图1-4)；同时，为了指导工程造价专业人员计算建筑安装工程造价，将建筑安装工程费用按工程造价形成划分为分部分项工程费、措施项目费、其他项目费、规费和税金(图1-5)。虽然费用项目划分形式不同，但费用的实质内容是一致的。

1. 按费用构成要素划分

建筑安装工程费按照费用构成要素划分为人工费、材料(包含工程设备，下同)费、施工机具使用费、企业管理费、利润、规费和税金。其中人工费、材料费、施工机具使用费、企业管理费和利润包含在分部分项工程费、措施项目费、其他项目费中。

(1) 人工费

人工费是指按工资总额构成规定，支付给从事建筑安装工程施工的生产工人和附属生产单位工人的各项费用。内容包括：

① 计时工资或计件工资　是指按计时工资标准和工作时间或对已做工作按计件单价支付给个人的劳动报酬。

② 奖金　是指对超额劳动和增收节支支付给个人的劳动报酬。如节约奖、劳动竞赛奖等。

③ 津贴、补贴　是指为了补偿职工特殊或额外的劳动消耗和因其他特殊原因支付给个人的津贴，以及为了保证职工工资水平不受物价影响支付给个人的物价补贴。如流动施工津贴、特殊地区施工津贴、高温(寒)作业临时津贴、高空津贴等。

④ 加班加点工资　是指按规定支付的在法定节假日工作的加班工资和在法定工作日工作时间外延时工作的加点工资。

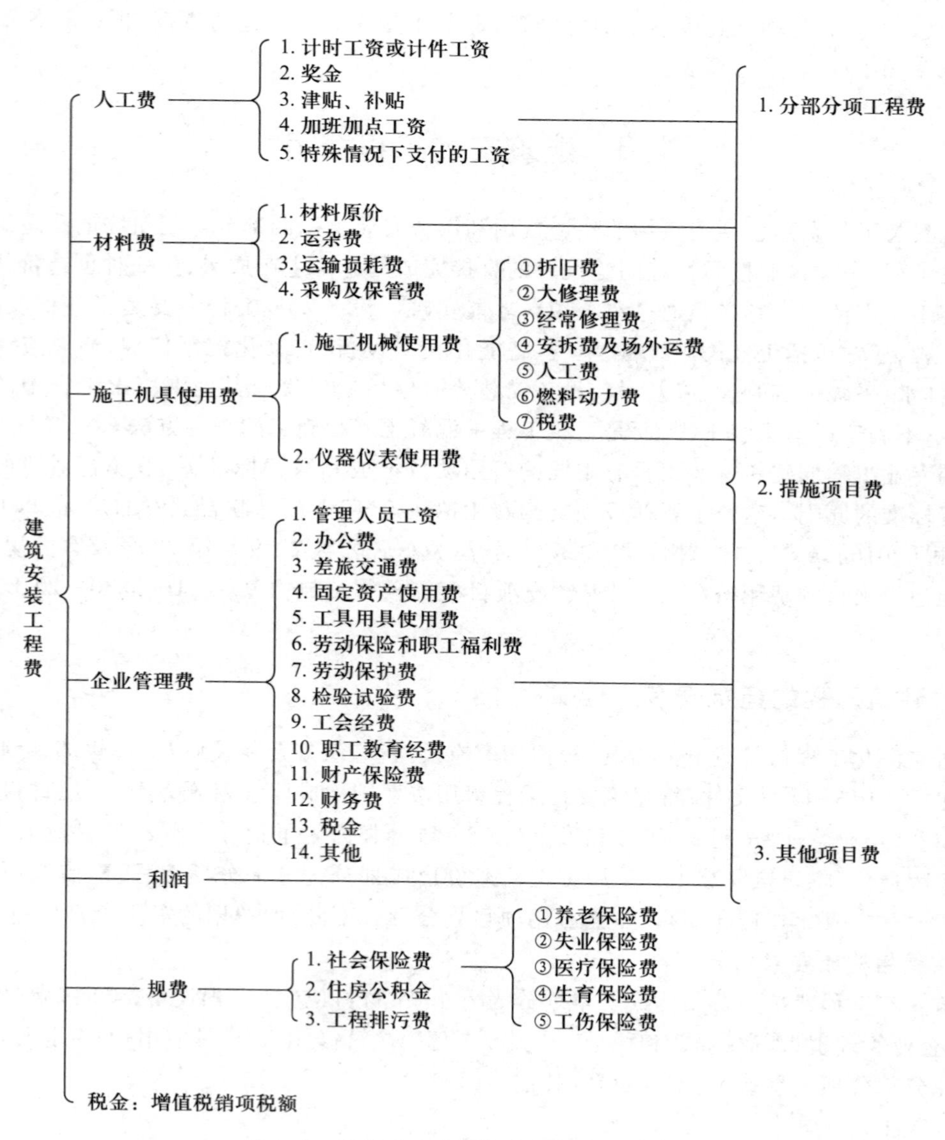

图1-4　建安工程费用按费用构成要素划分

⑤ 特殊情况下支付的工资 是指根据国家法律、法规和政策规定，因病、工伤、产假、计划生育假、婚丧假、事假、探亲假、定期休假、停工学习、执行国家或社会义务等原因按计时工资标准或计时工资标准的一定比例支付的工资。

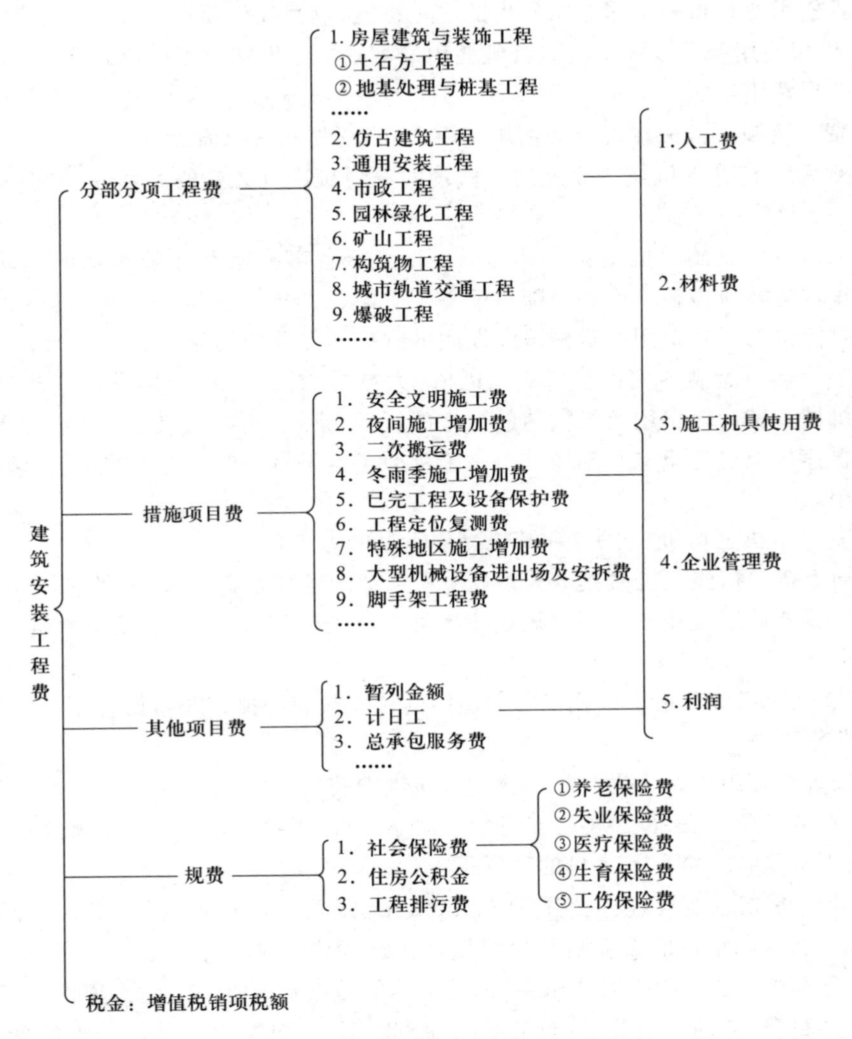

图 1-5 建安工程费用按造价形成划分

（2）材料费

材料费是指施工过程中耗费的原材料、辅助材料、构配件、零件、半成品或成品、工程设备的费用。内容包括：

① 材料原价 是指材料、工程设备的出厂价格或商家供应价格。

② 运杂费 是指材料、工程设备自来源地运至工地仓库或指定堆放地点所发生的全部费用。

③ 运输损耗费 是指材料在运输装卸过程中不可避免的损耗。

④ 采购及保管费 是指组织采购、供应和保管材料、工程设备的过程中所需要的各项费用，包括采购费、仓储费、工地保管费、仓储损耗。

工程设备是指构成或计划构成永久工程一部分的机电设备、金属结构设备、仪器装置及其他类似的设备和装置。

(3) 施工机具使用费

施工机具使用费是指施工作业所发生的施工机械、仪器仪表使用费或其租赁费。

① 施工机械使用费　以施工机械台班耗用量乘以施工机械台班单价表示，施工机械台班单价应由下列七项费用组成：

a. 折旧费　指施工机械在规定的使用年限内，陆续收回其原值的费用。

b. 大修理费　指施工机械按规定的大修理间隔台班进行必要的大修理，以恢复其正常功能所需的费用。

c. 经常修理费　指施工机械除大修理以外的各级保养和临时故障排除所需的费用。包括为保障机械正常运转所需替换设备与随机配备工具附具的摊销和维护费用，机械运转中日常保养所需润滑与擦拭的材料费用及机械停滞期间的维护和保养费用等。

d. 安拆费及场外运费　安拆费指施工机械(大型机械除外)在现场进行安装与拆卸所需的人工、材料、机械和试运转费用及机械辅助设施的折旧、搭设、拆除等费用；场外运费指施工机械整体或分体自停放地点运至施工现场或由一施工地点运至另一施工地点的运输、装卸、辅助材料及架线等费用。

e. 人工费　指机上司机(司炉)和其他操作人员的人工费。

f. 燃料动力费　指施工机械在运转作业中所消耗的各种燃料及水、电等。

g. 税费　是指施工机械按照国家规定应缴纳的车船使用税、保险费及年检费等。

1-1　我国的税种

② 仪器仪表使用费　指工程施工所需使用的仪器仪表的摊销及维修费用。

(4) 企业管理费

指建筑安装企业组织施工生产和经营管理所需的费用。内容包括：

① 管理人员工资　是指按规定支付给管理人员的计时工资、奖金、津贴补贴、加班加点工资及特殊情况下支付的工资等。

② 办公费　是指企业管理办公用的文具、纸张、账表、印刷、邮电、书报、办公软件、现场监控、会议、水电、烧水和集体取暖降温(包括现场临时宿舍取暖降温)等费用。

③ 差旅交通费　是指职工因公出差、调动工作的差旅费、住勤补助费，市内交通费和误餐补助费，职工探亲路费，劳动力招募费，职工退休、退职一次性路费，工伤人员就医路费，工地转移费及管理部门使用的交通工具的油料、燃料等费用。

④ 固定资产使用费　是指管理和试验部门及附属生产单位使用的属于固定资产的房屋、设备、仪器等的折旧、大修、维修或租赁费。

⑤ 工具用具使用费　是指企业施工生产和管理使用的不属于固定资产的工具、器具、家具、交通工具和检验、试验、测绘、消防用具等的购置、维修和摊销费。

⑥ 劳动保险和职工福利费　是指由企业支付的职工退职金，按规定支付给离休干部的经费，集体福利费，夏季防暑降温、冬季取暖补贴，上下班交通补贴等。

⑦ 劳动保护费　是指企业按规定发放的劳动保护用品的支出。如工作服、手套、防暑降温饮料及在有碍身体健康的环境中施工的保健费用等。

⑧ 检验试验费　是指施工企业按照有关标准规定,对建筑及材料、构件和建筑安装物进行一般鉴定、检查所发生的费用,包括自设试验室进行试验所耗用的材料等费用。不包括新结构、新材料的试验费,对构件做破坏性试验及其他特殊要求检验试验的费用和建设单位委托检测机构进行检测的费用,对此类检测发生的费用,由建设单位在工程建设其他费用中列支。但对施工企业提供的具有合格证明的材料进行检测不合格的,该检测费用由施工企业支付。

⑨ 工会经费　是指企业按《工会法》规定的全部职工工资总额比例计提的工会经费。

⑩ 职工教育经费　是指按职工工资总额的规定比例计提,企业为职工进行专业技术和职业技能培训,专业技术人员继续教育、职工职业技能鉴定、职业资格认定及根据需要对职工进行各类文化教育所发生的费用。

⑪ 财产保险费　是指施工管理用财产、车辆等的保险费用。

⑫ 财务费　是指企业为施工生产筹集资金或提供预付款担保、履约担保、职工工资支付担保等所发生的各种费用。

⑬ 税金　是指企业按规定缴纳的房产税、车船使用税、土地使用税、印花税、城市维护建设税、教育费附加、地方教育附加等。

1-2　城市维护建设税

⑭ 其他　包括技术转让费、技术开发费、投标费、业务招待费、绿化费、广告费、公证费、法律顾问费、审计费、咨询费、保险费等。

(5) 利润

利润是指施工企业完成所承包工程获得的盈利。

(6) 规费

规费是指按国家法律、法规规定,由省级政府和省级有关权力部门规定必须缴纳或计取的费用。包括:

① 社会保险费

a. 养老保险费　是指企业按照规定标准为职工缴纳的基本养老保险费。

b. 失业保险费　是指企业按照规定标准为职工缴纳的失业保险费。

c. 医疗保险费　是指企业按照规定标准为职工缴纳的基本医疗保险费。

d. 生育保险费　是指企业按照规定标准为职工缴纳的生育保险费。

e. 工伤保险费　是指企业按照规定标准为职工缴纳的工伤保险费。

② 住房公积金　是指企业按规定标准为职工缴纳的住房公积金。

③ 工程排污费　是指按规定缴纳的施工现场工程排污费。

其他应列而未列入的规费,按实际发生计取。

(7) 税金

此处的税金指国家税法规定应计入建筑安装工程造价的增值税销项税额。根据财政部、税务总局、海关总署公告 2019 年第 39 号规定,增值税税率为 9%。

1-3　增值税

2. 按工程造价形成划分

为指导工程造价专业人员计算建筑安装工程造价,建筑安装工程费按照工程造价形成划分为分部分项工程费、措施项目费、其他项目费、规费、税金(图 1-5)。分部分项工程费、措施项目费、其他项目费包含人工费、材料费、施工机具使用费、企业管理费和利润。

(1) 分部分项工程费

是指各专业工程的分部分项工程应予列支的各项费用。

① 专业工程　是指按现行国家计量规范划分的房屋建筑与装饰工程、仿古建筑工程、通用安装工程、市政工程、园林绿化工程、矿山工程、构筑物工程、城市轨道交通工程、爆破工程等各类工程。

② 分部分项工程　指按现行国家计量规范对各专业工程划分的项目。如房屋建筑与装饰工程划分的土石方工程、地基处理与桩基工程、砌筑工程、钢筋及钢筋混凝土工程等。

各类专业工程的分部分项工程划分见现行国家或行业计量规范。

(2) 措施项目费

是指为完成建设工程施工,发生于该工程施工前和施工过程中的技术、生活、安全、环境保护等方面的费用。内容包括:

① 安全文明施工费

a. 环境保护费　是指施工现场为达到环保部门要求所需要的各项费用。

b. 文明施工费　是指施工现场文明施工所需要的各项费用。

c. 安全施工费　是指施工现场安全施工所需要的各项费用。

d. 临时设施费　是指施工企业为进行建设工程施工所必须搭设的生活和生产用的临时建筑物、构筑物和其他临时设施费用。包括临时设施的搭设、维修、拆除、清理费或摊销费等。

② 夜间施工增加费　是指因夜间施工所发生的夜班补助费、夜间施工降效、夜间施工照明设备摊销及照明用电等费用。

③ 二次搬运费　是指因施工场地条件限制而发生的材料、构配件、半成品等一次运输不能到达堆放地点,必须进行二次或多次搬运所发生的费用。

④ 冬雨季施工增加费　是指在冬季或雨季施工需增加的临时设施、防滑、排除雨雪、人工及施工机械效率降低等费用。

⑤ 已完工程及设备保护费　是指竣工验收前,对已完工程及设备采取的必要保护措施所发生的费用。

⑥ 工程定位复测费　是指工程施工过程中进行全部施工测量放线和复测工作的费用。

⑦ 特殊地区施工增加费　是指工程在沙漠或其边缘地区,高海拔、高寒、原始森林等特殊地区施工增加的费用。

⑧ 大型机械设备进出场及安拆费　是指机械整体或分体自停放场地运至施工现场或由一个施工地点运至另一个施工地点,所发生的机械进出场运输及转移费用及机械在施工现场进行安装、拆卸所需的人工费、材料费、机械费、试运转费和安装所需的辅助设施的费用。

⑨ 脚手架工程费　是指施工需要的各种脚手架搭、拆、运输费用以及脚手架购置费的摊销(或租赁)费用。

措施项目及其包含的内容详见各类专业工程的现行国家或行业计量规范。

(3) 其他项目费

① 暂列金额　是指建设单位在工程量清单中暂定并包括在工程合同价款中的一笔款项。用于施工合同签订时尚未确定或者不可预见的所需材料、工程设备、服务的采购,施工中可能发生的工程变更、合同约定调整因素出现时的工程价款调整以及发生的索赔、现场签证确认等的费用。

② 计日工　是指在施工过程中,施工企业完成建设单位提出的施工图纸以外的零星项目或

工作所需的费用。

③ 总承包服务费 是指总承包人为配合、协调建设单位进行的专业工程发包,对建设单位自行采购的材料、工程设备等进行保管以及施工现场管理、竣工资料汇总整理等服务所需的费用。

(4) 规费

是指按国家法律、法规规定,由省级政府和省级有关权力部门规定必须缴纳或计取的费用。规费项目同 1. 3. 1 中 1 的相关内容。

(5) 税金

税金应计入建筑安装工程造价的增值税销项税额。其税率和计税基础同 1.3.1 中 1 的相关内容。

1. 3. 2 公路工程的建筑安装工程费用

根据《公路工程建设项目概算预算编制办法》(JTG 3830—2018)的有关规定,公路工程的建筑安装工程费由直接费、设备购置费、措施费、企业管理费、规费、利润、税金和专项费用八部分组成(图 1-6)。

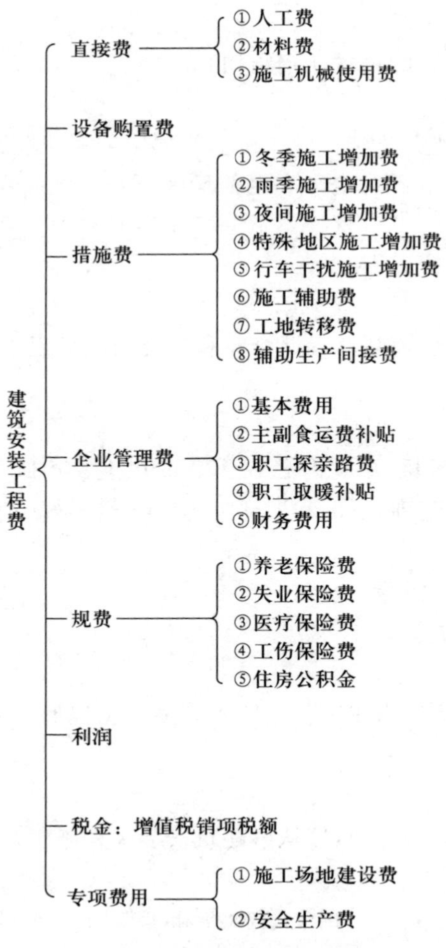

图 1-6 公路工程的建筑安装工程费用组成

1. 工程类别划分

措施费、企业管理费按不同的工程类别执行相应的取费标准。购买的路基填料、绿化苗木、商品水泥混凝土、商品沥青混合料和各类稳定土混合料、外购混凝土构件不作为措施费及企业管理费的计算基数。工程类别划分如下:

(1) 土方

指人工及机械施工的土方工程、路基掺灰、路基换填及台背回填。

(2) 石方

指人工及机械施工的石方工程。

(3) 运输

指用汽车、拖拉机、机动翻斗车、船舶等运送土石方、路面基层和面层混合料、水泥混凝土及预制构件、绿化苗木等。

(4) 路面

指路面所有结构层工程、路面附属工程、便道及特殊路基处理(不含特殊路基处理中的圬工构造物)。

(5) 隧道

指隧道土建工程(不含隧道的钢材及钢结构)。

(6) 构造物Ⅰ

指砍树挖根、拆除工程、排水、防护、特殊路基处理中的圬工构造物、涵洞、交通安全设施、拌和站(楼)安拆工程、便桥、便涵、临时电力和电信设施、临时轨道、临时码头、绿化工程等工程。

(7) 构造物Ⅱ

指小桥、中桥、大桥、特大桥工程。

(8) 构造物Ⅲ

指商品水泥混凝土的浇筑、商品沥青混合料和各类商品稳定土混合料的铺筑、外购混凝土构件、设备安装工程等。

(9) 技术复杂大桥

指钢管拱桥、斜拉桥、悬索桥、单孔跨径在120 m以上(含120 m)和基础水深在10 m以上(含10 m)的大桥主桥部分的基础、下部和上部工程(不含桥梁的钢材及钢结构)。

(10) 钢材及钢结构

指所有工程的钢材及钢结构等工程。

2. 建筑安装工程费用组成

(1) 直接费

直接费指施工过程中耗费的构成工程实体和有助于工程形成的各项费用,包括人工费、材料费、施工机械使用费。

1) 人工费

人工费指列入概算、预算定额的直接从事建筑安装工程施工的生产工人开支的各项费用。

① 人工费包括:

a. 计时工资或计件工资。指按计时工资标准和工作时间或对已做工作按计件单价支付给个人的劳动报酬。

b. 津贴、补贴。指为了补偿职工特殊或额外的劳动消耗和因其他特殊原因支付给个人的津贴,以及为了保证职工工资水平不受物价影响支付给个人的物价补贴。如流动施工津贴、特殊地区施工津贴、高温(寒)作业临时津贴、高空津贴等。

c. 特殊情况下支付的工资。指根据国家法律、法规和政策规定,因病、工伤、产假、计划生育假、婚丧假、事假、探亲假、定期休假、停工学习、执行国家或社会义务等原因按计时工资标准或计时工资标准的一定比例支付的工资。

② 人工费以概算、预算定额人工工日数乘以综合工日单价计算。

③ 人工费标准按照本地区公路建设项目的人工工资统计情况及公路建设劳务市场情况进行综合分析、确定人工工日单价。人工工日单价由省级交通运输主管部门制定发布,并适时进行动态调整。人工工日单价仅作为编制概算、预算的依据,不作为施工企业实发工资的依据。

2）材料费

材料费指施工过程中耗用的构成工程实体的原材料、辅助材料、构配件、零件、半成品或成品,按工程所在地的材料价格计算的费用。

材料预算价格由材料原价、运杂费、场外运输损耗、采购及保管费组成。

材料预算价格=(材料原价+运杂费)×(1+场外运输损耗率)×
(1+采购保管费率)-包装品回收价值

① 材料原价　各种材料原价按下列规定计算:

a. 外购材料　外购材料价格参照本行政区域内交通运输主管部门发布的价格和调查的市场价格进行综合取定。

b. 自采材料　自采的砂、石、黏土等自采材料,按定额中开采单价加辅助生产间接费和矿产资源税(如有)计算。

② 运杂费　指材料自供应地点至工地仓库(施工地点存放材料的地方)的费用,包括装卸费、运费,如果发生,还应计囤存费及其他杂费(如过磅、标签、支撑加固、路桥通行等费用)。

a. 通过铁路、水路和公路运输的材料,按调查的市场运价计算运费。

b. 当一种材料有两个以上的供应点时,应根据不同的运距、运量、运价采用加权平均的方法计算运费。由于概算、预算定额中已考虑了工地运输便道的特点,以及定额中已计入了“工地小搬运”的费用,因此汽车运输平均运距中不得乘以调整系数,也不得在工地仓库或堆料场之外再加场内运距或二次倒运的运距。

c. 有容器或包装的材料及长大轻浮材料,应按表1-2规定的毛质量计算。桶装沥青、汽油、柴油按每吨摊销一个旧汽油桶计算包装费(不计回收)。

③ 场外运输损耗　场外运输损耗指有些材料在正常的运输过程中发生的损耗。材料场外运输损耗率见表1-3。

④ 采购及保管费　是指在组织采购、保管过程中,所需的各项费用及工地仓库的材料储存损耗。材料采购及保管费,以材料的原价加运杂费及场外运输损耗的合计数为基数,乘以采购及保管费费率计算。

钢材的采购及保管费费率为0.75%。燃料、爆破材料为3.26%,其余材料为2.06%。商品水泥混凝土、沥青混合料和各类稳定土混合料、外购的构件、成品及半成品的预算价格计算方法与材料相同。商品水泥混凝土、沥青混合料和各类稳定土混合料不计采购及保管费,外购的构件、成品及半成品的采购及保管费费率为0.42%。

表1-2 材料毛质量系数和单位毛质量表

材料名称	单位	毛质量系数	单位毛质量
爆破材料	t	1.35	—
水泥、块状沥青	t	1.01	—
铁钉、铁件、焊条	t	1.10	—
液体沥青、液体燃料、水	t	桶装1.17,油罐车装1.00	—
木料	m^3	—	原木0.750 t,锯材0.650 t
草袋	个	—	0.004 t

表1-3 材料场外运输损耗率表 %

材料名称		场外运输(包括一次装卸)	每增加一次装卸
块状沥青		0.5	0.2
石屑、碎砾石、砂砾、煤渣、工业废渣、煤		1.0	0.4
砖瓦、桶装沥青、石灰、黏土		3.0	1.0
草皮		7.0	3.0
水泥(袋装、散装)		1.0	0.4
砂	一般地区	2.5	1.0
	风沙地区	5.0	2.0

注:汽车运水泥,当运距超过500 km时,袋装水泥损耗率增加0.5%。

3)施工机械使用费

施工机械使用费指列入概算、预算定额的工程机械和工程仪器仪表台班数量,按相应的施工机械台班费用定额计算的费用等。

① 工程机械使用费 机械台班预算价格应按现行《公路工程机械台班费用定额》(JTG/T 3833)计算,机械台班单价由不变费用和可变费用组成。不变费用包括折旧费、检修费、维护费、安拆辅助费等;可变费用包括机上人员人工费、动力燃料费、车船税。可变费用中的人工工日数及动力燃料消耗量,应以机械台班费用定额中的数值为准。台班人工费工日单价同生产工人人工费单价。动力燃料费用则按材料费的计算规定计算。

② 工程仪器仪表使用费 工程仪器仪表使用费指机电工程施工作业所发生的仪器仪表使用费,以施工仪器仪表台班耗用量乘以施工仪器仪表台班单价计算。

a. 工程仪器仪表台班预算价格应按现行《公路工程机械台班费用定额》(JTG/T 3833)计算。台班人工费工日单价同生产工人人工费单价。动力燃料费用则按材料费的计算规定计算。

b. 当工程用电为自行发电时,电动机械每kW·h(度)电的单价可由下述公式计算:

$$A=0.15\frac{K}{N}$$

式中:A——每kW·h电单价,元;

K——发电机组的台班单价,元;

N——发电机组的总功率,kW。

(2) 设备购置费

设备购置费指为满足公路初期运营、管理需要购置的构成固定资产标准的设备和虽低于固定资产标准但属于设计明确列入设备清单的设备的费用,包括渡口设备,隧道照明、消防、通风的动力设备,公路收费、监控、通信、路网运行监测、供配电及照明设备等。

① 设备购置费应列出计划购置的清单(包括设备的规格、型号、数量),以设备预算价计入。

② 设备购置费包括设备原价、运杂费、运输保险费、采购及保管费,各种税费按编制期有关部门规定计算。

③ 需要安装的设备,按建筑安装工程费的有关规定计算设备的安装工程费。设备与材料的划分标准见《公路工程建设项目概算预算编制办法》(JTG 3830—2018)附录 C。

1-4 设备与材料的划分标准

(3) 措施费

措施费包括冬季施工增加费、雨季施工增加费、夜间施工增加费、特殊地区施工增加费、行车干扰施工增加费、施工辅助费、工地转移费、辅助生产间接费。

1) 冬季施工增加费

冬季施工增加费指按照公路工程施工及验收规范所规定的冬季施工要求,为保证工程质量和安全生产所需采取的防寒保温设施、工效降低和机械作业效率降低及技术操作过程的改变等所增加的有关费用。

① 冬季施工增加费的内容包括:

a. 因冬季施工所需增加的一切人工、机械与材料的支出。

b. 施工机械所需修建的暖棚(包括拆、移),增加其他保温设备购置费用。

c. 因施工组织设计确定,需增加的一切保温、加温等有关支出。

d. 清除工作地点的冰雪等与冬季施工有关的其他各项费用。

② 全国冬季施工气温区划分表见《公路工程建设项目概算预算编制办法》(JTG 3830—2018)附录 D。

1-5 全国冬季施工气温区划分表

③ 冬季施工增加费的计算方法,是根据各类工程的特点,规定各气温区的取费标准。为了简化计算手续,采用全年平均摊销的方法,即不论是否在冬季施工,均按规定的取费标准计取冬季施工增加费。

④ 一条路线穿过两个以上的气温区时,可分段计算或按各区的工程量比例求得全线的平均增加率,计算冬季施工增加费。

⑤ 冬季施工增加费以各类工程的定额人工费和定额施工机械使用费之和为基数,按工程所在地的气温区选用表 1-4 的费率计算。

2) 雨季施工增加费

雨季施工增加费指雨季期间施工为保证工程质量和安全生产所需采取的防雨、排水、防潮和防护措施、工效降低和机械作业效率降低及技术操作过程的改变等所需增加的有关费用。

① 雨季施工增加费的内容包括:

a. 因雨季施工所需增加的工、料、机费用的支出,包括工作效率的降低及易被雨水冲毁的工程所增加的清理坍塌基坑和堵塞排水沟、填补路基边坡冲沟等工作内容。

b. 路基土方工程的开挖和运输，因雨季施工（非土壤中水影响）而引起的黏附工具、降低工效所增加的费用。

c. 因防止雨水必须采取的挖临时排水沟、防止基坑坍塌所需的支撑、挡板等防护措施费用。

d. 材料因受潮、受湿的耗损费用。

e. 增加防雨、防潮设备的费用。

f. 因河水高涨致使工作困难等其他有关雨季施工所需增加的费用。

表 1-4 冬季施工增加费费率表 %

工程类别	气温区									
	冬季期平均温度/℃								准一区	准二区
	-1 以上		-1～-4		-4～-7	-7～-10	-10～-14	-14 以下		
	冬一区		冬二区		冬三区	冬四区	冬五区	冬六区		
	Ⅰ	Ⅱ	Ⅰ	Ⅱ						
土方	0.835	1.301	1.800	2.270	4.288	6.094	9.140	13.720	—	—
石方	0.164	0.266	0.368	0.429	0.859	1.248	1.861	2.801	—	—
运输	0.166	0.250	0.354	0.437	0.832	1.165	1.748	2.643	—	—
路面	0.566	0.842	1.181	1.371	2.449	3.273	4.909	7.364	0.073	0.198
隧道	0.203	0.385	0.548	0.710	1.175	1.520	2.269	3.425	—	—
构造物Ⅰ	0.652	0.940	1.265	1.438	2.607	3.527	5.291	7.936	0.115	0.288
构造物Ⅱ	0.868	1.240	1.675	1.902	3.452	4.693	7.028	10.542	0.165	0.393
构造物Ⅲ	1.616	2.296	3.114	3.523	6.403	8.680	13.020	19.520	0.292	0.721
技术复杂大桥	1.019	1.444	1.975	2.230	4.057	5.479	8.219	12.338	0.170	0.446
钢材及钢结构	0.04	0.101	0.141	0.181	0.301	0.381	0.581	0.861	—	—

② 全国雨季施工雨量区及雨季期划分表见《公路工程建设项目概算预算编制办法》（JTG 3830—2018）附录 E。

1-6 全国雨季施工雨量区及雨季期划分表

③ 雨季施工增加费的计算方法，是将全国划分为若干雨量区和雨季期，并根据各类工程的特点规定各雨量区和雨季期的取费标准。为了简化计算手续，采用全年平均摊销的方法，即不论是否在雨季施工，均按规定的取费标准计取雨季施工增加费。

④ 一条路线通过不同的雨量区和雨季期时，应分别计算雨季施工增加费或按工程量比例求得平均的增加率，计算全线雨季施工增加费。

⑤雨季施工增加费以各类工程的定额人工费和定额施工机械使用费之和为基数，按工程所在地的雨量区、雨季期选用表 1-5 的费率计算。

表 1-5 雨季施工增加费费率表

%

工程类别	雨季期/月数																			
	1	1.5	2		2.5		3		3.5		4		4.5		5		6		7	8
	雨量区																			
	Ⅰ	Ⅰ	Ⅰ	Ⅱ	Ⅰ	Ⅱ	Ⅰ	Ⅱ	Ⅰ	Ⅱ	Ⅰ	Ⅱ	Ⅰ	Ⅱ	Ⅰ	Ⅱ	Ⅰ	Ⅱ	Ⅱ	Ⅱ
土方	0.140	0.175	0.245	0.385	0.315	0.455	0.385	0.525	0.455	0.595	0.525	0.700	0.595	0.805	0.665	0.939	0.764	1.114	1.289	1.499
石方	0.105	0.140	0.212	0.349	0.280	0.420	0.349	0.491	0.418	0.563	0.487	0.667	0.555	0.772	0.626	0.876	0.701	1.018	1.194	1.373
运输	0.142	0.178	0.249	0.391	0.320	0.462	0.391	0.568	0.462	0.675	0.533	0.781	0.604	0.888	0.675	0.959	0.781	1.136	1.314	1.527
路面	0.115	0.153	0.230	0.366	0.306	0.480	0.366	0.557	0.425	0.634	0.501	0.710	0.578	0.825	0.654	0.940	0.749	1.093	1.267	1.459
隧道	—	—	—	—	—	—	—	—	—	—	—	—	—	—	—	—	—	—	—	—
构造物Ⅰ	0.098	0.131	0.164	0.262	0.196	0.295	0.229	0.360	0.262	0.426	0.327	0.491	0.393	0.557	0.458	0.622	0.524	0.753	0.884	1.015
构造物Ⅱ	0.106	0.141	0.177	0.282	0.247	0.353	0.282	0.424	0.318	0.494	0.388	0.565	0.459	0.636	0.530	0.742	0.600	0.883	1.059	1.201
构造物Ⅲ	0.200	0.266	0.366	0.565	0.466	0.699	0.565	0.832	0.665	0.998	0.765	1.164	0.898	1.331	1.031	1.497	1.164	1.730	1.996	2.295
技术复杂大桥	0.109	0.181	0.254	0.363	0.290	0.435	0.363	0.508	0.435	0.580	0.508	0.689	0.580	0.798	0.653	0.907	0.725	1.052	1.233	1.414
钢材及钢结构	—	—	—	—	—	—	—	—	—	—	—	—	—	—	—	—	—	—	—	—

3）夜间施工增加费

夜间施工增加费指根据设计、施工技术规范和合理的施工组织要求，必须在夜间施工或必须昼夜连续施工而发生的夜班补助费、夜间施工降效、施工照明设备摊销及照明用电等费用。夜间施工增加费以夜间施工工程项目的定额人工费与定额施工机械使用费之和为基数，按表1-6的费率计算。

表1-6 夜间施工增加费费率表 %

工程类别	费率	工程类别	费率
构造物Ⅱ	0.903	技术复杂大桥	1.702
构造物Ⅲ	0.928	钢材及钢结构	0.874

注：设备安装工程及金属标志牌、防撞钢护栏、防眩板（网）、隔离栅、防护网等不计夜间施工增加费。

4）特殊地区施工增加费

特殊地区施工增加费包括高原地区施工增加费、风沙地区施工增加费和沿海地区施工增加费三项。

① 高原地区施工增加费。

高原地区施工增加费指在海拔高度2 000 m以上地区施工，由于受气候、气压的影响，致使人工、机械效率降低而增加的费用。

a. 一条路线通过两个以上（含两个）不同的海拔高度分区时，应分别计算高原地区施工增加费或按工程量比例求得平均的增加率，计算全线高原地区施工增加费。

b. 高原地区施工增加费以各类工程的定额人工费与定额施工机械使用费之和为基数，按表1-7的费率计算。

表1-7 高原地区施工增加费费率表 %

工程类别	海拔/m						
	2 001~2 500	2 501~3 000	3 001~3 500	3 501~4 000	4 001~4 500	4 501~5 000	5 000以上
土方	13.295	19.709	27.455	38.875	53.102	70.162	91.853
石方	13.711	20.358	29.025	41.435	56.875	75.358	100.223
运输	13.288	19.666	26.575	37.205	50.493	66.438	85.040
路面	14.572	21.618	30.689	45.032	59.615	79.500	102.640
隧道	13.364	19.850	28.490	40.767	56.037	74.302	99.259
构造物Ⅰ	12.799	19.051	27.989	40.356	55.723	74.098	95.521
构造物Ⅱ	13.622	20.244	29.082	41.617	57.214	75.874	101.408
构造物Ⅲ	12.786	18.985	27.054	38.616	53.004	70.217	93.371
技术复杂大桥	13.912	20.645	29.257	41.670	57.134	75.640	100.205
钢材及钢结构	13.204	19.622	28.269	40.492	55.699	73.891	98.930

② 风沙地区施工增加费。

风沙地区施工增加费指在沙漠地区施工时，由于受风沙影响，按照施工及验收规范的要求，为保证工程质量和安全生产而增加的有关费用。内容包括防风、防沙及气候影响的措施费，人工、机械效率降低增加的费用，以及积沙、风蚀的清理修复等费用。

a. 全国风沙地区公路施工区划见《公路工程建设项目概算预算编制办法》(JTG 3830—2018)附录F。当地气象资料及自然特征与附录F中的风沙地区划分有较大出入时，由项目所在地省级交通运输主管部门按当地气象资料和自然特征及上述划分标准确定工程所在地的风沙区划。

1-7 全国风沙地区公路施工区划表

b. 一条路线穿过两个以上不同风沙区时，按路线长度经过不同的风沙区加权计算项目全线风沙地区施工增加费。

c. 风沙地区施工增加费以各类工程的定额人工费和定额施工机械使用费之和为基数，根据工程所在地的风沙区划及类别，按表1-8的费率计算。

表1-8 风沙地区施工增加费费率表 %

工程类别	风沙区划								
	风沙一区			风沙二区			风沙三区		
	沙漠类型								
	固定	半固定	流动	固定	半固定	流动	固定	半固定	流动
土方	4.558	8.056	13.674	5.618	12.614	23.426	8.056	17.331	27.507
石方	0.745	1.490	2.981	1.014	2.236	3.959	1.490	3.726	5.216
运输	4.304	8.608	13.988	5.380	12.912	19.368	8.608	18.292	27.976
路面	1.364	2.727	4.932	2.205	4.932	7.567	3.365	7.137	11.025
隧道	0.261	0.522	1.043	0.355	0.783	1.386	0.522	1.304	1.826
构造物Ⅰ	3.968	6.944	11.904	4.960	10.912	16.864	6.944	15.872	23.808
构造物Ⅱ	3.254	5.694	9.761	4.067	8.948	13.828	5.694	13.015	19.523
构造物Ⅲ	2.976	5.208	8.928	3.720	8.184	12.648	5.208	11.904	17.226
技术复杂大桥	2.778	4.861	8.333	3.472	7.638	11.805	8.861	11.110	16.077
钢材及钢结构	1.035	2.070	4.140	1.409	3.105	5.498	2.070	5.175	7.245

③ 沿海地区施工增加费。

沿海地区施工增加费指工程项目在沿海地区施工受海风、海浪和潮汐的影响，致使人工、机械效率降低等所需增加的费用。本项费用，由沿海各省级交通运输主管部门制定具体的适用范围(地区)。沿海地区施工增加费以各类工程的定额人工费和定额施工机械使用费之和为基数,按表1-9的费率计算。

表1-9 沿海地区施工增加费费率表 %

工程类别	费率	工程类别	费率
构造物Ⅱ	0.207	技术复杂大桥	0.195
构造物Ⅲ	0.212	钢材及钢结构	0.200

注:1. 表中的构造物Ⅲ指桥梁工程所用的商品水泥混凝土浇筑及混凝土构件、钢构件的安装。
2. 表中的钢材及钢结构指桥梁工程所用的钢材及钢结构。

5)行车干扰施工增加费

行车干扰施工增加费指由于边施工边维持通车,受行车干扰的影响,致使人工、机械效率降低而增加的费用。该费用以受行车影响部分的工程项目的定额人工费和定额施工机械使用费之和为基数,按表1-10的费率计算。

表1-10 行车干扰施工增加费费率表 %

工程类别	施工期间平均每昼夜双向行车次数(机动车、非机动车合计)							
	51~100	101~500	501~1 000	1 001~2 000	2 001~3 000	3 001~4 000	4 001~5 000	5 000以上
土方	1.499	2.343	3.194	4.118	4.775	5.314	5.885	6.468
石方	1.279	1.881	2.618	3.479	4.035	4.492	4.973	5.462
运输	1.451	2.230	3.041	4.001	4.641	5.164	5.719	6.285
路面	1.390	2.098	2.802	3.487	4.046	4.496	4.987	5.475
隧道	—	—	—	—	—	—	—	—
构造物Ⅰ	0.924	1.386	1.858	2.320	2.693	2.988	3.313	3.647
构造物Ⅱ	1.007	1.516	2.014	2.512	2.915	3.244	3.593	3.943
构造物Ⅲ	0.948	1.417	1.896	2.365	2.745	3.044	3.373	3.713
技术复杂大桥	—	—	—	—	—	—	—	—
钢材及钢结构	—	—	—	—	—	—	—	—

注:新建工程、中断交通进行封闭施工或为保证交通正常通行而修建保通便道改的扩建工程,不计行车干扰施工增加费。

6)施工辅助费

施工辅助费包括生产工具用具使用费、检验试验费和工程定位复测、工程点交、场地清理等费用。施工辅助费以各类工程的定额直接费为基数,按表1-11的费率计算。

表 1-11 施工辅助费费率表 %

工程类别	费 率	工程类别	费 率
土方	0.521	构造物Ⅰ	1.201
石方	0.470	构造物Ⅱ	1.537
运输	0.154	构造物Ⅲ	2.729
路面	0.818	技术复杂大桥	1.677
隧道	1.195	钢材及钢结构	0.564

7）工地转移费

工地转移费指施工企业迁至新工地的搬迁费用。

① 工地转移费包括：

a. 施工单位职工及随职工迁移的家属向新工地转移的车费、家具行李运费、途中住宿费、行程补助费、杂费等。

b. 公物、工具、施工设备器材、施工机械的运杂费，以及外租机械的往返费及施工机械、设备、公物、工具的转移费等。

c. 非固定工人进退场的费用。

② 工地转移费以各类工程的定额人工费和定额施工机械使用费之和为基数，按表 1-12 的费率计算。

③ 高速公路、一级公路及独立大桥、独立隧道项目转移距离按省会城市至工地的里程计算；二级及二级以下公路项目转移距离按地级城市所在地至工地的里程计算。

④ 工地转移里程数在表列里程之间时，费率可内插计算。工地转移距离在 50 km 以内的工程按 50 km 计算。

表 1-12 工地转移费费率表 %

工程类别	工地转移距离/km					
	50	100	300	500	1 000	每增加 100
土方	0.224	0.301	0.470	0.614	0.815	0.036
石方	0.176	0.212	0.363	0.476	0.628	0.030
运输	0.157	0.203	0.315	0.416	0.543	0.025
路面	0.321	0.435	0.682	0.891	1.191	0.062
隧道	0.257	0.351	0.549	0.717	0.959	0.049
构造物Ⅰ	0.262	0.351	0.552	0.720	0.963	0.051
构造物Ⅱ	0.333	0.449	0.706	0.923	1.236	0.066
构造物Ⅲ	0.623	0.841	1.316	1.720	2.304	0.119
技术复杂大桥	0.389	0.523	0.818	1.067	1.430	0.073
钢材及钢结构	0.351	0.473	0.737	0.961	1.288	0.063

8）辅助生产间接费

辅助生产间接费指由施工单位自行开采加工的砂、石等自采材料及施工单位自办的人工、机械装卸和运输的间接费。

① 辅助生产间接费按定额人工费的3%计。该项费用并入材料预算单价内构成材料费，不直接出现在概（预）算中。

② 高原地区施工单位的辅助生产，可按高原地区施工增加费费率，以定额人工费与施工机械费之和为基数计算高原地区施工增加费（其中：人工采集、加工材料、人工装卸、运输材料按土方费率计算；机械采集、加工材料按石方费率计算；机械装卸、运输材料按运输费率计算）。辅助生产高原地区施工增加费不作为辅助生产间接费的计算基数。

（4）企业管理费

企业管理费由基本费用、主副食运费补贴、职工探亲路费、职工取暖补贴和财务费用五项组成。

1）基本费用

基本费用指建筑安装企业组织施工生产和经营管理所需的费用。

① 基本费用包括：

a. 管理人员工资。管理人员的基本工资、绩效工资、津贴补贴及特殊情况下支付的工资及缴纳的养老、医疗、失业、工伤保险费和住房公积金等。

b. 办公费。企业管理办公用的文具、纸张、账表、印刷、通信、网络、书报、办公软件、会议、水电、烧水和集体取暖降温（包括现场临时宿舍取暖降温）用煤（电、气）等费用。

c. 差旅交通费。职工因公出差、调动工作的差旅费、住勤补助费，市内交通费和误餐补助费，劳动力招募费，职工退休、退职一次性路费，工伤人员就医路费及管理部门使用的交通工具的油料、燃料等费用。

d. 固定资产使用费。管理部门及附属生产单位使用的属于固定资产的房屋、设备等的折旧、大修、维修或租赁费。

e. 工具用具使用费。企业管理使用的不属于固定资产的工具、器具、家具、交通工具和检验、试验、测绘、消防用具等的购置、维修和摊销费。

f. 劳动保险费。企业支付的离退休职工的易地安家补助费、职工退职金、6个月以上的病假人员工资、职工死亡丧葬补助费、抚恤费、按规定支付给离休干部的各项经费。

g. 职工福利费。按国家规定标准计提的职工福利费。

h. 劳动保护费。企业按国家有关部门规定标准发放的劳动保护用品的购置费及修理费、防暑降温费、在有碍身体健康环境中施工的保健费用等。

i. 工会经费。指企业根据《中华人民共和国工会法》的规定按全部职工工资总额比例计提的工会经费。

j. 职工教育经费。按职工工资总额的规定比例计提，企业为职工进行专业技术和职业技能培训，专业技术人员继续教育、职工职业技能鉴定、职业资格认定，以及根据需要对职工进行各类文化教育所发生的费用，不含职工安全教育、培训费用。

k. 保险费。企业财产保险、管理用及生产用车辆等保险费用及人身意外伤害险的费用。

l. 工程排污费。施工现场按规定缴纳的排污费用。

m. 税金。指企业按规定缴纳的城市维护建设税、教育费附加、地方教育附加、房产税、车船使用税、土地使用税、印花税等。

n. 其他。上述项目以外的其他必要的费用支出,包括技术转让费、技术开发费、竣(交)工文件编制费、招投标费、业务招待费、绿化费、广告费、公证费、定额测定费、法律顾问费、审计费、咨询费及施工标准化、规范化、精细化管理等费用。

② 基本费用以各类工程的定额直接费为基数,按表 1-13 的费率计算。

表 1-13 基本费用费率表 %

工程类别	费率	工程类别	费率
土方	2.747	构造物Ⅰ	3.587
石方	2.792	构造物Ⅱ	4.726
运输	1.374	构造物Ⅲ	5.976
路面	2.427	技术复杂大桥	4.413
隧道	3.569	钢材及钢结构	2.242

2) 主副食运费补贴

主副食运费补贴指施工企业在远离城镇及乡村的野外施工购买生活必需品所需增加的费用。该费用以各类工程的定额直接费为基数,按表 1-14 的费率计算。

表 1-14 主副食运费补贴费费率表 %

工程类别	综合里程/km										
	3	5	8	10	15	20	25	30	40	50	每增加 10
土方	0.122	0.131	0.164	0.191	0.235	0.284	0.322	0.377	0.444	0.519	0.070
石方	0.108	0.117	0.149	0.175	0.218	0.261	0.293	0.346	0.405	0.473	0.063
运输	0.118	0.130	0.166	0.192	0.233	0.285	0.322	0.379	0.447	0.519	0.073
路面	0.066	0.088	0.119	0.130	0.165	0.194	0.224	0.259	0.308	0.356	0.051
隧道	0.096	0.104	0.130	0.152	0.185	0.229	0.260	0.304	0.359	0.418	0.054
构造物Ⅰ	0.114	0.120	0.145	0.167	0.207	0.254	0.285	0.338	0.394	0.463	0.062
构造物Ⅱ	0.126	0.140	0.168	0.196	0.242	0.292	0.338	0.394	0.467	0.540	0.073
构造物Ⅲ	0.225	0.248	0.303	0.352	0.435	0.528	0.599	0.705	0.831	0.969	0.132
技术复杂大桥	0.101	0.115	0.143	0.165	0.205	0.245	0.280	0.325	0.389	0.452	0.063
钢材及钢结构	0.104	0.113	0.146	0.168	0.207	0.247	0.281	0.331	0.387	0.449	0.062

注:综合里程=粮食运距×0.06+燃料运距×0.09+蔬菜运距×0.15+水运距×0.70,粮食、燃料、蔬菜、水的运距均为全线平均运距;如综合里程数在表列里程之间时,费率可取内插值,综合里程在 3 km 以内的工程,按 3 km 计取本项费用。

3）职工探亲路费

职工探亲路费指按照有关规定发放给施工企业职工在探亲期间发生的往返交通费和途中住宿费等费用。该费用以各类工程的定额直接费为基数，按表1-15的费率计算。

表1-15 职工探亲路费费率表 %

工程类别	费率	工程类别	费率
土方	0.192	构造物Ⅰ	0.274
石方	0.204	构造物Ⅱ	0.348
运输	0.132	构造物Ⅲ	0.551
路面	0.159	技术复杂大桥	0.208
隧道	0.266	钢材及钢结构	0.164

4）职工取暖补贴

职工取暖补贴指按规定发放给施工企业职工的冬季取暖费和为职工在施工现场设置的临时取暖设施的费用。该费用以各类工程的定额直接费为基数，按工程所在地的气温区选用表1-16的费率计算。

表1-16 职工取暖补贴费率表 %

工程类别	气温区						
	准二区	冬一区	冬二区	冬三区	冬四区	冬五区	冬六区
土方	0.060	0.130	0.221	0.331	0.436	0.554	0.663
石方	0.054	0.118	0.183	0.276	0.373	0.472	0.569
运输	0.065	0.130	0.228	0.336	0.444	0.552	0.671
路面	0049	0.086	0.155	0.229	0.302	0.376	0.456
隧道	0.045	0.091	0.158	0.249	0.318	0.409	0.488
构造物Ⅰ	0.065	0.130	0.206	0.304	0.390	0.499	0.607
构造物Ⅱ	0.070	0.153	0.234	0.352	0.481	0.598	0.727
构造物Ⅲ	0.126	0.264	0.425	0.643	0.849	1.067	1.297
技术复杂大桥	0.059	0.120	0.203	0.310	0.406	0.501	0.609
钢材及钢结构	0.047	0.082	0.141	0.222	0.293	0.363	0.433

5）财务费用

财务费用指施工企业为筹集资金提供投标担保、预付款担保、履约担保、职工工资支付担保等所发生的各种费用，包括企业经营期间发生的短期贷款利息净支出、汇兑净损失、调剂外汇手续费、金融机构手续费，以及企业筹集资金发生的其他财务费用。财务费用以各类工程的定额直接费为基数，按表1-17的费率计算。

表1-17 财务费用费率表 %

工程类别	费率	工程类别	费率
土方	0.271	构造物Ⅰ	0.456
石方	0.259	构造物Ⅱ	0.545
运输	0.264	构造物Ⅲ	1.094
路面	0.404	技术复杂大桥	0.637
隧道	0.513	钢材及钢结构	0.653

（5）规费

规费指按法律、法规、规章、规程规定施工企业必须缴纳的费用。

① 规费包含：养老保险费、失业保险费、医疗保险费（含生育保险费）、工伤保险费和住房公积金。

② 各项规费以各类工程的人工费之和为基数，按国家或工程所在地法律、法规、规章、规程规定的标准计算。

（6）利润

利润指施工企业完成所承包工程获得的盈利，按定额直接费及措施费、企业管理费之和的7.42%计算。

（7）税金

税金指国家税法规定应计入建筑安装工程造价的增值税销项税额。

$$税金=(直接费+设备购置费+措施费+企业管理费+规费+利润)\times 9\%$$

（8）专项费用

专项费用包括施工场地建设费和安全生产费。

1）施工场地建设费

施工场地建设费包括：

① 按照工地建设标准化要求进行承包人驻地、工地试验室建设，钢筋集中加工、混合料集中拌制、构件集中预制等所需的办公、生活居住房屋（包括职工家属房屋及探亲房屋），公用房屋（如广播室、文体活动室、医疗室等）和生产用房屋（如仓库、加工厂、加工棚、发电站、变电站、空压机站、停机棚、值班室等）等费用。

② 包括场区平整（山岭重丘区的土石方工程除外）、场地硬化、排水、绿化、标志、污水处理设施、围墙隔离设施等的费用，不包括钢筋加工的机械设备、混合料拌和设备及安拆、预制构件台座、预应力张拉设备、起重及养护设备，以及概算、预算定额中临时工程的费用。

③ 包括以上范围内的各种临时工作便道(包括汽车、人力车道)、人行便道,工地临时用水、用电的水管支线和电线支线,临时构筑物(如水井、水塔等)、其他小型临时设施等的搭设或租赁、维修、拆除、清理的费用;但不包括红线范围内贯通便道、进出场的临时道路、保通便道。

④ 工地试验室所发生的属于固定资产的试验设备和仪器等折旧、维修或租赁费用。

⑤ 施工扬尘污染防治措施费。指裸露的施工场地覆盖防尘网、施工便道和施工场地洒水或喷洒抑尘剂,运输车辆的苫盖和冲洗、环境敏感区设置围挡、防尘标识设置,环境监控与检测等所需要的费用。

⑥ 文明施工、职工健康生活的费用。

施工场地建设费以施工场地计费基数,按表1-18的费率,以累进法计算。施工场地计费基数为定额建筑安装工程费扣除专项费。

表1-18 施工场地建设费费率表

施工场地计费基数/万元	费率/%	算例/万元	
		施工场地计费基数	施工场地建设费
500以下	5.338	500	500×5.338% = 26.69
500~1 000	4.228	1 000	26.69+(1 000-500)×4.228% = 47.83
1 000~5 000	2.665	5 000	47.83+(5 000-1 000)×2.665% = 154.43
5 000~10 000	2.222	10 000	154.43+(10 000-5 000)×2.222% = 265.53
10 000~30 000	1.785	30 000	265.53+20 000×1.785% = 622.53
30 000~50 000	1.694	50 000	622.53+20 000×1.694% = 961.33
50 000~100 000	1.579	100 000	961.33+50 000×1.579% = 1 750.83
100 000~150 000	1.498	150 000	1 750.83+50 000×1.498% = 2 499.83
150 000~200 000	1.415	200 000	2 499.83+50 000×1.415% = 3 207.33
200 000~300 000	1.348	300 000	3 207.33+100 000×1.348% = 4 555.33
300 000~400 000	1.289	400 000	4 555.33+100 000×1.289% = 5 844.33
400 000~600 000	1.235	600 000	5 844.33+200 000×1.235% = 8 314.33
600 000~800 000	1.188	800 000	8 314.33+200 000×1.188% = 10 690.33
800 000~1 000 000	1.149	1 000 000	10 690.33+200 000×1.149% = 12 988.33
1 000 000以上	1.118	1 200 000	12 988.33+200 000×1.118% = 15 224.33

2）安全生产费

安全生产费包括完善、改造和维护安全设施设备费用，配备、维护、保养应急救援器材、设备费用，开展重大危险源和事故隐患评估和整改费用，安全生产检查、评价、咨询费用，配备和更新现场作业人员安全防护用品支出，安全生产宣传、教育、培训费用，安全设施及特种设备检测检验费用，施工安全风险评估、应急演练等有关工作及其他与安全生产直接相关的费用。

安全生产费按建筑安装工程费乘以安全生产费费率计算，费率按不少于1.5%计取。

1.4 设备购置费用

设备购置费用是指为建设项目购置或自制的达到固定资产标准的各种国产或进口设备、工具、器具的购置费用，是固定资产投资中的积极部分。在生产性工程建设中，设备购置费用占工程造价比重的增大，意味着生产技术的进步和资本有机构成的提高。它由设备原价和设备运杂费构成：

设备购置费用=设备原价×(1+设备运杂费费率)

设备原价指国产设备或进口设备的原价；设备运杂费指除设备原价之外的关于设备采购、运输、途中包装及仓库保管等方面支出费用的总和。

公路工程的设备购置费用列入建筑安装工程费用中，见本章1.3.2的相关内容。

1.4.1 国产设备原价的构成及计算

国产设备原价一般指的是设备制造厂的交货价，或订货合同价。它一般根据生产厂或供应商的询价、报价、合同价确定，或采用一定的方法计算确定。国产设备原价分为国产标准设备原价和国产非标准设备原价。

1. 国产标准设备原价

国产标准设备是指按照主管部门颁布的标准图纸和技术要求，由我国设备生产厂批量生产的，符合国家质量检测标准的设备。国产标准设备原价有两种，即带有备件的原价和不带有备件的原价。在计算时，一般采用带有备件的原价。

2. 国产非标准设备原价

国产非标准设备是指国家尚无定型标准，各设备生产厂不可能在工艺过程采用批量生产，只能按一次订货，并根据具体的设计图纸制造的设备。非标准设备原价有多种不同的计算方法，如成本计算估价法、系列设备插入估价法、分部组合估价法、定额估价法等。但无论采用哪种方法都应该使非标准设备计价接近实际出厂价，并且计算方法要简便。按成本计算估价法，非标准设备的原价由以下各项组成。

(1) 材料费

计算公式如下：

材料费=材料净质量(t)×(1+加工损耗系数)×每吨材料综合价

(2) 加工费

包括生产工人工资和工资附加费、燃料动力费、设备折旧费、车间经费等，计算公式如下：

加工费=设备总质量(t)×设备每吨加工费

(3) 辅助材料费(简称辅材费)

包括焊条、焊丝、氧气、氩气、油漆、电石等费用,计算公式如下:

辅助材料费=设备总质量×辅助材料费指标

(4) 专用工具费

按(1)~(3)项之和乘以专用工具费率计算。

(5) 废品损失费

按(1)~(4)项之和乘以废品损失率计算。

(6) 外购配套件费

按设备设计图纸所列的外购配套件的名称、型号、规格、数量、质量,根据相应的价格加运杂费计算。

(7) 包装费

按以上(1)~(6)项之和乘以包装费率计算。

(8) 利润

按(1)~(5)项加第(7)项之和乘以一定利润率计算。

(9) 税金

主要指增值税,计算公式为

增值税=当期销项税额-进项税额

当期销项税额=销售额×适用增值税率

其中,销售额为(1)~(8)项之和。

(10) 非标准设备设计费

按国家规定的设计费收费标准计算。

综上所述,单台非标准设备原价可用下面的公式表达:

单台非标准设备原价={[(材料费+加工费+辅助材料费)×(1+专用工具费率)×(1+废品损失费率)+外购配套件费]×(1+包装费率)-外购配套件费}×(1+利润率)+销项税额+非标准设备设计费+外购配套件费

1.4.2 进口设备原价的构成及计算

进口设备的原价是指进口设备的抵岸价,即抵达买方边境港口或边境车站,且交完关税等税费后形成的价格。进口设备抵岸价的构成与进口设备的交货类别有关。

1. 进口设备的交货类别

进口设备的交货类别可分为内陆交货类、目的地交货类、装运港交货类。

(1) 内陆交货类

即卖方在出口国内陆的某个地点交货。在交货地点,卖方及时提交合同规定的货物和有关凭证,并负担交货前的一切费用和风险;买方按时接收货物,交付货款,负担接货后的一切费用和风险,并自行办理出口手续和装运出口。货物的所有权也在交货后由卖方转移给买方。

(2) 目的地交货类

即卖方在进口国的港口或内地交货,有目的港船上交货价、目的港船边交货价(FOS)和目的港码头交货价(关税已付)及完税后交货价(进口国的指定地点)等几种交货价。它们的特点是:

买卖双方承担的责任、费用和风险是以目的地约定交货点为分界线，只有当卖方在交货点将货物置于买方控制下才算交货，才能向买方收取货款。这种交货类别对卖方来说承担的风险较大，在国际贸易中卖方一般不愿采用。

（3）装运港交货类

即卖方在出口国装运港交货，主要有装运港船上交货价（FOB），习惯称离岸价格；运费在内价（C&F）和运费、保险费在内价（CIF，习惯称到岸价格）。它们的特点是：卖方按照约定的时间在装运港交货，只要卖方把合同规定的货物装船后提供货运单据便完成交货任务，可凭单据收回货款。三者的计算关系如下：

进口设备到岸价格（CIF）= 离岸价格（FOB）+国际运费+运输保险费

=运费在内价（C&F）+运输保险费

装运港船上交货价（FOB）是我国进口设备采用最多的一种货价。采用船上交货价时卖方的责任是：在规定的期限内，负责在合同规定的装运港口将货物装上买方指定的船只，并及时通知买方；负责货物装船前一切费用和风险，负责办理出口手续；提供出口国政府或有关方签发的证件；负责提供有关装运单据。买方的责任是：负责租船或订舱，支付运费，并将船期、船名通知卖方；负责货物装船后的一切费用和风险；负责办理保险及支付保险费，办理在目的港的进口和收货手续；接受卖方提供的有关装运单据，并按合同规定支付货款。

2. 进口设备原价的计算

进口设备的原价指进口设备的抵岸价，即抵达买方边境港口或边境车站，且交完关税为止形成的价格。即

进口设备原价=离岸价格（FOB）+国际运费+运输保险费+银行财务费+外贸手续费+关税+增值税+消费税+商检费+检疫费+车辆购置税

① 货价。一般指装运港船上交货价（FOB）。设备货价分为原币货价和人民币货价，原币货价一律折算为美元表示，人民币货价按原币货价乘以外汇市场美元兑换人民币中间价确定。进口设备货价按有关生产厂商询价、报价、订货合同价计算。

② 国际运费。即从装运港（站）到达我国抵达港（站）的运费。我国进口设备大部分采用海洋运输，小部分采用铁路运输，个别采用航空运输。国际运费可按运费费率计算，也可按单位运价计算，进口设备国际运费计算公式为

国际运费=原币货价（FOB）×运费费率

国际运费=运量×单位运价

其中，运费费率或单位运价参照有关部门或进出口公司的规定执行，海运费费率一般为6%。

③ 运输保险费。对外贸易货物运输保险是由保险人（保险公司）与被保险人（出口人或进口人）订立保险契约，在被保险人交付议定的保险费后，保险人根据保险契约的规定对货物在运输过程中发生的承保责任范围内的损失给予经济上的补偿。这是一种财产保险。计算公式为

$$\text{运输保险费}=\frac{\text{原价货价（FOB）}+\text{国外运费}}{1-\text{保险费率}}\times\text{保险费率}$$

其中，保险费率按保险公司规定的进口货物保险费率计算，一般为0.35%。

④ 银行财务费。一般是指中国银行手续费，银行财务费费率一般为0.4%~0.5%。可按下

式简化计算：

银行财务费=离岸价格（FOB）×人民币外汇汇率×银行财务费费率

⑤ 外贸手续费。指按对外经济贸易部规定的外贸手续费计取的费用，外贸手续费费率一般取1%~1.5%。计算公式为

外贸手续费= 到岸价格（CIF）×人民币外汇汇率×外贸手续费费率

⑥ 关税。由海关对进出国境或关境的货物和物品征收的一种税。计算公式为

关税= 到岸价格（CIF）×人民币外汇汇率×进口关税税率

其中，到岸价格（CIF）包括离岸价格（FOB）、国际运费、运输保险费等费用，为关税完税价格。进口关税税率分为优惠和普通两种。优惠税率适用于与我国签订有关税互惠条款的贸易条约或协定的国家的进口设备；普通税率适用于未与我国签订有关税互惠条款的贸易条约或协定的国家的进口设备。进口关税税率按我国海关总署发布的进口关税税率计算。

⑦ 增值税。是对从事进口贸易的单位和个人，在进口商品报关进口后征收的税种。我国增值税条例规定，进口应税产品均按组成计税价格和增值税税率直接计算应纳税额。即

进口产品增值税额=组成计税价格×增值税税率

组成计税价格=到岸价格（CIF）×人民币外汇汇率+关税+消费税

增值税税率根据规定的税率计算。进口增值税基本税率为17%，对于关系国计民生的重要物资的税率为13%，对符合规定的科学研究和教学用品等免征增值税。

⑧ 消费税。对部分进口设备（如轿车、摩托车等）征收，一般计算公式为

$$\text{应纳消费税额}=\frac{\text{到岸价}+\text{关税}}{1-\text{消费税税率}}\times\text{消费税税率}$$

其中，消费税税率根据规定的税率计算。

⑨ 商检费。指进口设备按规定付给商品检查部门的进口设备检验鉴定费，商检费费率一般为0.8%。其计算公式为

商检费=[到岸价格（CIF）×人民币外汇汇率+ 关税]×商检费费率

⑩ 检疫费。指进出口设备按规定付给商品检疫部门的进口设备检验鉴定费，检疫费费率一般为0.17%。其计算公式为

检疫费=[到岸价格（CIF）×人民币外汇汇率+ 关税]×检疫费费率

⑪ 车辆购置税：进口车辆需缴进口车辆购置税。其公式如下：

进口车辆购置税=（关税完税价格+关税+消费税+增值税）×进口车辆购置税税率

例1-1 某进口设备，总质量为150 t，装运港船上交货价（FOB）为120 万美元。已知：国际运费标准为300 美元/t，海上运输保险费费率为3.5‰，银行财务费费率为4‰，外贸手续费费率为1.0%，关税税率为30%，增值税税率为13%，银行外汇牌价为1美元=6.46元人民币。根据《进出口商品检验种类表》、卫生检疫及消费税征收的相关规定，该设备不需商检和检疫，也不计消费税。试计算该设备的原价。

解： 该设备货价（FOB）= 120×6.46 万元=775.200 万元

国际运费=300×150×6.46 万元=29.070 万元

海运保险费=（775.200+29.070）万元÷（1−3.5‰）×3.5‰=2.825 万元

到岸价格（CIF）=（775.200+29.070+2.825）万元=807.095 万元

银行财务费=775.200 万元×4‰=3.101 万元

外贸手续费=807.095 万元×1.0% =8.071 万元

关税=807.095 万元×30% =242.129 万元

增值税=(807.095+242.129)万元×13% = 136.399 万元

进口设备原价=(807.095+3.101+8.071+242.129+136.399)万元=1 196.795 万元

1.4.3 设备运杂费的构成及计算

1. 设备运杂费的构成

设备运杂费通常由下列各项构成。

(1) 运费和装卸费

即国产设备由设备制造厂交货地点起至工地仓库(或施工组织设计指定的需要安装设备的堆放地点)止所发生的运费和装卸费;进口设备则由我国到岸港口或边境车站起至工地仓库(或施工组织设计指定的需安装设备的堆放地点)止所发生的运费和装卸费。运费和装卸费的费率见表 1-19。

其计算公式为

运费和装卸费=设备原价×运费和装卸费费率

表 1-19 运费和装卸费的费率表

运输里程/km	100及100以内	101~200	201~300	301~400	401~500	501~750	751~1 000	1 001~1 250	1 251~1 500	1 501~1 750	1 751~2 000	2 000以上每增250
费率/%	0.8	0.9	1.0	1.1	1.2	1.5	1.7	2.0	2.2	2.4	2.6	0.2

(2) 运输保险费

设备运输保险费指国内运输保险费,费率一般为 1%。

其计算公式为

设备运输保险费=设备原价×运输保险费费率

(3) 包装费

在设备原价中没有包含的,为运输而进行的包装支出的各种费用。

(4) 采购与仓库保管费

指采购、验收、保管和收发设备所发生的各种费用,包括设备采购人员、保管人员和管理人员的工资、工资附加费、办公费、差旅交通费,设备供应部门办公和仓库所占固定资产使用费、工具用具使用费、劳动保护费、检验试验费等。这些费用可按主管部门规定的采购与保管费费率计算。一般,需要安装的设备的采购保管费费率可取 2.4%,不需要安装的设备的采购保管费费率取 1.2%。

其计算公式为

采购与仓库保管费=设备原价×采购与仓库保管费费率

2. 设备运杂费的计算

设备运杂费=运费和装卸费+运输保险费+包装费+采购与仓库保管费

1.5 工程建设其他费用

工程建设其他费用是指从工程筹建到工程竣工验收交付使用为止的整个建设期间,除建筑安装工程费和设备及工器具购置费用以外的,为保证工程建设顺利完成和交付使用后能够正常发挥效用而发生的各项费用。按其内容大体可分为三类:第一类指土地使用费;第二类指与工程建设有关的其他费用;第三类指与未来企业生产经营有关的其他费用。

1.5.1 土地使用费

任何一个建设项目都固定于一个地点与地面相连接,必须占用一定量的土地。建设用地可分为毛地和净地,毛地是指城市基础设施不完善、地上有房屋需要拆迁的土地,净地是已完成城市基础设施开发、地上房屋拆迁完毕、土地平整、土地权利单一的土地。军事、交通、水利等公益性用地通过划拨方式取得土地使用权,这类土地一般是毛地,需支付土地征用及迁移补偿费,包括土地补偿费、安置补助费、地上附着物和青苗补偿费、拆迁补偿费等费用;商业性用地一般由土地储备机构将毛地开发成净地,开发商通过土地使用权出让方式取得土地使用权,支付土地使用权出让金、转让金。

1. 土地征用及迁移补偿费

国有土地使用权划拨,是指县级以上人民政府依法批准,在土地使用者缴纳补偿、安置等费用后将该幅土地交付其使用,或者将土地使用权无偿交付给土地使用者使用的行为。土地征用及迁移补偿费包含永久占地费、临时占地费、拆迁补偿费、水土保持补偿费和其他费用。

(1) 永久占地费

永久占地费包括土地补偿费、征用耕地安置补助费、耕地开垦费、森林植被恢复费、被征地农民社会保障费用。

① 土地补偿费。土地补偿费包括征地补偿费、被征用土地上的青苗补偿费、征用城市郊区的菜地等缴纳的菜地开发建设基金、耕地占用税、地图编制费及勘界费等。

② 征用耕地安置补助费。征用耕地安置补助费指征用耕地需要安置农业人口的补助费。

③ 森林植被恢复费。森林植被恢复费指建设项目需要占用、征用林地的,经县级以上林业主管部门审核同意或批准,建设项目法人(业主)单位按照省级人民政府有关规定向县级以上林业主管部门预缴的森林植被恢复费。

④ 被征地农民社会保障费用。被征地农民社会保障费用是指被征地农民的养老保险等社会保险缴费补贴,按项目所在地(省、自治区、直辖市)的相关规定进行计算。

(2) 临时占地费

临时占地费包括临时征地使用费、复耕费。

① 临时征地使用费。临时征地使用费指为满足施工所需的承包人驻地、预制场、仓库、堆料场、取弃土场、进出场便道等的临时用地及其附着物的补偿费用。

② 复耕费。复耕费指临时占用的耕地、鱼塘等,在工程交工后将其恢复到原有标准所发生的费用。

(3) 拆迁补偿费

拆迁补偿费指被征用或占用土地地上、地下的房屋及其附属构筑物,公用设施、文物等的拆除、发掘及迁建补偿费,拆迁管理费等。具体补偿费办法由省级人民政府制定。

(4) 水土保持补偿费

水土保持补偿费根据国家相关法律、法规规定,按各省(自治区、直辖市)制定的水土保持补偿费收费标准进行计算。

(5) 其他费用

其他费用指国务院行政主管部门及省级人民政府规定的与征地拆迁相关的费用。

2. 土地使用权出让金、转让金

国有土地使用权出让,是指国家将国有土地使用权在一定年限内出让给土地使用者,由土地使用者向国家支付土地使用权出让金的行为。土地使用权出让可分成两种方式:一是通过招标、拍卖、挂牌等竞争出让方式获取国有土地使用权,二是通过协议出让方式获取国有土地使用权。出让金标准一般参考城市基准地价并结合其他因素制定。

土地使用权转让是指土地使用者将土地使用权再转移的行为,包括出售、交换和赠送。《中华人民共和国民法典》规定:

① 建设用地使用权人有权将建设用地使用权转让、互换、出资、赠予或者抵押,但是法律另有规定的除外。

② 当事人应当采用书面形式订立相应的合同,使用期限由当事人约定,但不得超过建设用地使用权的剩余期限。

③ 应当向登记机构申请变更登记。

④ 附着于该土地上的建筑物、构筑物及其附属设施一并处分。

⑤ 该建筑物、构筑物及其附属设施占用范围内的建设用地使用权一并处分。

⑥ 因公共利益需要提前收回该土地的,应当依据本法第二百四十三条的规定对该土地上的房屋及其他不动产给予补偿,并退还相应的出让金。

1.5.2 与项目建设有关的其他费用

根据项目的不同,与项目建设有关的其他费用的构成也不尽相同,一般包括以下各项。在进行工程估算及概算中根据实际情况进行计算。

1. 建设管理费

建设管理费是指建设项目从立项、筹建、实施、联合试运转、竣工验收、交付使用及后评估等全过程管理所需的费用。内容包括:

(1) 建设单位管理费

是指项目建设单位从项目筹建之日起至办理竣工财务决算之日止发生的管理性质的支出。包括:不在原单位发工资的工作人员工资及相关费用、办公费、办公场地租用费、差旅交通费、劳动保护费、工具用具使用费、固定资产使用费、招募生产工人费、技术图书资料费(含软件)、业务招待费、施工现场津贴、竣工验收费和其他管理性质开支。

财政部发布的《基本建设项目建设成本管理规定》(财建〔2016〕504号)规定了建设单位管理费总额控制费率,以项目审批部门批准的项目投资总概算为基数,以累进制方法计算。为方便计算,实践中常以工程费用总值为计费基数,即建筑安装工程费与设备购置费之和为计费基数。

《公路工程建设项目概算预算编制办法》(JTG 3830—2018)规定:建设单位管理费指建设单位(业主)为进行建设项目的立项、筹建、建设、竣(交)工验收、总结等工作所发生的费用。建设单位管理费以定额建筑安装工程费为计费基数,以累进制方法计算。

1-8 建设单位管理费

(2) 建设项目信息化费

指建设单位和各参建单位用于建设项目的质量、安全、进度、费用等方面的信息化建设、运维及各种税费等费用,包括建设项目全寿命周期的建筑信息模型(BIM,building information modeling)等相关费用。

1-9 建设项目信息化费

(3) 工程监理费

是指建设单位(业主)委托具有工程监理资质的单位,按施工监理规范进行的监督与管理所发生的费用。包括:工作人员的工资、工资性补贴、基本养老保险费、基本医疗保险费、失业保险费、工伤保险费、住房公积金、职工福利费、工会经费、劳动保护费;办公费、会议费、差旅交通费、固定资产使用费、零星固定资产购置费、招募生产工人费;技术图书资料费、职工教育经费、投标费用;合同契约公证费、咨询费、业务招待费;财务费用、监理单位的临时设施费、各种税费和其他管理性开支。

1-10 工程监理费

工程监理费按国家发展和改革委员会与建设部联合发布的《建设工程监理与相关服务收费管理规定》(发改价格〔2007〕670号)计算。公路工程项目的工程监理费可根据《公路工程建设项目概算预算编制办法》(JTG 3830—2018)的规定,以建筑安装工程费总额为计费基数,以累进制方法计算。

(4) 设计文件审查费

设计文件审查费指在项目审批前,建设单位为保证勘察设计工作的质量,组织有关专家或委托有资质的单位,对提交的建设项目可行性研究报告和勘察设计文件进行审查所需要的相关费用。房屋建筑和市政基础设施的设计文件审查费将采取政府购买服务方式开展施工图设计文件审查,建设单位不再承担该项费用;公路工程的设计文件审查费按《公路工程建设项目概算预算编制办法》(JTG 3830—2018)规定执行。

1-11 设计文件审查费

(5) 竣(交)工验收试验检测费

是指建设项目在交工验收和竣工验收前,由建设单位或工程质量监督机构委托有资质的质量检测单位按照有关规定对建设项目的工程质量进行检测,并出具检测意见所需要的相关费用。房屋建筑和市政基础设施的竣(交)工验收试验检测费已包含在建设单位管理费中;公路工程的竣(交)工验收试验检测费按《公路工程建设项目概算预算编制办法》(JTG 3830—2018)规定执行。

1-12 竣(交)工验收试验检测费

2. 前期工作费

建设项目前期工作费指委托勘察设计单位、咨询单位对建设项目进行可行性研究、工程勘察设计,以及设计、监理、施工招标文件及招标标底或造价控制值文件编制时,按规定应支付的费用。

（1）房屋建筑和市政基础设施的前期工作费

① 前期工作咨询费　是指工程咨询机构接受委托，提供建设项目专题研究、编制和评估项目建议书或者可行性研究报告，以及其他与建设项目前期工作有关的咨询等服务收取的费用。根据《国家发展改革委关于进一步放开建设项目专业服务价格的通知》（发改价格〔2015〕299号）规定，为充分发挥市场在资源配置中的决定性作用，前期工作咨询费实行市场调节价。

② 工程勘察设计费　包括工程勘察收费和工程设计收费。工程勘察收费，指工程勘察机构接受委托，提供收集已有资料、现场踏勘、制定勘察纲要，进行测绘、勘探、取样、试验、测试、检测、监测等勘察作业，以及编制工程勘察文件和岩土工程设计文件等服务收取的费用；工程设计收费，指工程设计机构接受委托，提供编制建设项目初步设计文件、施工图设计文件、非标准设备设计文件、施工图预算文件、竣工图文件等服务收取的费用。根据发改价格〔2015〕299 号文件规定，工程勘察设计费实行市场调节价。

③ 招标代理服务费　是指招标代理机构接受委托，提供代理工程、货物、服务招标，编制招标文件、审查投标人资格，组织投标人踏勘现场并答疑，组织开标、评标、定标，以及提供招标前期咨询、协调合同的签订等服务收取的费用。根据发改价格〔2015〕299 号文件规定，招标代理服务费实行市场调节价。

（2）公路工程的前期工作费

公路工程前期工作费包括：

① 编制项目建议书（或预可行性研究报告）、可行性研究报告、投资估算，以及相应的勘察、设计等所需的费用。

② 通过风洞试验、地震动参数、索塔足尺模型试验、桥墩局部冲刷试验、桩基承载力试验等为建设项目提供或验证设计数据所需的专题研究费用。

③ 初步设计和施工图设计的勘察费、设计费、概（预）算编制及调整概算编制费用等。

④ 设计、监理、施工招标及招标标底（或造价控制值或清单预算）文件编制费等。

前期工作费以定额建筑安装工程费为计费基数，按《公路工程建设项目概算预算编制办法》（JTG 3830—2018）规定的费率，以累进制方法计算。

1-13　公路工程前期工作费

3. 研究试验费

研究试验费指按项目特点和有关规定，在建设过程中必须进行的研究和试验所需的费用，以及支付科技成果、专利、先进技术的一次性技术转让费。该费用按设计提出的研究试验内容和要求进行编制，但不包括：

① 应由前期工作费（为建设项目提供或验证设计数据、资料等专题研究）开支的项目。

② 应由科技三项费用（即新产品试制费、中间试验费和重要科学研究补助费）开支的项目。

③ 应由施工辅助费开支的施工企业对建筑材料、构件和建筑物进行一般鉴定、检查所发生的费用及技术革新研究试验费。

4. 场地准备和临时设施费

（1）场地准备费

场地准备费是指建设项目为达到工程开工条件所发生的、未列入工程费用的场地平整及对建设场地余留的有碍于施工建设的设施进行拆除清理所发生的费用。改扩建项目一般只计拆除清理费。

（2）临时设施费

临时设施费是指建设单位为满足工程项目建设需要未列入的临时水、电、路、通信、气等工程和临时仓库、办公、生活等建筑物的建设、维修、租赁所发生的或摊销的费用。

房屋建筑和市政基础设施的场地准备和临时设施费，按所在省（自治区、直辖市）颁发的定额计算，或按工程费用的比例及相关规定计算。

公路工程的施工场地建设费，包括场地准备费、临时设施费、施工扬尘污染防治措施费、文明施工与职工健康生活的费用等，以施工场地计费基数，按《公路工程建设项目概算预算编制办法》（JTG 3830—2018）规定的费率，以累进制方法计算。施工场地计费基数为定额建筑安装工程费扣除专项费。

1-14 施工场地建设费

5. 专项评价及验收费

专项评价及验收费指依据国家法律、法规规定进行评价（评估）、咨询，按规定应支付的费用。包括环境影响评价及验收费、安全评价及验收费、职业病危害预评价及控制效果评价费、地震安全性评价费、地质灾害危险性评价费、水土保持评价及验收费、压覆矿产资源评价费、节能评估费、危险与可操作性分析及安全完整性评价费、其他专项评价及验收费。上述费用依据委托合同与相关政策规定，或参照类似工程已发生的费用进行计列。

6. 引进技术和进口设备其他费用

引进技术和进口设备其他费用是指引进技术和进口设备发生的但未计入设备购置费中的费用。包括图纸资料翻译复制与备品备件测绘费、出国人员费用、来华人员费用、银行担保及承诺费、进口设备材料国内检验费等。引进技术和进口设备其他费用根据项目建设具体情况及国家相关政策文件规定估列。

7. 工程保险费

工程保险费是指建设项目在建设期间根据需要实施工程保险所需的费用。包括建筑安装工程一切险、引进设备财产保险和人身意外伤害险等。

根据不同的工程类别，分别以其建筑安装工程费乘以保险费率计算。民用建筑（住宅楼、综合性大楼、商场、旅馆、医院、学校）占建筑安装工程费的2‰~4‰；其他建筑（工业厂房、仓库、道路、码头、水坝、隧道、桥梁、管道等）占建筑安装工程费的3‰~6‰；安装工程（农业、工业、机械、电子、电器、纺织、矿山、石油、化学及钢铁工业、钢结构桥梁）占建筑安装工程费的3‰~6‰。

8. 特殊设备安全监督检验、标定费

特殊设备安全监督检验、标定费是指安全监察部门对在施工现场组装的锅炉及压力容器、压力管道、消防设备、燃气设备、电梯等特殊设备和设施实施安全检验收取的费用。此项费用按照建设项目所在省（自治区、直辖市）安全监察部门的规定标准计算。无具体规定的，在编制投资估算和概算时可按受检设备现场安装费的比例估算。

9. 市政公用设施费

市政公用设施费是指使用市政公用设施的工程项目，按照项目所在地省级人民政府有关规定建设或缴纳的市政公用设施建设配套费用，以及绿化工程补偿费用。此项费用按工程所在地人民政府规定标准计算。

10. 其他相关费用

(1) 公路工程的工程保通管理费

工程保通管理费指新建或改扩建工程需边施工边维持通车或通航的建设项目,为保证公(铁)路运营安全、船舶航行安全及施工安全而进行交通(公路、航道、铁路)管制、交通(铁路)与船舶疏导所需的费用,媒体、公告等宣传费用,以及协管人员经费等。工程保通管理费应按设计需要进行列支。涉水项目施工期通航安全保障费用计算方法按《公路工程建设项目概算预算编制办法》(JTG 3830—2018)附录G执行。

1-15 涉水项目施工期通航安全保障费用

(2) 公路工程的安全生产费

安全生产费包括完善、改造和维护安全设施设备费用,配备、维护、保养应急救援器材、设备费用,开展重大危险源和事故隐患评估和整改费用,安全生产检查、评价、咨询费用,配备和更新现场作业人员安全防护用品支出,安全生产宣传、教育、培训费用,安全设施及特种设备检测检验费用,施工安全风险评估、应急演练等有关工作及其他与安全生产直接相关的费用。安全生产费按建筑安装工程费乘以安全生产费费率计算,费率按不少于1.5%计取。

1.5.3 与未来企业生产经营有关的其他费用

1. 联合试运转费

联合试运转费是指新建企业或新增加生产工艺过程的扩建企业在竣工验收前,按照设计规定的工程质量标准,进行整个车间的负荷或无负荷联合试运转发生的费用支出大于试运转收入的亏损部分。费用支出内容包括:试运转所需的原料、燃料、油料和动力的费用,机械使用费用,低值易耗品及其他物品的购置费用,以及施工单位参加联合试运转人员的工资等。试运转收入包括:试运转产品销售收入和其他收入。联合试运转费不包括应由设备安装工程费项下开支的单台设备调试费及试车费用。

联合试运转费一般根据不同性质的项目按需要试运转车间的工艺设备购置费的百分比计算。公路工程项目的联合试运转费以建筑安装工程费总额为基数,按0.04%费率计算。

2. 生产准备及开办费

生产准备及开办费是指新建企业或新增生产能力的企业,为保证竣工交付使用进行必要的生产准备所发生的费用,包括工器具及生产家具购置、办公及生活用家具购置、生产人员培训费及提前进厂费等费用,公路工程还包括应急保通设备购置费。

(1) 工器具及生产家具购置费

工具器具及生产家具购置费,是指新建或扩建项目初步设计规定的,保证初期正常生产必须购置的没有达到固定资产标准的设备、仪器、工卡模具、器具、生产家具和备品备件等的购置费用。一般以设备购置费为计算基数,按照部门、行业规定的工器具及生产家具购置费指标费率计算,或按设备购置费计算。按费率计算的公式为

$$工器具及生产家具购置费=设备购置费\times工器具及生产家具购置费指标费率$$

(2) 办公及生活家具购置费

办公及生活家具购置费是指为保证新建、改建、扩建项目初期正常生产、使用和管理所必须

购置的办公和生活家具、用具的费用。改、扩建工程所需的办公和生活用具购置费,应低于新建项目。其范围包括办公室、会议室、资料档案室、阅览室、文娱室、食堂、浴室、理发室、单身宿舍和设计规定必须建设的托儿所、卫生所、招待所、中小学校等家具用具购置费。根据《市政工程投资估算编制办法》(建标〔2007〕164号)的规定,市政工程项目的办公和生活家具购置费按设计定员人数乘以综合指标计算,一般取1 000~2 000元/人;公路工程项目的办公及生活家具购置费按《公路工程建设项目概算预算编制办法》(JTG 3830—2018)的规定计算。

1-16 公路工程办公及生活家具购置费

(3) 生产人员培训费及提前进厂费

生产人员培训费及提前进厂费是指新建、改建、扩建工程项目,为保证生产的正常运行,在工程竣工验收交付使用前,对运营部门生产人员和管理人员进行培训、提前进厂参加设备安装调试等所必需的费用。费用内容包括:人员工资、工资性补贴、职工福利费、差旅交通费、学习资料费、学习费、劳动保护费等。

生产人员培训费及提前进厂费=设计定员×生产准备费指标(元/人)

公路工程项目的生产人员培训费按《公路工程建设项目概算预算编制办法》(JTG 3830—2018)规定:按设计定员和3 000元/人的标准计算。

(4) 公路工程的应急保通设备购置费

应急保通设备购置费指新建、改扩建工程项目,为满足初期正常营运,购置保障抢修保通、应急处置,且构成固定资产的设备所需的费用。该费用由设计单位列出计划购置清单,计算方法同设备购置费。

1.6 预备费、建设期贷款利息

1.6.1 预备费

预备费是因建设项目实施前不可预见的因素,以及建设期间可能发生的自然灾害、物价变动及国家政策调整对工程造价的影响,需事先预留的费用。预备费由基本预备费和价差预备费两部分组成。

1. 基本预备费

基本预备费是指在初步设计及概算内难以预料的工程费用,费用内容包括:

① 在批准的初步设计范围内,技术设计、施工图设计、施工过程中所增加的工程费用,以及设计变更、局部地基处理等增加的费用。

② 一般自然灾害造成的损失和预防自然灾害所采取的措施费用。实行工程保险的工程项目基本预备费应适当降低。

③ 竣工验收时为鉴定工程质量对隐蔽工程进行必要挖掘和修复的费用。

(1) 房屋建筑和市政基础设施的基本预备费计算

房屋建筑和市政基础设施的基本预备费是按设备购置费、建筑安装工程费和工程建设其他费用三者之和为计取基础,乘以基本预备费费率进行计算。基本预备费费率的取值应执行国家及部门有关规定,市政工程项目投资估算的基本预备费费率为8%~10%。

基本预备费 = (设备购置费+建筑安装工程费+工程建设其他费用)×基本预备费费率

(2) 公路工程的基本预备费计算

公路工程基本预备费以建筑安装工程费、土地使用及拆迁补偿费、工程建设其他费之和为基数,乘以基本预备费费率(设计概算按5%计取;修正概算按4%计取;施工图预算按3%计取)计算。

2. 价差预备费

价差预备费是指建设项目在建设期间由于价格等变化引起工程造价变化的预测预留费用。费用内容包括:人工、设备、材料、施工机械的价差费,建筑安装工程费及工程建设其他费用调修,利率、汇率调整等增加的费用。

价差预备费的测算方法,一般根据国家规定的投资综合价格指数,按估算年份价格水平的投资额为基数,采用复利方法计算,计算公式为

$$价差预备费 = \sum_{t=1}^{n} p_t \times [(1+i)^m (1+i)^{\frac{1}{2}} (1+i)^{t-1} - 1]$$

式中:p_t——计算期第 t 年投入的建筑安装工程费、设备工器具购置费、工程建设其他费用及基本预备费,即第 t 年的静态投资。为简化计算,按年中支付综合考虑。

n——建设期年份数。

i——年均价格上涨率。

m——建设前期年份数,从编制投资估算至项目开工。

例 1-2 某建设项目建筑安装工程费为39 300万元,设备工器具购置费用为15 800万元,工程建设其他费用为3 800万元,基本预备费费率5%。建设前期为1年,建设期为4年,各年投资计划为:第一年完成投资15%,第二年完成投资25%,第三年完成投资40%,第四年完成投资20%。年均价格上涨率为5%,试计算该项目建设期的价差预备费。

解:(1) 计算工程费用总额及每年投资额

基本预备费 = (39 300+15 800+3 800)万元×5% = 2 945万元

静态投资 = (39 300+15 800+3 800+2 945)万元 = 61 845万元

建设期第一年完成的投资 = 61 845万元×15% = 9 276.75万元

建设期第二年完成的投资 = 61 845万元×25% = 15 461.25万元

建设期第三年完成的投资 = 61 845万元×40% = 24 738.00万元

建设期第四年完成的投资 = 61 845万元×20% = 12 369.00万元

(2) 计算每年的价差预备费

$$建设期第一年价差预备费 = p_1[(1+i)(1+i)^{\frac{1}{2}} - 1] = 704.38\ 万元$$

$$建设期第二年价差预备费 = p_2[(1+i)(1+i)^{\frac{1}{2}}(1+i) - 1] = 2\ 005.73\ 万元$$

$$建设期第三年价差预备费 = p_3[(1+i)(1+i)^{\frac{1}{2}}(1+i)^2 - 1] = 4\ 606.53\ 万元$$

$$建设期第四年价差预备费 = p_4[(1+i)(1+i)^{\frac{1}{2}}(1+i)^3 - 1] = 3\ 036.88\ 万元$$

(3) 计算该项目建设期的价差预备费

价差预备费 = (704.38+2 005.73+4 606.53+3 036.88)万元 = 10 353.52万元

1.6.2 建设期贷款利息

建设期贷款利息包括向国内银行和其他非银行金融机构贷款、出口信贷、外国政府贷款、国际商业银行贷款及在境内外发行的债券等在建设期间内应偿还的借款利息。

建设期贷款利息一般是根据贷款额和建设期每年使用的贷款安排和贷款合同规定的年利率进行计算。计算公式如下：

$$S=\sum_{j=1}^{n}\left(p_{j-1}+\frac{b_j}{2}\right)\times i$$

式中：S——建设期贷款利息（元）；

p_{j-1}——建设期第$(j-1)$年年末累计贷款本金与利息之和（元）；

n——项目建设期（年）；

j——建设期第j年$(j=1,2,\cdots,n)$；

b_j——建设期第j年度付息贷款额（元）；

i——建设期贷款年利率（%）。

例1-3 某项目建设期为3年，计划贷款5 000万元，其中：第一年贷款1 500万元，第二年贷款2 000万元，第三年贷款1 500万元，年贷款利率为10%，建设期内利息只计息不支付，试计算建设期贷款利息。

解：（1）计算各年贷款利息

$$第一年贷款利息=\left(0+\frac{b_1}{2}\right)\times i=\frac{1}{2}\times 1\ 500万元\times 10\%=75万元$$

$$第二年贷款利息=\left(p_1+\frac{b_2}{2}\right)\times i=\left(1\ 500+75+\frac{2\ 000}{2}\right)万元\times 10\%=257.5万元$$

$$第三年贷款利息=\left(p_2+\frac{b_3}{2}\right)\times i=\left(1\ 575+2\ 257.5+\frac{1\ 500}{2}\right)万元\times 10\%=458.25万元$$

（2）计算建设期利息

$$建设期贷款利息=(75+257.5+458.25)万元=790.75万元$$

第 2 章

土木工程定额原理

学习重点：工程建设定额的概念、作用、特点、分类；施工过程的概念与分解，工时消耗的研究方法；施工定额的三个基础定额：劳动定额、机械台班使用定额、材料消耗定额；预算定额的编制与使用，人、材、机的确定；概算定额与概算指标的概念、编制等。

学习目标：通过本章的学习，了解定额的产生及发展趋势，熟悉工程建设定额的作用及特点，掌握工程建设定额的概念、分类及体系。了解施工过程的概念、分类，熟悉影响施工过程的主要因素，熟悉工时消耗的研究方法。了解施工定额的概念、作用、编制原则与依据，掌握劳动定额、材料消耗定额和机械台班消耗定额的编制方法。了解预算定额的概念、作用、编制原则与依据，熟悉预算定额与施工定额的区别，掌握预算定额的编制步骤以及资源消耗量的计算。

2.1 土木工程定额概论

2.1.1 土木工程定额

1. 定额的含义

在土木工程施工过程中，完成任何一件产品，都需要消耗一定数量的人工、材料和机械台班。而这些资源的消耗是随着生产中各种因素的不同而变化的。定额就是在正常的生产条件下，通过合理地组织劳动、合理地使用材料和机械，完成单位合格产品所需资源数量的标准。同时在定额中还规定了相应的工作内容和要达到的质量标准及安全要求。

2. 定额水平

定额水平就是定额标准的高低，它与当地的生产因素及生产力水平有着密切的关系，是一定时期社会生产力的反映。定额水平高说明生产力水平较高，完成单位合格产品所需要消耗的资源较少；反之则说明生产力水平较低，完成单位合格产品所需消耗的资源较多。

定额水平不是一成不变的，而是随着生产力水平的变化而变化的。因此，定额水平的确定必须从实际出发，根据生产条件、质量标准和现有的技术水平，选择先进合理的操作对象进行观测、计算、分析而定；并随着生产力水平的提高而进行补充修订，以适应生产发展的需要。

定额应起到调动职工积极性、提高劳动生产率、降低工程成本、保证质量及工期的作用，因此，既要考虑定额的先进合理性，同时，还要考虑在正常条件下，大多数人经过努力均可达到且少数人可能超额的情况。

3. 定额的产生和发展

人们对定额制度的认识是随着生产力、商品经济和现代科学管理的发展不断加深的。

2-1 辑古篡经

中国古代工程建设中,有不少官府建筑规模宏大、技术要求很高,历代工匠积累了丰富的经验,逐步形成了一套工料限额管理制度。据《辑古篡经》等书记载,我国唐代就已有夯筑城台的用工定额——功。北宋李诫所著《营造法式》一书共34卷,包括释名、各作制度、功限、料例、图样共五部分,其中"功限"就是现在所说的劳动定额,"料例"就是材料消耗限额。清代工部编著的《工程做法》中许多内容为工料计算方法。现行的《仿古建筑及园林工程定额》编制时,仍将这些文献作为编制依据之一。

2-2 营造法式

定额和企业管理成为科学是从泰勒制开始的,它的创始人是美国工程师弗·温·泰勒(F. W. Taylor,1856—1915)。当时,美国的工业发展很快,但由于采用传统管理方法,工人的劳动生产率很低,劳动强度很高,生产能力得不到充分发挥。在这种背景下,泰勒开始了企业管理的研究,通过科学试验,对工作时间的合理利用进行细致的研究,制定出标准的操作方法;通过对工人进行训练,要求工人取消不必要的操作或动作,在此基础上制定出较高的工时定额;用工时定额评价工人工作的好坏;为了使工人能达到工时定额,提高工作效率,又制定了工具、机器、材料和作业环境的标准化原理。

继泰勒制以后,随着生产力水平的不断发展,新材料、新技术的不断产生,定额也有较大的发展,产生了许多不同种类的定额以适应各行各业的需要,同时,对生产力的发展也起到了推动的作用。

中华人民共和国成立以来,国家十分重视建筑工程定额的制定和管理。十一届三中全会后我国进入了新的历史时期,为定额管理制度的健全和发展创造了良好的条件。1979年国家重新颁布了《建筑安装工程统一劳动定额》,1985年城乡建设环境保护部颁布了《建筑安装工程统一劳动定额》。1995年建设部颁布了《全国统一建筑工程基础定额》,后来又陆续颁布了《全国统一建筑装饰装修工程消耗量定额》《全国统一安装工程预算定额》。2003年建设部颁布了《建设工程工程量清单计价规范》,此规范2008年和2013年两次被修编。《公路工程预算定额》自1958年制定以来经过了多次修编,现行的定额为《公路工程预算定额》(2018年版),工程量清单计算规则为《公路工程标准施工招标文件》(2018年版)。上述基础定额、行业定额的制定和计价规范进一步完善,为各省、自治区、直辖市的相应消耗量标准的编制和工程造价管理提供了有力的技术支持和法律依据。

2.1.2 土木工程定额的特点

定额的性质取决于社会生产关系的性质,在市场经济条件下,定额体现了按劳分配、多劳多得的原则,它与劳动者的根本利益是一致的,因此,定额是调动企业生产率的有力工具。定额具有以下特性。

1. 定额的科学性

定额的科学性主要体现在土木工程定额必须和生产力发展水平相适应,能反映出工程建设中生产消耗的客观规律。定额数据的确定必须有可靠的科学依据。定额的标定工作是在认真研究和总结广大工人生产实践经验的基础上,实事求是地广泛搜集资料,经过科学的分析研究而确定的,它能正确地反映单位产品生产所需要的资源量。

2. 定额的群众性

定额的群众性反映在定额的制定和执行,都是在工人群众直接参与下进行的。定额的产生来源于群众,定额的执行要依靠群众。定额水平既要反映国家和集体的整体利益,也要反映群众的要求和愿望,这样群众才能乐于接受,定额才能顺利地得以贯彻执行。

3. 定额的权威性

土木工程定额是由国家住建部、交通运输部或授权部门编制的,具有权威性。这种权威性在一些情况下具有经济法规性质和执行的强制性。权威性反映统一的意志和统一的要求,也反映信誉和依赖程度。随着社会主义市场经济的不断完善和发展,定额的强制性将越来越弱。

4. 定额的相对稳定性

土木工程定额中的任何一种都是一定时期社会生产力发展的反映,因而在一段时期内都是必需的。如果某种定额处于经常修改变动之中,那么必然造成执行中的困难和混乱,使人们感到没有必要去认真对待它,很容易导致定额权威性的丧失。同时,任何一种工程建设定额都只能反映一定时期的生产力水平,当生产力向前发展了,定额就会与已经发展了的生产力不相适应,因此定额的稳定性是相对的。

5. 定额的针对性

定额的针对性很强,做什么工程用什么定额,一种工序一项定额,不得乱套定额;必须严格按照定额的项目、工作内容、质量标准、安全要求执行定额;不得随意增减工时消耗、材料消耗或其他资源消耗;不得减少工作内容,降低质量标准等。

2.1.3 土木工程定额的分类

土木工程定额是一个综合概念,包括许多种类定额。下面分别介绍按各种分类法进行分类的定额。

1. 按生产要素分类

按生产要素来分有劳动定额、材料消耗定额和机械台班定额。这是基本的分类法,它直接反映出生产某种单位合格产品所必须具备的因素,见图 2-1。

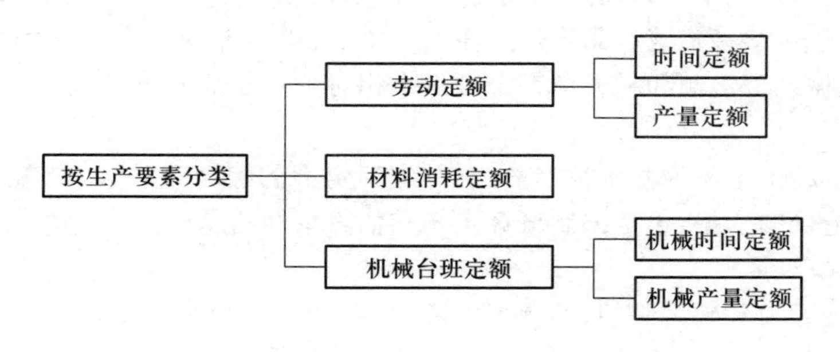

图 2-1 按生产要素分类

(1) 劳动定额

劳动定额即人工定额,它反映了建筑工人劳动生产率水平的高低,表明在合理、正常施工条件下,完成单位合格产品所需工时的多少或单位时间内完成合格产品的数量。因此,劳动定额根据其表达形式不同,又分为时间定额与产量定额,上述前者为时间定额,后者为产量定额。

(2) 材料消耗定额

这是指在合理地组织施工、使用材料的情况下,生产单位合格产品所必须消耗的某一定规格的建筑材料、成品、半成品、水、电等资源的数量标准。它反映的是生产要素中的第二个要素,即劳动对象在生产活动中的变化情况。

(3) 机械台班定额

机械台班定额也称机械台班使用定额,它反映了在合理的劳动组织、生产组织条件下,由专职工人或工人小组管理或操纵机械时,该机械在单位时间内的生产效率。按其表现的形式不同,也可分为机械时间定额和机械产量定额。

2. 按编制程序和用途分类

按定额的编制程序和用途分类,如图 2-2 所示。

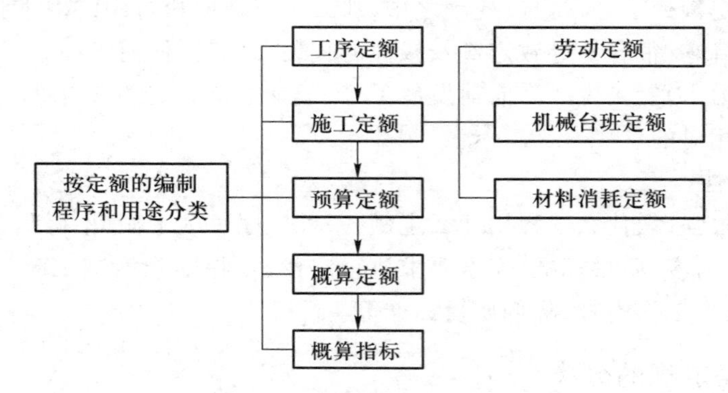

图 2-2 按编制程序和用途分类

(1) 工序定额

工序定额是以个别工序为标定对象编制的,它是组成定额的基础。工序定额一般只作为下达企业内部个别工序的施工任务的依据。

(2) 施工定额

这是施工企业为组织生产和加强管理在企业内部使用的生产定额,它是以同一性质的施工过程为标定对象,规定某种建筑产品生产所需的人工、机械台班使用和材料消耗量标准的定额。它由劳动定额、机械台班定额和材料消耗定额三个相对独立的部分组成。

(3) 预算定额

预算定额是以施工定额为基础编制的,它是施工定额的综合和扩大,是编制施工图预算、确定建筑工程预算造价的依据,也是编制概算定额和估算指标的基础。

(4) 概算定额

这是以预算定额为基础编制的,是预算定额的综合和扩大,是编制设计概算、修正概算或进行方案技术经济比较的依据,也是编制主要材料计划的依据。

(5) 概算指标

这是比概算定额更为综合的指标,是项目建议书及工程可行性研究阶段估算工程造价的依据,是进行技术经济分析、估算建设成本的标准。

3. 按照投资的费用性质分类

按投资的费用性质,可以把工程建设定额分为建筑工程定额,设备安装工程定额,其他直接费定额,现场经费定额,间接费定额,工、器具费用定额,以及工程建设其他费用定额等。

(1) 建筑工程定额

这是建筑工程施工定额、安装工程预算定额、建筑工程概算定额和安装工程估算指标的统称。

(2) 设备安装工程定额

这是安装工程定额、安装工程预算定额、安装工程概算定额和安装工程概算指标的统称。

(3) 其他直接费定额

这是指预算定额分项内容以下,与建筑安装施工生产直接有关的各项费用开支标准。列入其他直接费用的项目主要有冬雨季施工增加费、夜间施工增加费、高原地区施工增加费、沿海地区工程施工增加费、行车干扰施工增加费、施工辅助费等。其他直接费定额是预算定额以外的直接费定额。由于其费用发生的特点不同,只能独立于预算定额之外,是编制施工图预算、设计概算、投资估算及招标工程标底的依据。

(4) 现场经费定额

这是指与现场施工直接有关,而又未包括在直接费定额内的某些费用的定额,包括临时设施费和现场管理费两项。它是施工准备、组织施工生产和管理所需的费用定额。

(5) 间接费定额

这是指为企业生产全部产品、维持企业的经营管理活动所必须发生的各项费用开支的标准。间接费包括企业管理费和财务费两类性质的费用。

(6) 工器具费用定额

这是为新建或扩建项目投资运转首次配置的工器具数量标准。工具和器具,是指按照有关规定达不到固定资产标准而起劳动手段作用的工具、器具和生产用家具。

(7) 工程建设其他费用定额

这是指独立于建筑安装工程、设备和工器具购置之外的其他费用开支的标准。工程建设的其他费用主要包括土地征购费、拆迁安置费、建设单位管理费等。这些费用的发生和整个项目的建设密切相关。其他费用定额是按各项独立费用分别制定的,以便合理控制这些费用的开支。

4. 按照专业性质分类

① 建筑工程定额;

② 安装工程定额;

③ 公路工程定额;

④ 铁路工程定额;

⑤ 水利水电工程定额等。

5. 按颁发部门及适用地区分类

① 全国统一定额;

② 行业统一定额;

③ 地区统一定额;

④ 企业定额;

⑤ 补充定额。

2.2 工时消耗的研究

2.2.1 工时研究的概念

工时研究就是将劳动者或施工机械在整个施工过程中所消耗的工作时间,根据其性质、范围和具体情况的不同,予以科学地划分、归纳,找出定额时间及非定额时间。进行工时研究的目的就是要消除产生非定额时间的因素,提高劳动生产率,并为编制定额提供依据。在工时研究前,首先是对施工过程进行分解,这是工时研究的重要工作内容。

1. 施工过程

施工过程就是在建筑工地范围所进行的生产过程,最终目的是建造、改建、修复或拆除建筑物或构建物,如砌筑墙体、粉刷墙面、预制钢筋混凝土构件等。

每个施工过程的结果都是要获得一定的产品,该产品可能是改变了劳动对象的外表形态、内部结构或性质,也可能是改变了劳动对象的位置等。无论是哪一种形式,只要符合设计及质量要求,是合格产品,我们就可以将其作为研究工时消耗的观察对象。

2. 施工过程的分解

施工过程可分解为一个或多个工序,一个工序又可以分为若干个操作过程,一个操作过程又可分为若干个动作。

(1) 工序

工序是指在组织上不可分开的、在操作上属于同一类的施工过程,也就是一个工人或一个小组在一个工地上,对同一个(或几个)劳动对象所完成的一切连续活动的总和。前者叫个人工序,后者叫小组工序。

工序的主要特征是劳动者、劳动对象、使用的劳动工具及工作地点都不发生变化,如果其中一个发生了变化,也就意味着从一个工序转入了另一个工序。产品生产一般要经过若干道工序,工序是定额标定工作中的主要观察和研究对象。

(2) 操作

操作是许多动作的集合,是工序的组成部分。

(3) 动作

动作是操作的组成部分,每一个操作可以分解为若干个动作,它是工序中最小的一次性的不间断运动。

2-3 动作研究:建立标准化工作方法

例如,钢筋加工施工过程的分解如图 2-3 所示。

2.2.2 工作时间分析

1. 工作时间的概念

工作时间就是工作班的延续时间,它是由工作班制度决定的。我国建筑企业均实行 8 h 工作制度,个别特殊工作,如:潜水,规定一个工作班为 6 h;隧道,一个工作班为 7 h。工作班时间不包括午饭时的中断时间。工作时间分为工人工作时间和机械工作时间。

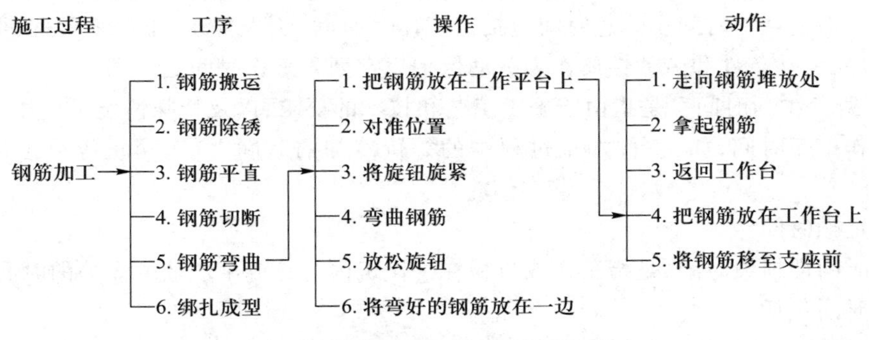

图 2-3 钢筋加工施工过程的分解示意

2. 工人工作时间分析

工人的工作时间可分为定额时间和非定额时间两大类,如图 2-4 所示。

(1) 定额时间

定额时间是指在正常施工条件下,工人为完成一定合格产品所必须消耗的工作时间,也就是必要劳动时间。定额时间包括:有效工作时间、必要休息时间和不可避免中断时间。

① 有效工作时间 是指与完成产品有直接关系的时间消耗。

a. 准备与结束工作时间 是指工人在执行任务前的准备工作和完成任务后的结束工作所需消耗的时间。它分为班组内的准备与结束工作时间(如领取材料工具、布置作业点、交品交验、交接班)和任务性的准备与结束工作时间(如技术交底、熟悉施工图)。

b. 基本工作时间 是指工人直接用于施工过程中完成产品的各个工序所消耗的时间,它与完成任务的大小成正比。通过基本工作,如砌筑砖墙、浇筑混凝土构件等可以使劳动对象发生直接变化。

c. 辅助工作时间 是指与施工过程的技术作业有直接关系的工序所消耗的时间。这些工序如搭设架板、修整工具、测量放线、自行检查等,是为了保证基本工作的顺利进行而做的辅助性工作,是整个施工过程所必不可少的。

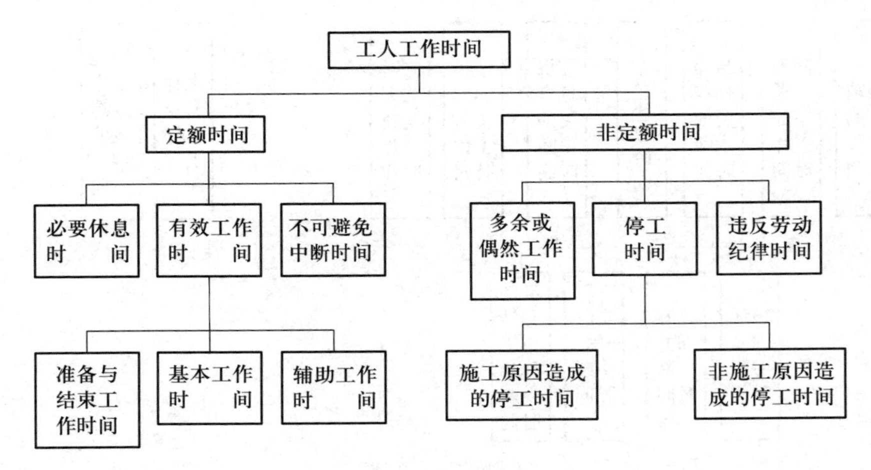

图 2-4 工人工作时间分析

② 必要休息时间 是指工人在工作过程中,为了恢复体力所必需的短暂间歇时间及因个人生理上的需要而消耗的时间。休息时间包括工间休息时间,工人喝水、上厕所等时间,是根据工作的繁重程序、劳动条件和劳动性质作为劳动保护规定列入工作时间之内的。

③ 不可避免中断时间 是指由于施工工艺和技术的要求,以及特殊情况下施工而引起的不可避免的工作中断时间,如:铁件加工过程中的等待冷却的时间,汽车司机等待装卸货物的时间等。

(2) 非定额时间

非定额时间即损失时间,是指工人或机械在工作班内与完成生产任务无关的时间消耗。

非定额时间包括:

① 多余或偶然工作时间 是指在正常施工条件下,不应发生的工作时间或与现行工艺相比多余的工作或因偶然发生的情况造成的时间损失,如因工程质量不合格造成的返工。

② 停工时间 包括施工原因造成的和非施工原因造成的停工时间。

③ 违反劳动纪律时间 是指工人不遵守劳动纪律造成的时间损失,如上班迟到、早退,擅自离开岗位,工作时间聊天,以及由于个别人违反劳动纪律而使别的工人无法工作等时间损失。

3. 机械工作时间分析

机械工作时间分析见图2-5。

(1) 定额时间

① 有效工作时间 包括正常负荷下和降低负荷下的工作时间两种。

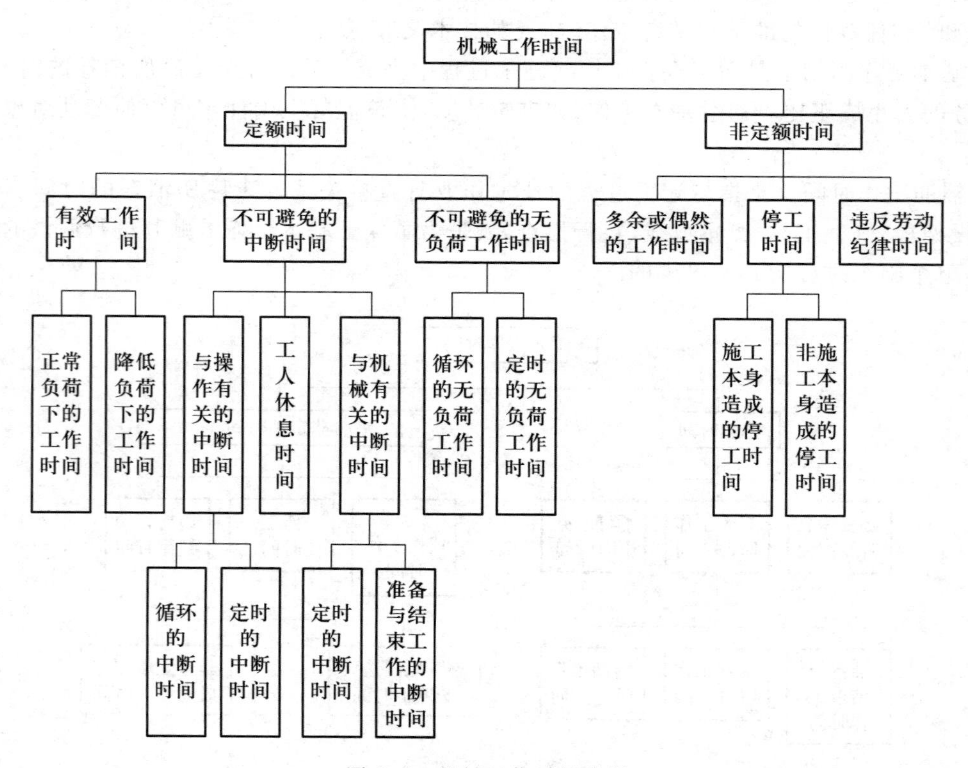

图2-5 机械工作时间分析

正常负荷下的工作时间是指机械在机械说明书规定的负荷下进行工作的时间。在个别情况下，由于技术上的原因，机械可能在低于负荷下工作。如汽车载运质量轻而体积大的货物时，不可能充分利用汽车的载重吨位，因而不得不降低负荷工作，此种情况亦视为正常负荷下工作。

降低负荷下的工作时间是指由于施工管理人员或工人的过失，以及机械陈旧或发生故障等原因，使机械在降低负荷情况下进行工作的时间。

② 不可避免的无负荷工作时间　是指由于施工过程的特性和机械结构的特点所造成的机械无负荷工作时间，一般分为循环的和定时的两类。

循环的不可避免无负荷工作时间是指由于施工过程的特性所引起的空转所消耗的时间，如吊机返回到起吊重物地点所消耗的时间，在机械工作的每一个循环中重复一次。

定时的不可避免无负荷工作时间主要是指发生在施工活动中的无负荷工作时间，如工作班开始和结束时自行式机械来回无负荷的空行或工作地段转移所消耗的时间。

③ 不可避免的中断时间　是由于施工过程技术和组织的特性而造成的机械工作中断时间，通常分为与操作有关的和与机械有关的两类不可避免中断的时间及工人休息时间。

与操作有关的不可避免中断时间又分为循环的和定时的两种。循环的是指在机械工作的每一个循环中重复一次，如汽车装载、卸货的停歇时间。定时的是指经过一定时间重复一次，如混凝土振动器从一个工作地点转移到另一个工作地点时的工作中断时间。

与机械有关的不可避免中断时间是指用机械进行工作的工人在准备与结束工作时使机械暂停的中断时间，或者在维护保养机械时必须停转所发生的中断时间。前者属于准备与结束工作的不可避免中断时间，后者属于定时的不可避免中断时间。

(2) 非定额时间

① 多余或偶然的工作时间　多余或偶然的工作有两种情况：一是可避免的机械无负荷工作，如工人没有及时供给机械用料而引起的空转；二是机械在负荷下所做的多余工作。

② 停工时间。

③ 违反劳动纪律时间。

2.2.3 工时研究方法

工时研究是用科学的方法观察、记录、整理、分析，从而编制工程定额的方法。工时研究的方法主要有测时法、写实记录法和工作日写实法等。

2-4 劳动定额测时方法

1. 工时研究的准备工作

(1) 正确选择测定对象

根据测定的目的来选择测定对象，应选择有代表性的班组或个人，包括技术水平先进和一般的班组或个人。

(2) 熟悉现行技术规范

定额测定人员要事先熟悉施工图、施工操作方法、劳动组织、现行设计、施工技术规范、操作规程，以及材料供应、安全要求等有关资料。

(3) 施工过程分解

根据测定目的，对所测定的施工过程进行分解，即划分成若干工序、操作步骤或动作，并确定各组成部分的计量单位。

（4）调查所测定施工过程的因素

施工过程的因素包括技术、组织和自然因素，例如：产品和材料的特征（规格、质量、性能等），工具和机械性能、型号，劳动组织和分工，施工技术说明（工作内容、要求等），并附施工简图和工作地点平面布置图。

（5）规定定时点

定时点即指观测两相邻组成部分的时间分界点。其要求：分界点明显，易于观测；时间稳定，一定能出现。例如“挖土机挖土并升臂”与“回转斗臂”这两个连续组成部分的时间分界点，应确定为挖土机土斗升臂后待回转的那一瞬间较为合适。

2. 测时法

测时法是一种精确度比较高的测定方法，主要适用于研究以循环形式不断重复进行的作业。它用于观测研究施工过程循环组成部分的工作时间消耗，不研究工人休息、准备与结束及其他非循环的工作时间。采用测时法，可以为制定劳动定额提供单位产品所必需的基本工作时间的技术数据，可以分析研究工人的操作或动作，总结先进经验，帮助工人班组提高劳动生产率。

（1）记录时间的方法

测时法按记录时间的方法不同，分为选择测时法和连续测时法两种。

① 选择测时法　又叫间隔计时法或重点计时法。选择计时法是不连续地测定施工过程的全部循环组成部分，是有选择地进行测定。测定开始时，立即开动秒表，到预定的定时点时，即停止秒表。此时显示的时间，即为所测组成部分的延续时间。当下一组成部分开始时，再开动秒表，如此循环测定。这种方法比较容易掌握，使用比较广泛。它的缺点是测定起始点和结束点的时刻时，容易发生读数的偏差。表 2-1 为选择测时法测定单斗正铲挖土机工时消耗的记录表。

表 2-1　选择测时法记录表示例

<table>
<tr><td colspan="2" rowspan="3">测定对象：
单斗正铲挖土机
（斗容量 1 m³）
观察精度：
每一循环时间 1 s</td><td colspan="2" rowspan="2">选择测时法</td><td colspan="2">建筑企业名称</td><td colspan="2">工地名称</td><td colspan="2">观察日期</td><td colspan="2">开始时间</td><td colspan="2">终止时间</td><td colspan="2">延续时间</td><td>观察号次</td></tr>
<tr><td colspan="2"></td><td colspan="2"></td><td colspan="2"></td><td colspan="2"></td><td colspan="2"></td><td colspan="2"></td><td></td></tr>
<tr><td colspan="15">正铲挖土机，自卸汽车配合
运输，挖土机斗臂回转角度在 120°～180°之间</td></tr>
<tr><td rowspan="2">序号</td><td rowspan="2">工序名称</td><td colspan="10">每一循环内各组成部分的工时消耗/s</td><td colspan="5">记录整理</td></tr>
<tr><td>1</td><td>2</td><td>3</td><td>4</td><td>5</td><td>6</td><td>7</td><td>8</td><td>9</td><td>10</td><td>延续时间总计/s</td><td>有效循环次数</td><td>算术平均值/s</td><td>占一个循环比例/%</td><td>稳定系数</td></tr>
<tr><td>1</td><td>挖土并升臂</td><td>17</td><td>15</td><td>18</td><td>19</td><td>19</td><td>22</td><td>16</td><td>18</td><td>18</td><td>16</td><td>178</td><td>10</td><td>17.8</td><td>38.28</td><td>1.47</td></tr>
<tr><td>2</td><td>回转斗臂</td><td>12</td><td>14</td><td>13</td><td>25①</td><td>10</td><td>11</td><td>12</td><td>11</td><td>12</td><td>13</td><td>108</td><td>9</td><td>12.0</td><td>25.81</td><td>1.40</td></tr>
<tr><td>3</td><td>土斗卸土</td><td>5</td><td>7</td><td>6</td><td>5</td><td>6</td><td>12②</td><td>5</td><td>6</td><td>7</td><td>5</td><td>52</td><td>9</td><td>5.8</td><td>12.47</td><td>1.40</td></tr>
<tr><td>4</td><td>返回落土</td><td>10</td><td>12</td><td>11</td><td>10</td><td>12</td><td>10</td><td>9</td><td>12</td><td>10</td><td>13</td><td>109</td><td>10</td><td>10.9</td><td>23.44</td><td>1.44</td></tr>
<tr><td>5</td><td>一个循环总计</td><td>44</td><td>48</td><td>48</td><td>59</td><td>47</td><td>55</td><td>42</td><td>47</td><td>47</td><td>47</td><td>—</td><td>—</td><td>46.5</td><td>100.00</td><td>—</td></tr>
</table>

注：① 由于汽车未组织好，使挖土机等候，不立刻卸土；

② 由于土与斗壁粘住，振动斗使土卸落。

② 连续测时法　又叫接续测时法，它是对施工过程循环的组成部分进行不间断的连续测定，不能遗漏任何一个循环的组成部分。连续测时法所测定的时间包括了施工过程中的全部循环时间，是在各组成部分相互联系中求出每一个组成部分的延续时间，这样各组成部分延续时间之间的误差可以互相抵消，所以连续测时法是一种比较准确的方法。而在选择测时法中，这种误差却无法抵消。

连续测时法在测定时间时应使用具有辅助秒针的计时表。当测定开始时，立即开动秒表，到预定的定时点时，立即使辅助针停止转动，辅助针停止的位置即所测组成部分的延续时间。然后使辅助针继续转动，至下一个组成部分的定时点时，再停止辅助针（辅助针停止时，计时表仍在继续走动），如此不间断地进行测定。在测定过程中，如遇到非循环组成部分，应暂停测定，待循环组成部分出现后，再继续进行。表 2-2 为连续测时法测定混凝土搅拌机拌和混凝土的工时消耗。

（2）测时法的观察次数

对某一施工活动进行测定时，观察次数将直接影响测时资料的精确度，因此，要认真确定测时的次数，以保证测时资料的可靠性和代表性。尽管选择了工作条件比较正常的测时对象，即使是同一工人操作，但每次所测得的延续时间总是不会完全相等的，更何况由不同工人测定同一施工活动的延续时间。而且测定人员也可能由于记录时间时的误差或错误，而引起个别延续时间的偏差。因此，测时法需要解决每份测时资料中各组成部分应观测多少次才能得到比较正确的数值的问题。一般来说，观测的次数越多，资料的准确性越高，但要花费较多的时间和人力，这样既不经济也不现实。表 2-3 所示为测时法所得数据的算术平均值精确度与观测次数和稳定系数之间的关系，可作为测定时检查所测次数是否满足需要的参考。稳定系数由下式求出：

$$K_{\mathrm{P}} = \frac{x_{\max}}{x_{\min}}$$

式中：$x_{\max}$——最大观测值；

$x_{\min}$——最小观测值。

根据误差理论的规定，算术平均值的平均乘方差计算公式如下：

$$E = \pm\sqrt{\frac{\sum_{i=1}^{n}\Delta^2}{n(n-1)}}$$

式中：E——算术平均值的平均乘方差；

$\bar{x}$——观测值的算术平均值；

Δ——$\Delta = x_i - \bar{x}$；

x_i——第 i 个观测值；

n——观测次数。

根据同一理论，将算术平均值的平均乘方差除以算术平均值，即得出算术平均值的相对平均乘方误差 E_0，即算术平均值精确度：

$$E_0 = \pm\frac{E}{\bar{x}} = \pm\frac{1}{\bar{x}}\sqrt{\frac{\sum_{i=1}^{n}\Delta^2}{n(n-1)}}$$

表 2-2 连续测时法记录表示例

<table>
<tr><td colspan="3" rowspan="3">测定对象:混凝土搅拌机
拌和混凝土
观察精度:1 s</td><td colspan="2" rowspan="2">连续
测时法</td><td colspan="4">建筑企业名称</td><td colspan="3">工地名称</td><td colspan="3">观察日期</td><td colspan="4">开始时间</td><td colspan="4">终止时间</td><td colspan="3">延续时间</td><td colspan="3">观察号次</td></tr>
<tr><td colspan="4"></td><td colspan="3"></td><td colspan="3"></td><td colspan="4">8:00:00</td><td colspan="4"></td><td colspan="3"></td><td colspan="3"></td></tr>
<tr><td colspan="26">施工过程名称:混凝土搅拌机(J5B-500 型)拌和混凝土</td></tr>
<tr><td rowspan="3">序号</td><td rowspan="3">工序名称</td><td rowspan="3">时间</td><td colspan="20">观察次数</td><td colspan="6"></td></tr>
<tr><td colspan="2">1</td><td colspan="2">2</td><td colspan="2">3</td><td colspan="2">4</td><td colspan="2">5</td><td colspan="2">6</td><td colspan="2">7</td><td colspan="2">8</td><td colspan="2">9</td><td colspan="2">10</td><td rowspan="2">延续时间总计/s</td><td rowspan="2">有效循环次数</td><td rowspan="2">算术平均值/s</td><td rowspan="2">最大值 x_{max}/s</td><td rowspan="2">最小值 x_{min}/s</td><td rowspan="2">稳定系数</td></tr>
<tr><td>min</td><td>s</td><td>min</td><td>s</td><td>min</td><td>s</td><td>min</td><td>s</td><td>min</td><td>s</td><td>min</td><td>s</td><td>min</td><td>s</td><td>min</td><td>s</td><td>min</td><td>s</td><td>min</td><td>s</td></tr>
<tr><td rowspan="2">1</td><td rowspan="2">装料入鼓</td><td>终止时间</td><td>0</td><td>15</td><td>2</td><td>16</td><td>4</td><td>20</td><td>6</td><td>30</td><td>8</td><td>33</td><td>10</td><td>39</td><td>12</td><td>44</td><td>14</td><td>56</td><td>17</td><td>4</td><td>19</td><td>5</td><td rowspan="2">148</td><td rowspan="2">10</td><td rowspan="2">14.8</td><td rowspan="2">19</td><td rowspan="2">12</td><td rowspan="2">1.58</td></tr>
<tr><td>延续时间</td><td></td><td>15</td><td></td><td>13</td><td></td><td>13</td><td></td><td>17</td><td></td><td>14</td><td></td><td>15</td><td></td><td>16</td><td></td><td>19</td><td></td><td>12</td><td></td><td>14</td></tr>
<tr><td rowspan="2">2</td><td rowspan="2">搅拌</td><td>终止时间</td><td>1</td><td>45</td><td>3</td><td>48</td><td>5</td><td>55</td><td>7</td><td>57</td><td>10</td><td>4</td><td>12</td><td>9</td><td>14</td><td>20</td><td>16</td><td>28</td><td>18</td><td>33</td><td>20</td><td>38</td><td rowspan="2">915</td><td rowspan="2">10</td><td rowspan="2">91.5</td><td rowspan="2">96</td><td rowspan="2">87</td><td rowspan="2">1.10</td></tr>
<tr><td>延续时间</td><td></td><td>90</td><td></td><td>92</td><td></td><td>95</td><td></td><td>87</td><td></td><td>91</td><td></td><td>90</td><td></td><td>96</td><td></td><td>92</td><td></td><td>89</td><td></td><td>93</td></tr>
<tr><td rowspan="2">3</td><td rowspan="2">出料</td><td>终止时间</td><td>2</td><td>3</td><td>4</td><td>7</td><td>6</td><td>13</td><td>8</td><td>19</td><td>10</td><td>24</td><td>12</td><td>28</td><td>14</td><td>37</td><td>16</td><td>52</td><td>18</td><td>51</td><td>20</td><td>54</td><td rowspan="2">191</td><td rowspan="2">10</td><td rowspan="2">19.1</td><td rowspan="2">24</td><td rowspan="2">16</td><td rowspan="2">1.50</td></tr>
<tr><td>延续时间</td><td></td><td>18</td><td></td><td>19</td><td></td><td>18</td><td></td><td>22</td><td></td><td>20</td><td></td><td>19</td><td></td><td>17</td><td></td><td>24</td><td></td><td>18</td><td></td><td>16</td></tr>
</table>

表 2-3 测时法观测次数表

稳定系数 K_P \ 观察次数 n	要求的算术平均值精确度 E_0/%				
	$E_0 \leqslant 5$	$5<E_0 \leqslant 7$	$7<E_0 \leqslant 10$	$10<E_0 \leqslant 15$	$15<E_0 \leqslant 20$
1.5	9	6	5	5	5
2	16	11	7	5	5
2.5	23	15	10	6	5
3	30	18	12	8	6
4	39	25	15	10	7
5	47	31	19	11	8

式中:E_0——相对平均乘方误差;

$\overline{x}$——观测值的算术平均值。

例 2-1 表 2-1 示例中第 4 道工序观测值为 10,12,11,10,12,10,9,12,10,13 十个数据,精度要求 5%,检查观察次数是否满足要求。

解:

$$\overline{x}=(10+12+11+10+12+10+9+12+10+13)/10=10.9$$

Δ 值为

$$-0.9,\ 1.1,0.1,-0.9,1.1,-0.9,-1.9,1.1,-0.9,2.1。$$

$$\begin{aligned} E_0 &= \pm\frac{1}{\overline{x}}\sqrt{\frac{\sum_{i=1}^{n}\Delta^2}{n(n-1)}} \\ &= \pm\frac{1}{10.9}\sqrt{\frac{4(-0.9)^2+3\times1.1^2+0.1^2+(-1.9)^2+2.1^2}{10(10-1)}} \\ &= \pm3.7\% \end{aligned}$$

稳定系数

$$K_P=\frac{x_{\max}}{x_{\min}}=\frac{13}{9}=1.44$$

根据计算出的 E_0 与 K_P 值,与表 2-3 核对。$K_P=1.44$,精确度 E_0 为 5%以内时,应观测 9 次。本例观测 10 次,已满足要求。

(3) 测时数据的整理

观测所得数据的算术平均值,即为所求延续时间。为使算数平均值更加接近于各组成部分延续时间的正确值,必须删去那些显然是错误的及误差极大的值。通过清理后所得出的算术平均值,通常称为算术平均修正值。

在清理测时数据时,首先应删掉完全由于人为的因素影响而出现偏差的数据,如工作时间聊天,材料供应不及时造成的等待,以及测定人员记录时间的疏忽而造成的错误等,这些数据都应删掉。删掉的数据在测时记录表上做“×”记号。

其次，应删去由于施工因素的影响而出现的偏差极大的数据，如手工刨料遇到节疤极多的木料，挖土机挖土时土斗的边齿刮到大石块上等。此类偏差大的数据还不能认为完全无用，可用于该项施工因素影响的资料，进行专门研究。对删去的数据应在测时记录表中做记号（如做“○”记号），以示区别。

清理偏差大的数据时，不能单凭主观想象，这样就失去了技术测定的真实性和科学性。同时，也不能预先规定出偏差的百分率。偏差百分率对某些组成部分可能显得太大，而对另一些组成部分可能又会显得不够，为了妥善清理此类误差，可参照表2-4所列调整系数和误差极限算式进行。

表2-4 误差调整系数表

观察次数	调整系数	观察次数	调整系数
5	1.3	11~15	0.9
6	1.2	16~30	0.8
7~8	1.1	31~53	0.7
9~10	1.0	53以上	0.6

误差极限算式如下：

$$\lim_{max} = \bar{x} + K(x_{max} - x_{min}) \tag{2-1}$$

$$\lim_{min} = \bar{x} - K(x_{max} - x_{min}) \tag{2-2}$$

式中：$\lim_{max}$——根据误差理论得出的最大极限值；

$\lim_{min}$——根据误差理论得出的最小极限值；

x_{max}——测定数值中经整理后的最大值；

x_{min}——测定数值中经整理后的最小值；

$\bar{x}$——算术平均值；

K——调整系数，见表2-4。

清理方法是：首先，从测得的数据中删去人为因素的影响而出现的偏差极大的数据；然后，再从留下的测时数据中删去偏差极大的可疑数据，用式(2-1)、式(2-2)求出最大极限值和最小极限值，验证其是否属于极限值范围之外的数值。

如一组测时数据中有两个以上需删去的数据时，应从最大的一个数开始，连续进行检核（每次只能删去一个数据）。

如一组测时数据中有两个以上需删去的数据时，应将这一组测时数据抛弃，重新进行观测。

测时记录表中的“延续时间总计”和“有效循环次数”栏，应按清理后的合计填入。

例2-2 表2-1中第1道工序，精度要求5%，有效循环次数测定的数据为：17、15、18、19、19、22、16、18、18、16，检查观察次数是否满足要求？如观察次数满足要求，请整理该组数据，并计算平均先进值。

解：① 检查观察次数是否满足要求

$$\overline{x}=(17+15+18+19+19+22+16+18+18+16)/10=17.8$$

Δ 值为：-0.8、-2.8、0.2、1.2、1.2、4.2、-1.8、0.2、0.2、-1.8。

$$E_0=\pm\frac{1}{\overline{x}}\sqrt{\frac{\sum_{i=1}^{n}\Delta_i^2}{n(n-1)}}$$

$$=\pm\frac{1}{17.8}\sqrt{\frac{(-0.8)^2+(-2.8)^2+3\times0.2^2+2\times1.2^2+4.2^2+2\times(-1.8)^2}{10(10-1)}}$$

$$=\pm3.53\%$$

稳定系数 $$K_P=\frac{x_{max}}{x_{min}}=\frac{22}{15}=1.47$$

根据计算出的 E_0 与 K_P值，与表 2-3 核对。$K_P=1.47$，精确度 E_0 为 5%以内时，应观测 9 次。本例观测 10 次，已满足要求。

② 整理该组数据

数据整理时，从最大数据开始整理。

第一步：该组数据中最大值 22 删除后的算术平均值为

$$\overline{x}_1=\frac{17+15+18+19+19+16+18+18+16}{9}=17.3$$

$$\lim_{max}=\overline{x}+K(x_{max}-x_{min})=17.3+1\times(19-15)=21.3$$

由于 22>21.3，22 在最大极限值范围外，故应将该数据删去。

第二步：将该组剩余数据中最大值 19 删除后的算术平均值为

$$\overline{x}_2=\frac{17+15+18+16+18+18+16}{7}=16.9$$

$$\lim_{max}=\overline{x}+K(x_{max}-x_{min})$$

$$=16.9+1.1\times(18-15)=20.2$$

由于 19<20.2，19 在最大极限值范围内，该数据保留。

第三步：再次将该组剩余数据中最小值 15 删除后的算术平均值为

$$\overline{x}_3=\frac{17+18+19+19+16+18+18+16}{8}=17.6$$

$$\lim_{min}=\overline{x}-K(x_{max}-x_{min})$$

$$=17.6-1.1\times(19-16)=14.3$$

由于 15>14.3，15 在剩余数据的最小极限值范围内，故该数据保留。

本次观察的有效数据为：17、15、18、19、19、16、18、18、16；其修正算术平均值为：17.3。

③ 计算平均先进值

平均先进值即平均先进水平，取小于算术平均值的数据进行第二次平均，第二次平均即平均先进值。将小于17.3的数据进行二次平均。

平均先进值 $$\bar{X}=\frac{17+15+16+16}{4}=16$$

该组数据平均先进值为16。

3. 写实记录法

写实记录法可用于研究所有种类的工作时间消耗，包括基本工作时间、辅助工作时间、不可避免的中断时间、准备与结束时间及各种损失时间。通过写实记录可以获得分析工作时间消耗和制定定额时所必需的全部资料。这种测定方法比较简单，易于掌握，并能保证必需的精确度。因此，写实记录法在实际中得到广泛采用。

写实记录法分为个人写实和集体写实两种。由一个人单独操作和产品数量可单独计算时，采用个人写实记录。如果由小组集体操作，而产品数量又无法单独计算时，可采用集体写实记录。

(1) 记录时间的方法

记录时间的方法有数示法、图示法和混合法三种。计时一般使用有秒表的普通计时表即可。

① 数示法 即测定时直接用数字记录时间的方法。这种方法可同时对2个以内的工人进行测定，适用于组成部分较少而且较稳定的施工过程。记录时间的精确度为5~10 s。观察的时间应记录在数示法写实记录表中(表2-5)。填表方法如下：

先将拟定好的所测施工过程的全部组成部分，按其操作的先后顺序填写在第(2)栏中，并将各组成部分依次编号填入第(1)栏。

第(4)(9)栏中，填写工作时间消耗组成部分序号，其序号应根据第(1)栏和第(2)栏填写，测定一个填写一个。如测定一个工人的工作时，应将测定的结果先填入第(4)~(8)栏，如同时测定两个工人的工作时，测定结果应同时单独填写。

第(5)(10)栏中，填写起止时间。测定开始时，将开始时间填入此栏第1行，在组成部分序号栏即第(4)栏或第(9)栏里划"×"符号以示区别。其余各行均填写各组成部分的终止时间。

第(6)(11)栏中填写延续时间，应在观察结束之后填写。计算方法为：将某一施工过程组成部分的终止时间减去前一施工过程组成部分的终止时间，得该施工过程的延续时间。

第(7)(8)(12)(13)栏中，可根据划分测定施工过程的组成部分将选定的计量单位、实际完成的产品数量填入。如有的施工过程组成部分难以计算产量时，可不填写。

第(14)栏为附注栏，填写工程中产生的各种影响因素和各组成部分内容的必要说明等。

观察结束后，应详细测量或计算最终完成产品数量，填入数示法写实记录第1页附注栏中。对所测定的原始记录应分页进行整理，首先计算第(6)(11)栏的各组成部分延续时间，然后再分别计算该施工过程延续时间的合计，并填入第(3)栏中。如同时观察两个工人，则应分别进行统计。各页原始记录表整理完毕之后，应检查第(3)栏的时间总计是否与第(6)(11)栏的总计相等，然后填入本页的延续时间栏内。

表 2-5 数示法写实记录表示例

工地名称						开始时间			延续时间				调查号次		
施工单位名称						终止时间			记录日期				页次		
施工过程:双轮车运土方(运距 200 m)			观察对象:工人甲						观察对象:工人乙						
序号	施工过程组成部分名称	时间消耗量	组成部分序号	起止时间		延续时间	完成产品		组成部分序号	起止时间		延续时间	完成产品		附注
				时-分	秒		计量单位	数量		时-分	秒		计量单位	数量	
(1)	(2)	(3)	(4)	(5)		(6)	(7)	(8)	(9)	(10)		(11)	(12)	(13)	(14)
1	装土	29 min 35 s	×	8-33	0				1	9-16	50	3 min 40 s	m^3	0.288	甲、乙两人共运土 8 车,每车容积 0.288 m^3,共运 0.288 m^3×8=2.3 m^3 松土
2	运输	21 min 26 s	1	35	50	2 min 50 s	m^3	0.288	2	19	10	2 min 20 s	次	1	
3	卸土	8 min 59 s	2	39	0	3 min 10 s	次	1	3	20	10	1 min 00 s	m^3	0.288	
4	空返	18 min 5 s	3	40	20	1 min 20 s	m^3	0.288	4	22	30	2 min 20 s	次	1	
5	等候装土	2 min 5 s	4	43	0	2 min 40 s	次	1	1	26	30	4 min 00 s			
6	喝水	1 min 30 s	1	46	30	3 min 30 s			2	29	0	2 min 30 s			
			2	49	0	2 min 30 s			3	32	50	2 min 50 s			

续表

序号	施工过程组成部分名称	时间消耗量	组成部分序号	起止时间		延续时间	完成产品		组成部分序号	起止时间		延续时间	完成产品		附注
				时-分	秒		计量单位	数量		时-分	秒		计量单位	数量	
(1)	(2)	(3)	(4)	(5)		(6)	(7)	(8)	(9)	(10)		(11)	(12)	(13)	(14)
			3	50	0	1 min 00 s			4	32	50	2 min 05 s			
			4	52	30	2 min 30 s			5	34	55	2 min 05 s			
			1	56	40	4 min 10 s			1	38	50	3 min 55 s			
			2	59	10	2 min 30 s			2	41	56	3 min 6 s			
			3	9-00	20	1 min 10 s			3	43	20	1 min 24 s			
			4	3	10	2 min 50 s			4	45	50	2 min 30 s			
			1	6	50	3 min 40 s			1	49	40	3 min 50 s			
			2	9	40	2 min 50 s			2	52	10	2 min 30 s			
			3	10	45	1 min 05 s			3	53	10	1 min 00 s			
			4	13	10	2 min 25 s			6	54	40	1 min 30 s			
		81 min 40 s				40 min 10 s						41 min 30 s			

② 图示法　即用图表的形式记录时间的方法。记录时间的精确度可达0.5~1 min。适用于观察3个以内的工人共同完成某一产品的施工过程。此种记录时间与数示法比较有许多优点，主要是记录技术简单，时间记录一目了然，原始记录整理方便。因此，在实际工程中，图示法较数示法使用更为普遍。

图示法写实记录表（表2-6）的填写方法如下：

表 2-6 图示法写实记录表

工地名称	某住宅楼	开始时间	8:00	延续时间	60 min	调查次号	
施工单位		终止时间	9:00	记录时间	××××年××月××日	页 次	1
施工过程	砌1砖单面清水墙	观察时间	×××(四级工)、×××(四级工)、×××(三级工)				

序号	工作内容	5 10 15 20 25 30 35 40 45 50 55 60	时间合计/min	产品数量/m³	附注
1	准备	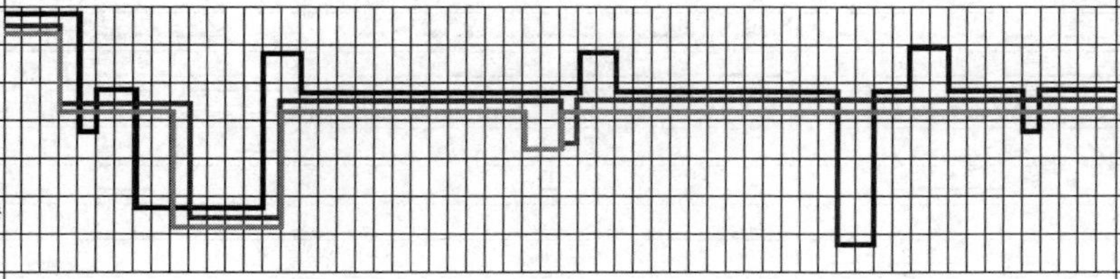	10		
2	挂线		6		
3	砌筑		139	0.76	
4	浇水		5		
5	摆放钢筋				
6	帮普工运砖		18		
7	等灰浆		2		
	总 计		180	0.76	

表中划分为许多小格,每格为 1 min,每张表可记录 1 h 的时间消耗。为了记录时间方便,每隔 5 个小格处都有数字标记。

表中"序号"及"工作内容"栏应在实际测定过程中,按所测施工过程的组成部分出现的先后顺序随时填写,这样便于线段连接。

记录时间时用铅笔在各组成部分对应的横行中画直线段,一线段的始端和末端应与该组成部分的开始时间和终止时间相符合。工作 1 min,直线段延伸一个小格。测定两个以上的工人工作时,最好使用不同颜色的铅笔,以区分各个工人的线段。当工人的操作由一组成部分转入另一组成部分时,时间线段就应随着改变位置,并应将前一线段的末端画一垂直线段与后一线段的始端相连接。

"产品数量"栏,按各组成部分的计量单位和所完成的产量填写,如个别组成部分完成的产量无法计算或无实际意义,可不必填写。最终产品数量应在观察结束之后,查点或测量清楚,填写在图示法写实记录表第 1 页附注栏中。

"附注"栏,应简明扼要地说明有关影响因素和造成非定额时间的原因。

"时间合计"栏,在观察结束之后,及时将每一组成部分所消耗的时间合计后填入。最后将各组成部分所消耗的时间相加后,填入"总计"栏内。

③ 混合法　混合法记录时间的方法,吸取了图示法和数示法的优点,用图示法的表格记录所测施工过程各组成部分的延续时间,而完成每一组成部分的工人人数则用数字表示。这种方法适用于同时观察 3 个以上工人工作时的集体写实记录。它的优点是比较经济,这一点是数示法和图示法都不能做到的。

混合法记录时间应采取图示法写实记录表,其填表方法见表 2-7。

表 2-7 中"序号"和"工作内容"栏的填写与图示法相同。所测施工过程各组成部分的延续时间,用相应的直线段表示,完成该组成部分的工人人数用数字填写在其时间线段的始端上面。当一组成部分的工人人数发生变动时,应立即将变动后的人数填写在变动处。同时还应注意,当一个组成部分的工人人数有所变动时,必然要引起另一组成部分或数个组成部分中工人人数的变动。因此,在观察过程中,应随时核对各组成部分在同一时间内的工人人数是否等于观察的总人数,如发现人数不符时应立即纠正。

混合法记录时间,不论测定多少工人工作,在所测施工过程各组成部分的时间栏里只用一条直线段表示,当工人由一组成部分转向另一组部分时,不作垂直线连接。

表 2-7 混合法写实记录表

工地名称	某住宅楼	开始时间	9:00	延续时间	60 min	调查次号	
施工单位		终止时间	10:00	记录日期	××××年××月××日	页　次	1
施工过程	浇捣混凝土(机拌人捣)	观察对象	四级工：3人；三级工：3人				

序号	工作内容	5 10 15 20 25 30 35 40 45 50 55 60	时间合计/min	产品数量	附注
1	撒锹		78	1.85 m^3	
2	捣固		148	1.85 m^3	
3	转移		103	3次	
4	等混凝土		21		
5	其他工作		10		
6					
7					
	总计		360		

“产品数量”和“附注”栏的填写方法与图示法相同。

混合法写实记录表整理时，应将所测施工过程同一组成部分中各个线段的时间分别计算出来(将工人人数与他们工作的时间相乘)，然后将所有各值相加，即可得出完成某一组成部分的时间消耗合计，填入“时间合计”栏里。最后各组成部分时间合计相加后，填入“总计”栏内。

（2）写实记录的延续时间

这里的延续时间，是指采用写实记录法进行测定时，测定每个施工过程或同时测定几个施工过程所需的总延续时间。延续时间的确定应立足于既不致消耗过多的时间，又能得到比较可靠和完善的结果。同时必须注意，所测施工过程的广泛性和经济价值，已经达到的工效水平的程度，同时测定不同类型施工过程的数目，被测定的工人人数，以及测定完成产品的可能等。这些因素在确定延续时间时均应认真加以考虑，这是一个比较复杂的问题。为便于测定人员确定写实记录法的延续时间，表 2-8 可供测定时参考使用。

应用表 2-8 确定延续时间时，需同时满足表中 3 项要求。如在第 2 项和第 3 项中，其中任一项达不到最低要求时，应酌情增加延续时间。

表 2-8 适用于一般施工过程。如遇个别施工过程的单位产品所消耗的最低次数所需时间较长，同时还应酌情增加测定的总延续时间；如遇个别施工过程的单位产品所需时间过短时，则应适当增加测定完成产品最低次数，并酌情减少测定的延续时间。

表 2-8 写实记录法最短测定延续时间表

序号	项目	同时测定施工过程的类型数	单个人	集体的测定对象	
				2~3 人	4 人以上
1	被测定的个人或小组的最低数	任一数	3 人	3 个小组	2 个小组
2	测定总延续时间的最小值/h	1	16	12	8
		2	23	18	12
		3	28	21	24
3	测定完成产品的最低次数	1	4	4	4
		2	6	6	6
		3	7	7	7

(3) 汇总整理

汇总整理就是将写实记录法所取得的若干原始记录表记载的工作时间消耗和完成产品数量进行汇总,并根据调查的有关影响因素加以分析研究,调整各组成部分不合理的时间消耗,最后确定出单位产品所必需的时间消耗量。这是技术测定过程中很重要的环节,搞好汇总整理,才能完成对这一施工过程的技术测定。汇总整理的结果填入汇总整理表 2-9。

4. 工作日写实法

工作日写实法就是对工人在整个工作日中的工时利用情况,按照时间消耗的顺序进行实地观察、记录和分析研究的一种测定方法。它侧重于研究工作日的工时利用情况,总结推广先进生产者或先进班组的工时利用经验,同时还可以为制定劳动定额提供必需的准备与结束时间、休息时间和不可避免的中断时间的资料。采用工作日写实法,在详细调查工时利用情况的基础上,分析哪些时间消耗对生产是有效的,哪些时间消耗是无效的,找出工时损失的原因,拟定改进的技术和组织措施,消除引起工时损失的因素,促进劳动生产效率的提高。采用工作日写实法研究工时利用的情况,是基层管理工作中挖潜力、反浪费,达到增产节约的一项有效措施。

根据写实对象不同,工作日写实法可分为个人工作日写实、小组工作日写实和机械工作日写实等三种。个人工作日写实测定一个工人在工作日内的工时消耗,这种方法最为常用。小组工作日写实测定一个小组的工人在工作日内的工作消耗,它可以是相同工种的工人,也可以是不同工种的工人。个人工作日写实是为了取得确定小组定员和改善劳动组织的资料。机械工作日写实测定某一机械在一个台班内机械效能发挥的程度,以及配合工作的劳动组织是否合理,其目的在于最大限度地发挥机械的效能。

(1) 工作日写实法的基本要求

① 因素登记　由于工作日写实法主要是研究工时利用和损失时间的,不按工序研究基本工作时间和辅助工作时间的消耗,因此,在填写因素登记表时,对施工过程的组织和技术说明可简明扼要,不予详述。

② 时间记录　个人工作日写实采用图示法,小组工作日写实采用混合法,机械工作日写实采用混合法或数示法。

③ 延续时间　工作日写实法以一个工作日为准,如其完成产品时间消耗大于 8 h,则应酌情延长观察时间。

④ 观察次数　根据不同的目的要求确定。一般说来,如为了总结先进工人的工时利用经验,就测定 1~2 次;为了掌握工时利用情况或制定标准工时规范,应测定 3~5 次;为了分析造成损失时间的原因,改进施工管理,应测定 1~3 次,以取得所需要的有价值的资料。

(2) 工作日写实结果的整理

采用专门的工作日写实结果表,见表 2-10。

表中“工时分类”栏,按定额时间和非定额时间的分类预先填好。整理写实记录原始资料时,应按本表的时间分类要求汇总填写,本表未包括的非定额时间的类别,可填入其他栏里,并将造成非定额时间的原因注明。无论进行哪一种工作日写实,均应统计所完成的产品数量,并计算实际(包括非定额时间)与可能(不包括非定额时间)完成定额的百分比。“施工过程中的问题与建议”栏,根据工作日写实记录资料,分析造成非定额时间的有关因素,提供切实有效的技术与组织措施的建议。在研究和拟定具体措施时,要注意听取有关技术人员、施工管理人员和工人的意见,尽可能使改进意见符合客观实际。如有的问题在一时受条件限制,还不易解决时,亦应提出供有关部门参考。

表 2-9 写实记录汇总整理表

施工单位	工地名称	日　期	开始时间	终止时间	延续时间	调查号次	页　次
××公司			8 时 0 分		18 时 0 分	1	2

施工过程名称：砌 1 砖厚单面清水墙（3 人小组）

序号	各组成部分名称	时间消耗/min	占全时间的百分比/%	计量单位		产品完成数量		组成部分的平均时间消耗/min	换算系数		单位产品的平均时间消耗/min		占单位产品时间消耗百分比/%	调整后的时间消耗/min
				组成部分	最终产品	组成部分	最终产品		实际	调整	实际	调整		
(1)	(2)	(3)	(4)	(5)	(6)	(7)	(8)	(9)	(10)	(11)	(12)	(13)	(14)	(15)
1	拉线	28	1.94	次		9		3.11	1.40	2.81	4.37	8.74	3.90	56
2	砌砖（包括铺砂浆）	1 186	82.36	m^3		6.41		185.02	1.00	1.00	185.02	185.02	82.64	1 186
3	检查砌体	41	2.85	次		7		5.86	1.09	1.09	6.40	6.39	2.85	41
4	清扫墙面	37	2.57	m^3	m^3	21.00	6.41	1.76	3.28	4.17	5.77	7.34	3.28	47
	基本工作和辅助工作合计	1 292	89.72								201.56	207.49	92.68	1 330
5	准备与结束工作	29	2.01								4.52	4.52	2.02	29
6	休息	76	5.28								11.86	11.86	5.30	76
	定额时间合计	1 397	97.01								217.94	223.87	100.00	1 435
7	等灰浆	19	1.32								2.96			19
8	做其他工作	24	1.67								3.74			24
	非定额时间合计	43	2.99								6.70			43
	消耗时间总计	1 440	100.00								244.61			1 478

续表

现行定额编号	劳动定额项目名称	计量单位	完成产品数量	时间消耗/d				每工产量		定额工日	完成定额百分比/%	
				全部量		单位产品平均时间消耗						
				实际	调整	实际	调整	实际	调整		实际	调整
(16)	(17)	(18)	(19)	(20)	(21)	(22)	(23)	(24)	(25)	(26)	(27)	(28)
4-2-9	1砖厚单面清水墙	m^3	6.41	3.00	3.08	0.468	0.480	2.14	2.08	3.34	111.3	108.4

表 2-10 工作日写实结果表

<table>
<tr><td>施工单位名称</td><td>测定日期</td><td>延续时间</td><td>调查号次</td><td>页 次</td></tr>
<tr><td>××公司</td><td>××××年××月××日</td><td>8 小时 30 分</td><td>1</td><td>1</td></tr>
<tr><td>施工过程名称</td><td colspan="4">钢筋混凝土直形墙模板安装</td></tr>
</table>

<table>
<tr><td>序号</td><td>工时分类</td><td>时间消耗/min</td><td>百分比/%</td><td>施工过程中的问题与建议</td></tr>
<tr><td></td><td>Ⅰ. 定额时间</td><td></td><td></td><td rowspan="22">本资料造成非定额时间的原因主要是:
1. 劳动组织不合理,开始 1 h 由 3 人操作,后 7.5 h 由 4 人操作,在实际工程中经常出现一人等工的现象
2. 等材料,上班后领材料时未找到材料员而造成停工
3. 产品不符合要求返工,由于技术要求马虎,工人对产品规模要求也未真正弄清楚,结果造成返工
建议:
切实加强施工管理工作,班前要认真作好技术交底,职能人员要坚守工作岗位,保证材料及时供应,并应预先办好领料手续,提前领料,科学地按定额规定安排劳动力,加强劳动纪律教育,按时上班,集中思想工作
经认真改善后,劳动效率可提高 26%左右</td></tr>
<tr><td>1</td><td>基本工作时间:适用于技术水平的</td><td>1 313</td><td>66.11</td></tr>
<tr><td>2</td><td>基本工作时间:不适用于技术水平的</td><td>—</td><td>—</td></tr>
<tr><td>3</td><td>辅助工作时间</td><td>110</td><td>5.54</td></tr>
<tr><td>4</td><td>准备与结束时间</td><td>16</td><td>0.81</td></tr>
<tr><td>5</td><td>休息时间</td><td>11</td><td>0.55</td></tr>
<tr><td>6</td><td>不可避免的中断时间</td><td>8</td><td>0.40</td></tr>
<tr><td>7</td><td>合计</td><td>1 458</td><td>73.41</td></tr>
<tr><td></td><td>Ⅱ. 非定额时间</td><td></td><td></td></tr>
<tr><td>8</td><td>由于劳动组织不当而停工</td><td>32</td><td>1.61</td></tr>
<tr><td>9</td><td>由于缺乏材料而停工</td><td>214</td><td>10.78</td></tr>
<tr><td>10</td><td>由于工作地点未准备好而停工</td><td>—</td><td>—</td></tr>
<tr><td>11</td><td>由于机具设备不正常而停工</td><td>—</td><td>—</td></tr>
<tr><td>12</td><td>产品质量不符返工</td><td>158</td><td>7.96</td></tr>
<tr><td>13</td><td>偶然停工(包括停电、水,暴风雨)</td><td>—</td><td>—</td></tr>
<tr><td>14</td><td>违反劳动纪律</td><td>124</td><td>6.24</td></tr>
<tr><td>15</td><td>其他损失时间</td><td>—</td><td>—</td></tr>
<tr><td>16</td><td>合计</td><td>528</td><td>26.59</td></tr>
<tr><td>17</td><td>时间消耗总计</td><td>1 986</td><td>100.00</td></tr>
<tr><td colspan="4">完成定额情况</td></tr>
<tr><td rowspan="3">定额编号</td><td>8-4-45</td><td>完成产品数量</td><td>38.98 m²</td></tr>
<tr><td>定额</td><td>0.08 工日/m²</td><td></td></tr>
<tr><td>总计</td><td>3.12 工日</td><td></td><td></td></tr>
<tr><td>完成定额情况</td><td colspan="3">实际:(3.12×60×8)/1 986×100% = 75.4%
可能:(3.12×60×8)/1 458×100% = 102.7%</td><td></td></tr>
</table>

(3) 工作日写实结果汇总

工作日写实结果汇总,应按实际需要进行,见表2-11。

表2-11 工作日写实结果汇总表

施工单位名称		××公司××处		工种		木工	
测定日期		××××年××月××日	××××年××月××日	××××年××月××日	××××年××月××日	加权平均值	备注
延续时间		9.5 h	8 h	8 h	8 h		
工作名称		安墙模	安基础模	安杯基模	安杯基模		
班(组)长姓名		赵××	潘××	朱××	李××		
班(组)人数		3人	2人	3人	4人		
序号	工时消耗分类	时间消耗百分比/%					
	Ⅰ.定额时间						
1	基本工作时间:适于技术水平	66.10	75.91	62.80	91.22	75.28	
2	基本工作时间:不适于技术水平	—	—	—	—	—	
3	辅助工作时间	5.54	1.88	2.35	1.48	2.78	
4	准备与结束时间	0.81	1.90	2.60	0.56	1.36	
5	休息时间	0.55	3.77	2.98	4.18	2.91	
6	不可避免的中断时间	0.41	—	—	—	0.10	
7	合计	73.41	83.46	70.73	97.44	82.43	
	Ⅱ.非定额时间						
8	由于劳动组织不当而停工	1.65	7.74	—	—	1.69	
9	由于缺乏材料而停工	10.78	—	12.40	—	5.79	
10	由于工作地点未准备好而停工	—	3.52	5.91	—	2.07	
11	由于机具设备不正常而停工	—	—	—	—	—	
12	偶然停工(包括停电、停水,暴风雨)	—	—	3.24	—	0.81	
13	产品质量不合格返工	7.96	5.28	—	1.60	3.40	
14	违反劳动纪律	6.20	—	7.72	0.96	3.81	
15	其他损失时间	—	—	—	—	—	
16	合计	26.59	16.54	29.27	2.56	17.57	
17	时间消耗总计	100.00	100.00	100.00	100.00	100.00	
完成定额百分比/%	实际(包括损失)	75.34	112.00	84.00	123.00	99.67	
	可能(不包括损失)	102.70	129.00	118.00	126.00	118.75	

如为了掌握某工种的工时利用和实际工效情况，或者为制定标准工时规范等，可进行汇总（同工种不同施工过程也可汇总在一起），其他可不汇总。

汇总时，各类时间消耗栏均应按时间消耗的百分数填写。

表中“加权平均值”的计算方法为

$$\bar{x}=\frac{\sum R\beta}{\sum R}$$

式中：$\bar{x}$——加权平均值；

R——各份资料的人数；

β——各类工时消耗的百分比。

表2-11中各份资料的人数为3、2、3、4，基本工作时间消耗百分比为66.10%、75.91%、62.80%、91.22%，其加权平均值为

$$\begin{aligned}\bar{x}&=\frac{\sum R\beta}{\sum R}\\&=\frac{3\times66.10\%+2\times75.91\%+3\times62.80\%+4\times91.22\%}{3+2+3+4}=75.28\%\end{aligned}$$

2.3 施工定额

2.3.1 施工定额的概念及作用

1. 施工定额的概念

施工定额是指在正常施工条件下，为完成单位合格产品所需人工、机械台班、材料消耗的数量标准，它是以施工过程或工序为对象编制的。施工定额反映企业的施工水平、装备水平和管理水平，是考核施工单位劳动生产率水平、管理水平的标尺和确定工程成本、投标报价的依据。

施工定额是施工单位内部管理的定额，是生产性定额，一般由劳动定额、材料消耗定额、机械台班消耗定额三部分组成。

在市场经济条件下，施工定额就是企业定额，是企业加强管理、提高企业素质、降低劳动消耗、控制成本开支、提高劳动生产率和企业经济效益的有效手段。加强施工定额管理是企业的内在要求和必然的发展趋势，而不是国家、部门、地区从外部强加给企业的压力和约束。

2. 施工定额的作用

施工定额是工程定额体系中的基础，也是施工企业进行科学管理的基础。施工定额的作用体现在以下方面：

（1）施工定额是施工单位编制施工组织设计和施工作业计划的依据

在施工组织设计中，施工定额是确定工程的人工、材料及机械台班等资源需要量的基础，施工中实物工程量的计算、施工进度计划等也都要根据施工定额进行计算。

在施工作业计划中，确定本月（旬）应完成的施工任务、完成施工计划任务的资源需要量、提高劳动生产率和节约措施计划都要依据施工定额提供的数据进行计算。

（2）施工定额是组织施工生产的有效工具

施工单位组织施工,应按照作业计划下达施工任务单和限额领料单。

施工任务单上的工程计量单位、产量定额和计件单位,均需取自施工的劳动定额,工资结算也要根据劳动定额的完成情况计算。

限额领料单是施工队随施工任务单同时签发的领取材料的凭证,根据施工任务和材料定额填写。其中,领料的数量是班组为完成规定的工程任务消耗材料的最高限额。

(3) 施工定额是计取劳动报酬和奖励的依据

施工定额是衡量工人劳动数量和质量的标准,是按劳分配的基础。

(4) 施工定额有利于推广先进技术

施工定额水平应采用已成熟的先进的施工技术和经验,工人要达到和超过定额,就必须掌握和运用这些先进技术,注意改进工具和改进技术操作方法,注意材料的节约,避免浪费。当施工定额明确要求采用某些较先进的施工工具和施工方法时,贯彻施工定额就意味着推广先进技术。

(5) 施工定额是编制施工预算,加强成本管理和经济核算的基础

施工预算是施工单位用以确定单位工程人工、机械、材料和资金需要量的计划文件。施工预算以施工定额为编制基础,既反映设计图纸的要求,也考虑在现实条件下可能采取的节约人工、材料和降低成本的各项具体措施。严格执行施工定额不仅可以起到控制消耗、降低成本和费用的作用,同时为贯彻经济核算制、加强班组核算制和增加盈利创造了良好的条件。

(6) 施工定额是施工企业进行工程投标、编制工程报价的基础和主要依据

施工定额反映了本企业的技术水平和管理水平,在确定工程投标报价时,首先是依据企业定额计算出施工企业拟完成投标工程需要发生的计划成本。在此基础上,再确定拟获得的利润、预计工程风险费用和其他应考虑的因素,从而确定投标报价。因此,企业定额是施工企业编制计算投标报价的基础。

综上所述,施工定额在建筑安装企业管理的各个环节中都是不可缺少的,施工管理是企事业的基础性工作,具有不容忽视的作用。

2.3.2 施工定额的编制原则

1. 平均先进性原则

施工定额采取平均先进水平。平均先进水平指在正常条件下,多数人经过努力可以达到或超过定额,少数人经努力可赶上或接近的水平。这种水平使先进的生产者感到有一定的压力,大多数处于中间水平的生产者感到可望也可及。平均先进水平不迁就少数落后者,而是使他们产生努力工作的责任感,尽快达到定额水平。所以平均先进水平是一种鼓励先进、勉励中间、鞭策后进的定额水平,能促进企业科学管理和不断提高劳动生产率,达到提高企业经济效益的目的。

2. 简明适用性原则

简明适用,就施工定额的内容和形式而言,要便于定额的贯彻和执行。制定施工定额的目的就在于适用于企业内部管理,具有可操作性。做到定额项目设置完全,项目划分粗细适当,正确选择产品和材料的计量单位。

3. 贯彻专群结合以专家为主的原则

施工定额的编制要有一支经验丰富、技术与管理知识全面、有一定政策水平的稳定的专家队伍,同时也要注意必须走群众路线(尤其是在现场测时和组织新定额试点时),这是实践经验的总结。

2.3.3 劳动消耗定额

1. 劳动消耗定额及其表达形式

劳动消耗定额又称劳动定额，是指在正常的施工技术和合理的劳动组织条件下，为完成单位合格产品所需消耗的工作时间，或在一定工作时间内应完成的产品数量。

为了便于综合和核算，劳动定额一般用工作时间消耗量表达。所以，劳动定额主要表现形式是时间定额，但同时也表现为产量定额。

2-5 劳动定员定额术语

(1) 时间定额

时间定额是指完成单位产品所必须消耗的工时。它以正常的施工技术和合理的劳动组织为条件，以一定技术等级的工人小组或个人完成质量合格的产品为前提。定额时间包括准备与结束工作时间、基本工作时间、辅助工作时间、不可避免的中断时间及必需的休息时间等。

时间定额以工日为单位，一个工日工作时间为 8 h。

时间定额的计算方法如下：

$$\text{单位产品的时间定额(工日)}=\frac{1}{\text{每日产量}}$$

以小组计算时，则为

$$\text{单位产品的时间定额(工日)}=\frac{\text{小组成员工日数总和}}{\text{小组每班产量}}$$

(2) 产量定额

产量定额是指单位时间(一个工日)内，完成产品的数量。它也是以正常的施工技术和合理的劳动组织为条件，以一定技术等级的工人小组或个人完成质量合格的产品为前提。

产品定额的计算方法如下：

$$\text{每日产量定额}=\frac{1}{\text{单位产品的时间定额(工日)}}$$

以小组计算时，则为

$$\text{小组每班产量定额}=\frac{\text{小组成员工日数总和}}{\text{单位产品的时间定额(工日)}}$$

时间定额与产量定额互为倒数，可以相互换算。

例如，《全国建筑安装工程统一劳动定额》规定，人工挖土方工程的工作内容包括：挖土、装土、修理边底等操作过程，挖得 1 m^3 的二类土，时间定额为 0.192 工日，记作 0.192 工日/m^3，产量定额是 1 工日/0.192(工日/m^3)= 5.2 m^3，记作 5.2 m^3/工日。

2. 劳动定额编制的方法

(1) 技术测定法

技术测定法是应用 2.2 节中所述的几种计时观察法获得工时消耗数据、制定劳动消耗定额。这种方法有较充分的科学依据，准确程度较高，但工作量较大，测定的方法和技术复杂。为了保证定额的质量，对那些工料消耗比较大的定额项目应首先选择这种方法。

时间定额是在确定基本工作时间、辅助工作时间、准备与结束工作时间、不可避免中断时间及休息时间的基础上制定的。

① 确定基本工作时间　基本工作时间在必须消耗的工作时间中占的比重最大。基本工作时间消耗根据计算观察资料确定。其做法是，首先确定工作过程每一组成部分的工时消耗，然后再综合该工作过程的工时消耗。

② 确定辅助工作和准备与结束工作时间　辅助工作和准备与结束工作时间的确定方法与基本工作时间相同。

③ 拟定、确定不可避免中断时间　施工中有两种不同的工作中断情况。一种情况是由工艺特点所引起的不可避免的中断，此项工作消耗可以列入工作过程的时间定额；另一种是由于班组工人所担负的任务存在不均衡引起的中断，这种工作中断应该通过改善班组人员编制、合理进行劳动分工来克服。

不可避免中断时间根据测时资料通过整理分析获得。

④ 确定休息时间　休息时间是工人恢复体力所必需的时间，应列入工作过程时间定额。休息时间应通过对工作班作息制度、经验资料、计时观察资料以及对工作的疲劳程度作全面分析来确定，尽可能利用不可避免中断时间作为休息时间。

⑤ 确定时间定额　确定了基本工作时间、辅助工作时间、准备与结束工作时间、不可避免中断时间和休息时间之后，可以计算劳动定额的时间定额。

计算公式是：

$$\text{定额时间} = \text{基本工作时间} + \text{辅助工作时间} + \text{准备与结束工作时间} + \text{不可避免中断时间} + \text{休息时间}$$

或

$$\text{定额时间} = \frac{\text{基本工作时间}}{1 - \text{其他各项时间所占百分比}}$$

例 2-3　人工挖二类土，由测时资料可知：挖 1 m^3 需消耗基本工作时间 70 min，辅助工作时间占工作班延续时间的 2%，准备与结束工作时间占 1%，不可避免中断时间占 1%，休息时间占 20%。确定时间定额。

解：定额时间为

$$\text{定额时间} = \frac{70\ \text{min}}{1 - (2\% + 1\% + 1\% + 20\%)} = 92\ \text{min}$$

时间定额为

$$\text{时间定额} = \frac{92\ \text{min/m}^3}{60\ \text{min/h} \times 8\ \text{h/工日}} = 0.192\ \text{工日/m}^3$$

根据时间定额可计算出产量定额为

$$\frac{1\ \text{工日}}{0.192\ \text{工日/m}^3} = 5.2\ \text{m}^3$$

（2）比较类推法

比较类推法是选定一个已精确测定好的典型项目的定额，经过对比分析，计算出同类型其他相邻项目的定额的方法。采用这种方法制定定额简单易行、工作量小，但往往会因对定额的时间构成分析不够，对影响因素估计不足，或所选典型定额不当而影响定额的质量。本法适用于制定同类产品品种多、批量小的劳动定额和材料消耗定额。

比较类推的计算公式为

$$t = pt_0$$

式中：t——比较类推同类相邻定额项目的时间定额；

t_0——典型项目的时间定额；

p——各同类相邻项目耗用工时的比例。

例 2-4 已知挖一类土地槽在 1.5 m 以内槽深和不同槽宽的时间定额及各类土耗用工时的比例（表 2-12），推算挖二、三、四类土地槽的时间定额。

解：挖二类土、上口宽为 0.8 m 以内的时间定额 t_2 为

$$t_2 = 1.43 \times 0.167 \text{ 工日}/\text{m}^3 = 0.239 \text{ 工日}/\text{m}^3$$

挖三、四类土地槽的时间定额如表 2-12 所示。

表 2-12 挖地槽时间定额比较类推表

项目	耗用工时比例 p	挖地槽的时间定额/(2 日/m^3)		
		挖地槽深度在 1.5 m 以内		
		上口宽≤0.8 m	上口宽≤1.5 m	上口宽≤3 m
一类土（典型项目）	1.00	0.167	0.144	0.133
二类土	1.43	0.239	0.206	0.190
三类土	2.50	0.418	0.360	0.333
四类土	3.76	0.628	0.541	0.500

（3）统计分析法

统计分析法是将以往施工中所累积的同类型工程项目的工时耗用量加以科学地统计、分析，并考虑施工技术与组织变化的因素，经过分析研究后制定劳动定额的一种方法。

采用统计分析法需有准确的原始记录和统计工作基础，并且选择正常的及一般水平的施工单位与班组，同时还要选择部分先进和落后的施工单位与班组进行分析和比较。

由于统计分析资料是过去已经达到的水平，且包含了某些不合理的因素，水平可能偏于保守。为了使定额保持平均先进水平，应从统计资料中求出平均先进值。

平均先进值的计算步骤如下：

① 删除统计资料中特别偏高、偏低及明显的不合理的数据；

② 计算出算术平均数值；

③ 在工时统计数组中，取小于上述算术平均值的数组，再计算其平均值，即为所求的平均先进值。

例 2-5 已知某型号混凝土搅拌机拌混凝土的工时消耗统计数组：123 s、124 s、126 s、130 s、127 s、131 s、128 s、125 s、122 s、129 s、150 s、130 s。试求平均先进值。

解：① 删除明显不合理的数据。上述数组中 150 s 是明显偏高的数，应删去。

② 计算出算术平均数值。删去 150 s 后，求算术平均值：

$$算术平均值 = \frac{123 + 124 + 126 + 130 + 127 + 131 + 128 + 125 + 122 + 129 + 130}{11} \text{ s} = 126.82 \text{ s}$$

③ 计算平均先进值。选数组中小于上述平均值 126.82 s 的数求平均先进值:

$$平均先进值 = \frac{123 + 124 + 126 + 125 + 122}{5} \text{ s} = 124 \text{ s}$$

计算所得平均先进值,也就是定额水平的依据。

(4) 经验估工法

经验估工法是对生产某一产品或完成某项工作所需消耗的工时,根据定额管理人员、技术人员、工人等以往的经验,结合图纸分析、现场观察,分解施工工艺、组织条件和操作方法来估计。

经验估工法技术简单、工作量小、速度快。缺点是人为因素较多,科学性、准确性较差。

2.3.4 材料消耗定额

1. 材料消耗定额的概念及组成

(1) 材料消耗定额的概念

材料消耗定额是指在合理使用材料的条件下,生产单位质量合格建筑产品必须消耗一定品种、规格的材料(包括半成品、燃料、配件、水、电等)的数量。

材料作为劳动对象是构成工程的实体物资,需用量很大,种类繁多。在我国建筑工程的直接成本中,材料费约占 70%。材料消耗量多少、消耗是否合理,不仅关系到资源的有效利用,而且对工程造价的确定和成本控制有着决定性影响。

材料消耗定额是编制材料需要量计划、运输计划、供应计划、计算仓库面积、签发限额领料单和经济核算的依据。制定合理的材料消耗定额,是组织材料的正常供应,保证生产顺利进行,以及合理利用资源,减少积压、浪费的必要前提。

(2) 材料消耗定额的组成

单位合格产品必须消耗的材料数量由两部分组成,即材料的净用量和损耗量。材料的净用量是指直接用于工程并构成工程实体的材料数量;材料损耗量是指不可避免的施工废料和材料损耗数量,如场内运输及场内堆放在允许范围内不可避免的损耗、加工制作中的合理损耗及施工操作中的合理损耗等。

材料消耗量可表示为

$$材料消耗量 = 材料净用量 + 材料损耗量$$

材料损耗量常用损耗率表示,损耗率通过观测和统计而确定,不同材料的损耗率不同。材料损耗量计算方法是

$$材料损耗量 = 材料消耗量 \times 材料损耗率$$

材料损耗率为

$$材料损耗率 = \frac{材料损耗量}{材料消耗量}$$

所以,材料消耗量也可表示为

$$材料消耗量 = \frac{材料净用量}{1 - 材料损耗率}$$

2. 材料消耗定额的编制方法

材料消耗定额的编制方法有观测法、试验法、统计法和理论计算法。

(1) 观测法

观测法又称现场测定法，它是在施工现场按一定程序对完成合格产品的材料耗用量进行测定，通过分析、整理，确定单位产品的材料消耗定额。

利用观测法主要是确定材料损耗定额，也可以提供编制材料净用量定额的数据。其优点是能通过现场观测、测定，取得产品产量和材料消耗的情况，为编制材料定额提供技术根据。

采用观测法，要选择典型的工程项目。所选工程的施工技术、组织及产品的质量均要符合技术规范的要求；材料的品种、型号质量也应符合设计要求。产品检验合格，操作工人才能合理使用材料和保证产品质量。

在观测前要做好充分的准备工作，如选用标准的运输工具和衡量工具，采取减少材料损耗措施等。

观测中要区分不可避免的材料损耗和可以避免的材料损耗，可以避免的材料损耗不应包括在定额损耗量内。必须经过科学的分析研究以后，确定确切的材料消耗标准列入定额。

(2) 试验法

试验法又称试验室试验法，它是在试验室中进行试验和测定工作，这种方法一般用于确定各种材料的配合比。例如，求得不同强度等级混凝土的配合比，用以计算每立方米混凝土的各种材料耗用量。

试验法的优点是能更深入更详细地研究各种因素对材料的影响，其缺点是没有估计到或无法估计到施工现场的某些因素对材料消耗的影响。

(3) 统计法

统计法是指通过统计现场各分部分项工程的进料数量、用料数量、剩余数量及完成产品数量，并对大量统计资料进行分析计算，获得材料消耗的数据。这种方法由于不能分清材料消耗的性质，因而不能作为确定材料净用量定额和材料损耗定额的精确依据。

采用统计法必须要保证统计与测算的耗用材料和其相应产品一致。在施工现场中的某些材料，往往难以区分用在各个不同部位上的准确数量。因此，要注意统计资料的准确性和有效性。

(4) 理论计算法

理论计算法又称计算法。它是根据施工图纸，运用一定的数学公式计算材料的耗用量。理论计算法只能计算出单位产品的材料净用量，材料的损耗量还要在现场通过实测取得。这种方法适用于一般板块类材料的计算。

例如：1 m^3 标准砖墙中，砖、砂浆的净用量计算公式如下。

① 1 m^3 的砖墙中砖的净用量为

$$\text{砖净用量}=\frac{2\times\text{墙厚砖数}}{\text{墙厚}\times(\text{砖长}+\text{灰缝})\times(\text{砖厚}+\text{灰缝})}$$

式中：墙厚砖数——$\frac{1}{2}$砖墙取 0.5，1 砖墙取 1，1 $\frac{1}{2}$砖墙取 1.5；

墙厚——$\frac{1}{2}$砖墙取 0.115，1 砖墙取 0.24，1 $\frac{1}{2}$砖墙取 0.365。

② 1 m^3 的砖墙中砂浆的净用量为

$$砂浆净用量=1\ m^3\ 砌体-砖体积$$

例 2-6 某工程用标准砖(240 mm×115 mm×53 mm)砌筑,试求 1 m^3的 1 砖墙中标准砖、砂浆的净用量。

解: 1 m^3的 1 砖墙中标准砖的净用量:

$$砖净用量=\frac{2\times墙厚砖数}{墙厚\times(砖长+灰缝)\times(砖厚+灰缝)}$$

$$=\frac{2\times1}{0.24\times(0.24+0.01)\times(0.053+0.01)}块=529\ 块$$

1 m^3的 1 砖墙中砂浆的净用量:

$$砂浆净用量=1\ m^3\ 砌体-砖体积$$

其中

$$每块标准砖的体积=0.24\ m\times0.115\ m\times0.053\ m=0.001\ 462\ 8\ m^3$$

所以,砂浆净用量=(1-529×0.001 462 8) m^3=0.226 m^3

3. 周转性材料的消耗量计算

周转性材料是指在施工过程中不是一次性消耗的材料,而是经过修理、补充后可多次周转使用,逐渐消耗尽的材料。如模板、脚手架。周转性材料计算是定额与预算中的一个重要内容。

周转性材料消耗的定额量是指每使用一次摊销数量,其计算必须考虑一次使用量、周转使用量、回收价值和摊销量之间的关系。

(1) 现浇构件周转性材料(木模板)用量计算

① 一次使用量　是指周转性材料一次投入量。周转性材料的一次使用量根据施工图计算,其用量与各分部分项工程部位、施工工艺和施工方法有关。

例如,计算现浇钢筋混凝土构件模板的一次量时,应先求结构构件混凝土与模板的接触面积,再乘以该结构构件每平方米模板接触面积所需要的材料数量。其计算公式为

$$一次使用量=混凝土模板接触面积\times1\ m^2\ 接触面积所需模板量\times(1-制作损耗率)$$

混凝土模板接触面积应根据施工图计算,一定计量单位的混凝土构件的接触面积所需模板量又称为含模量,即

$$含模量=\frac{混凝土模板接触面积}{按规定计量单位计算的混凝土构件工程量}$$

② 周转次数　是指周转性材料在补损条件下可以重复使用的次数。可查阅相关手册确定。

③ 周转使用量　是指在周转使用和补损的条件下,每周转一次的平均需用量。

周转性材料在周转过程中,其投入使用总量为

$$投入使用总量=一次使用量+一次使用量\times(周转次数-1)\times损耗率$$

周转使用量为

$$周转使用量=\frac{投入使用总量}{周转次数}$$

$$=\frac{一次使用量+一次使用量\times(周转次数-1)\times损耗率}{周转次数}$$

$$= \text{一次使用量} \times \left[\frac{1 + (\text{周转次数} - 1) \times \text{损耗率}}{\text{周转次数}}\right]$$

其中

$$\text{损耗率} = \frac{\text{平均每次损耗量}}{\text{一次使用量}}$$

若设周转使用系数为 k_1,则

$$k_1 = \frac{1 + (\text{周转次数} - 1) \times \text{损耗率}}{\text{周转次数}}$$

$$\text{周转使用量} = \text{一次使用量} \times k_1$$

④ 周转回收量　是指周转性材料每周转一次后,可以平均回收的数量。计算公式为

$$\text{周转回收量} = \frac{\text{周转使用最终回收量}}{\text{周转次数}}$$

$$= \frac{\text{一次使用量} - (\text{一次使用量} \times \text{损耗率})}{\text{周转次数}}$$

$$= \text{一次使用量} \times \left(\frac{1 - \text{损耗率}}{\text{周转次数}}\right)$$

若设周转回收量系数为 k_2,则

$$k_2 = \frac{1 - \text{损耗率}}{\text{周转次数}}$$

$$\text{周转回收量} = \text{一次使用量} \times k_2$$

⑤ 摊销量　是指为完成一定计量单位建筑产品,一次所需要摊销的周转性材料的数量。

$$\text{摊销量} = \text{周转使用量} - \text{周转回收量} \times \text{回收折价率}$$

$$= \text{一次使用量} \times k_1 - \text{一次使用量} \times k_2 \times \text{回收折价率}$$

$$= \text{一次使用量} \times (k_1 - k_2 \times \text{回收折价率})$$

若设摊销量系数为 k_3,则

$$k_3 = k_1 - k_2 \times \text{回收折价率}$$

$$\text{摊销量} = \text{一次使用量} \times k_3$$

(2) 预制构件模板及其他定型模板计算

预制混凝土构件的模板,虽属周转使用材料,但其摊销量的计算方法与现浇混凝土模板计算方法不同,按照多次使用平均摊销的方法计算,即不需计算每次周转的损耗,只需根据一次使用量及周转次数,即可算出摊销量。计算公式如下:

$$\text{预制构件模板摊销量} = \frac{\text{一次使用量}}{\text{周转次数}}$$

其他定型模板,如组合式钢模板、复合木模板也按上式计算摊销量。

2.3.5 施工机械台班定额

1. 机械台班定额的概念及表达形式

机械台班定额是指在正常施工条件下,为生产单位合格产品所需消耗某种机械的工作时

间,或在单位时间内该机械应该完成的产品数量。一台施工机械工作一个 8 h 工作班为一个台班。

同劳动消耗定额一样,在施工定额、预算定额、概算定额、概算指标等多种定额中,机械消耗定额都是其中的组成部分。

机械台班定额也有时间定额和产量定额两种表现形式,它们之间的关系也是互成倒数,可以换算。

(1) 机械台班定额

① 机械时间定额　在正常的施工条件和合理的劳动组织下,完成单位合格产品所必需的机械台班数,按下式计算:

$$\text{机械时间定额(台班)}=\frac{1}{\text{机械台班产量}}$$

② 机械台班产量定额　在正常的施工条件、合理的劳动组织下,每一个机械台班时间中必须完成的合格产品数量,按下式计算:

$$\text{机械台班产量定额}=\frac{1}{\text{机械时间定额(台班)}}$$

(2) 人工配合机械工作的定额

按照每个机械台班内配合机械工作的工人班组总工日数及完成的合格产品数量来确定。

① 单位产品的时间定额　完成单位合格产品所必须消耗的工作时间,按下式计算:

$$\text{单位产品时间定额(工日)}=\frac{\text{班组成员工日数总和}}{\text{一个机械台班的产量}}$$

② 产量定额　一个机械台班中折合到每个工日生产单位合格产品的数量,按下式计算:

$$\text{产量定额}=\frac{\text{一个机械台班的产量}}{\text{班组成员工日数总和(工日)}}$$

机械台班定额通常用复式表示,即时间定额/台班产量定额,同时表示时间定额和台班产量定额。

2. 机械台班定额的编制方法

(1) 拟定正常施工条件

机械工作与人工操作相比,劳动生产率受到施工条件的影响更大,编制定额时更应重视确定机械工作的正常条件。

① 工作地点的合理组织　即对施工地点机械和材料的位置、工人从事操作的场所作出科学合理的平面布置和空间安排。

② 拟定合理的劳动组合　即根据施工机械的性能和设计能力、工人的专业分工和劳动工效,合理确定操纵机械的工人人数和直接参加机械化施工过程的工人人数,确定维护机械的工人人数及配合机械施工的工人人数,以保持机械的正常生产率和工人正常的劳动效率。

(2) 确定机械净工作 1 h 生产率

机械净工作时间是指机械必须消耗的时间,包括在满载和有根据地降低负荷下的工作时间、不可避免的无负荷工作时间和必要的中断时间。

根据工作特点的不同,机械可分为循环和连续动作两类,其机械净工作 1 h 生产率的确定方法有所不同。

① 循环动作机械净工作1 h生产率　循环动作机械，如单斗挖土机、起重机等，每一循环动作的正常延续时间包括不可避免的空转和中断时间。机械净工作1 h生产率的计算公式如下：

$$机械净工作1\ h循环次数=\frac{3\ 600\ s}{一次循环的正常延续时间}$$

循环动作机械净工作1 h生产率＝机械净工作1 h循环次数×一次循环生产的产品数量

② 连续动作机械净工作1 h生产率　对于施工作业中只作某一动作的连续动作机械，确定机械净工作1 h正常生产率计算公式如下：

$$连续动作机械净工作1\ h生产率=\frac{工作时间内完成的产品数量}{工作时间(h)}$$

工作时间内完成的产品数量和工作时间的消耗，要通过多次现场观测或试验以及机械说明书来确定。

（3）确定机械的正常利用系数

机械的正常利用系数是指机械在工作班内对工作时间的利用率。机械正常利用系数的计算公式如下：

$$机械正常利用系数=\frac{机械在一个工作班内净工作时间}{一个工作班延续时间(8\ h)}$$

（4）计算机械台班定额

确定了机械工作正常条件、机械净工作1 h正常生产率和机械正常利用系数之后，采用下列公式计算施工机械定额：

机械台班产量定额＝机械净工作1 h正常生产率×工作班净工作时间

或

机械台班产量定额＝机械净工作1 h正常生产率×工作班延续时间×机械正常利用系数

例2-7　某循环式混凝土搅拌机，设计容量（即投料容量）v为0.4 m^3，混凝土出料系数k_A取0.67，混凝土上料、搅拌、出料等时间分别为15 s、120 s、20 s，搅拌机的时间利用系数k_B为0.85。试求该混凝土搅拌机的台班产量。

解：① 计算搅拌机净工作1 h生产率N_h（m^3/h）的公式如下：

$$N_h=\frac{3\ 600}{t}\cdot v\cdot k_A$$

式中：v——搅拌机的设计容量，m^3；

k_A——混凝土出料系数（即混凝土出料体积与搅拌机的设计容量的比值）；

t——搅拌机每一循环工作延续时间（即上料、搅拌、出料等时间），s。

将数据代入上式，得

$$N_h=\frac{3\ 600}{t}\cdot v\cdot k_A=\frac{3\ 600}{15+120+20}\times 0.4\times 0.67\ m^3/h=6.22\ m^3/h$$

② 计算搅拌机的台班产量定额N_D（m^3/台班）的公式如下：

$$N_D=N_h\cdot 8\cdot k_B$$

式中：k_B——搅拌机的时间利用系数。

将数据代入上式，得

$$N_D = N_h \cdot 8 \cdot k_B = 6.22 \times 8 \times 0.85\ m^3/台班 = 42.3\ m^3/台班$$

2.4 预算定额

2.4.1 预算定额的概念及作用

1. 预算定额的概念

预算定额是规定消耗在合格质量的单位工程基本构造要素上的人工、材料和机械台班数量标准，是计算建筑安装产品价格的基础。

所谓基本构造要素，即通常所说的分项工程和结构构件。预算定额按工程基本构造要素规定劳动力、材料和机械的消耗数量，以满足编制施工图预算、规划和控制工程造价的要求。

预算定额是工程建设中的一项重要的技术经济文件，它的各项指标，反映了在完成规定计量单位、符合设计标准和施工及验收规范要求的分项工程消耗的劳动和物化劳动的数量限度。这种限度最终决定着单项工程和单位工程的成本和造价。

在编制施工图预算时，需要按照施工图纸和工程量计算规则计算工程量，还需要借助于某些可靠的参数计算人工、材料、机械（台班）的耗用量，并在此基础上计算出资金的需要量，计算出建筑安装工程的价格。

在我国，现行的工程建设概、预算制度，规定了通过编制概算和预算确定造价，概预算定额、指标等则为计算人工、材料、机械（台班）耗用量，提供统一的可靠参数。同时，现行制度还赋予了概、预算定额相应的权威性，使之成为建设单位和施工企业之间建立经济关系的重要基础。

2. 预算定额的作用

① 预算定额是编制施工图预算、确定建筑安装工程造价的基础。施工图设计一经确定，工程预算造价就取决于预算定额水平和人工、材料及机械台班的价格。预算定额起着控制劳动消耗、材料消耗及机械台班使用的作用，进而起着控制建筑产品价格的作用。

② 预算定额是编制施工组织设计的依据，是施工组织设计的重要任务之一，它确定施工中所需人力、物力的供求量，并作出最佳安排。施工单位在缺乏本企业的施工定额的情况下，根据预算定额，亦能够比较精确地计算出施工中各项资源的需要量，为有计划地组织材料采购和预制件加工、劳动力和施工机械的调配，提供了可靠的计算依据。

③ 预算定额是工程结算的依据。工程结算是建设单位和施工单位按照工程进度对已完成的分部分项工程实现货币支付的行为。按进度支付工程款，需要根据预算定额将已完成分项工程的造价算出。单位工程验收后，再按竣工工程量、预算定额和施工合同规定进行结算，以保证建设单位建设资金的合理使用和施工单位的经济收入。

④ 预算定额是施工单位进行经济活动分析的依据。预算定额规定的物化劳动的劳动消耗指标，是施工单位在生产经营中允许消耗的最高标准。目前，预算定额决定着施工单位的收入，施工单位就必须以预算定额作为评价企业工作的重要标准。作为努力实现的目标，施工单位可

根据预算定额对施工中的劳动、材料、机械的消耗情况进行具体分析，以便找出并克服低功效、高消耗的薄弱环节，提高竞争能力。只有在施工中尽量降低劳动消耗，采用新技术，提高劳动者素质，提高劳动生产率，才能取得较好的经济效益。

⑤ 预算定额是编制概算定额的基础。概算定额是在预算定额基础上扩大编制的。利用预算定额作为编制依据，不但可以节省编制工作的大量人力、物力和时间，收到事半功倍的效果，还可以使概算定额在水平上与预算定额保持一致，以免造成执行中不一致。

⑥ 预算定额是合理编制招标标底、投标报价的基础。在深化改革中，预算定额的指令性作用将日益削弱，而施工单位按照工程个别成本报价的指导性作用仍然存在，因此，预算定额作为编制标底的依据和施工企业报价的基础性作用仍将存在，这也是由预算定额本身的科学性和权威性决定的。

3. 预算定额的种类

① 按专业性质分，预算定额有建筑工程定额和安装工程定额两大类。建筑工程定额按专业对象分为建筑工程预算定额、市政工程预算定额、公路工程预算定额、房屋修缮工程预算定额、矿山巷井预算定额等；安装工程定额按专业对象分为电气设备安装工程预算定额、机械设备安装工程预算定额、通信设备安装工程预算定额、化学工业设备安装工程预算定额、工业管道安装工程预算定额、工艺金属结构安装工程预算定额、热力设备安装工程预算定额等。

② 从管理权限和执行范围划分，预算定额可以分为全国统一定额、行业统一定额和地区统一定额等。全国统一定额由国务院建设行政主管部门组织制定发布；行业统一定额由国务院行业主管部门制定发布；地区统一定额由省、自治区、直辖市建设行政主管部门制定发布。

③ 预算定额按物资要素分为劳动定额、机械定额和材料消耗定额，但是它们相互依存形成一个整体，作为编制预算定额依据，各自不具有独立性。

2.4.2 预算定额的编制原则、依据和步骤

1. 预算定额的编制原则

为保证预算定额的质量，充分发挥预算定额的作用，在编制工作中应遵循以下原则：

(1) 按社会平均水平确定预算定额的原则

2-6 预算定额的定额水平

预算定额是确定和控制建筑安装工程造价的主要依据，因此它必须遵照价值规律的客观要求，即按生产过程中所消耗的社会必要劳动时间确定定额水平。也就是按照“在现有的社会正常的生产条件下、在社会平均的劳动熟练程度和劳动强度下制造某种使用价值所需要的劳动时间”来确定定额水平。所以预算定额的平均水平，是在正常的施工条件、合理的施工组织和工艺条件、平均的劳动熟练程度和劳动强度下，完成单位分项工程基本构造所需要的劳动时间。

预算定额的水平以大多数施工单位的施工定额水平为基础。但是，预算定额绝不是简单地套用施工定额的水平。首先，要考虑预算中包含了更多可变因素，需要保留合理的幅度差，例如，人工幅度差、机械幅度差、材料的超运距、辅助用工及材料堆放、运输、操作损耗和由细到粗综合后的量差等。其次，预算定额是社会平均水平，而施工定额是平均先进水平，两者相比，预算定额水平相对要低一些，但是应限制在一定范围之内。

(2) 简明适用的原则

预算定额项目是在施工定额的基础上进一步综合,通常将建筑物分解为分部、分项工程。简明适用是指在编制预算定额时,对那些主要的、常用的、价值量大的项目,分项工程划分宜细;次要的、不常用的、价值量相对较小的项目则可以放粗一些。

定额项目的多少,与定额的步距有关。步距大,定额的子目就会减少,精确度就会降低;步距小,定额子目则会增加,精确度也会提高。所以,确定步距时,对主要工种、主要项目、常用项目,定额步距要小一些;对于次要项目、不常用项目,定额步距可以适当大一些。

预算定额要项目齐全,要注意补充那些因采用新技术、新结构、新材料而出现的新的定额项目。如果项目不全,缺项多,就会使计价工作缺少充足可靠的依据。补充定额一般因资料所限,费时费力,可靠性较差,容易引起争执。

对定额的活口也要设置适当。所谓活口,即在定额中规定当符合一定条件时,允许该定额另行调整。在编制中要尽量不留活口,对实际情况变化较大、影响定额水平幅度大的项目,确需留活口的,也应该从实际出发尽量少留;即使留有活口也要注意尽量规定换算方法,避免采取按实计算。

简明适用还要求合理确定预算定额的计量单位,简化工程量的计算,尽可能地避免同一种材料用不同的计量单位。尽量减少定额附注和换算系数。

(3) 坚持统一性和差别性相结合的原则

所谓统一性,就是从培育全国统一市场规范计价行为出发,计价定额的制定规划和组织实施由国务院建设行政主管部门归口,并负责全国统一定额制定或修订,颁发有关工程造价管理的规章制度办法等。这样有利于通过定额和工程造价的管理实现建筑安装工程价格的宏观调控。通过编制全国统一定额,使建筑安装工程具有一个统一的计价依据,也使考核设计和施工经济效果具有一个统一尺度。

所谓差别性,就是在统一性的基础上,各部门和省、自治区、直辖市主管部门可以在自己的管辖范围内,根据本部门和地区的具体情况,制定部门和地区性定额、补充性制度和管理办法,适应我国幅员辽阔,地区间部门发展不平衡和差异大的实际情况。

2. 预算定额的编制依据

① 现行劳动定额和施工定额。预算定额是在现行劳动定额和施工定额的基础上编制的。预算定额中人工、材料、机械台班消耗水平,需要根据劳动定额或施工定额确定,预算定额的计量单位的选择,也要以施工定额为参考,从而保证两者的协调和可比性,减轻预算定额的编制工作量,缩短编制时间。

② 现行设计规范、施工及验收规范、质量评定标准和安全操作规程。预算定额在确定人工、材料、机械台班消耗数量时,必须考虑上述各项规范的要求和规定。

③ 具有代表性的典型工程施工图及有关标准图。对这些图纸进行仔细分析研究,并计算出工程数量,作为编制定额时选择施工方法、确定定额含量的依据。

④ 新技术、新构造、新材料和先进的施工方法等。这类资料是调整定额水平和增加新有定额项目所必需的依据。

⑤ 有关科学试验、技术测定的统计及经验资料。这类资料是确定定额水平的重要依据。

⑥ 现行的预算定额、材料预算价格及有关文件规定等。包括过去定额编制过程中积累的基

础资料,也是编制预算定额的依据和参考。

3. 预算定额的编制步骤

预算定额的编制,大致可以分为准备工作、收集资料、编制定额初稿、初稿报批和修改定稿与资料整理五个阶段。各阶段工作相互有交叉,有些工作还有多次反复。

(1) 准备工作阶段

① 拟定编制方案。

② 参编人员根据专业需要划分编制小组和综合组。

(2) 收集资料阶段

① 普遍收集资料　在已确定的范围内,采用表格化收集定额编制基础资料,以统计资料为主,注明所需要的资料内容、填表要求和时间范围,便于资料整理,并具有广泛性。

② 专题座谈会　邀请建设单位、设计单位、施工单位及其他有关单位的有经验的专业人士开座谈会,就以往定额存在的问题提出意见和建议,以便在编制新定额时改进。

③ 收集现行规定、规范和政策法规资料。

④ 收集定额管理部门积累的资料　主要包括:日常定额解释资料,补充定额资料,新结构、新工艺、新材料、新机械、新技术用于工程实践的资料。

⑤ 专项查定及试验　如:混凝土配合比和砌筑砂浆试验资料。除收集试验试配资料外,还应收集一定数量的现场实际配合比资料。

(3) 编制定额初稿阶段

① 确定编制细则　主要包括:统一编制表格及编制方法;统一计算口径、计量单位和小数点的要求;符合有关统一性规定,做到名称统一、用字统一、专业术语统一、符号代码统一,简化字规范,文字简练明确。

② 确定定额的项目划分和工程量计算规则。

③ 定额人工、材料、机械台班耗用量的计算、复核和测算。

(4) 初稿报批阶段

① 审核定额初稿。

② 预算定额水平测算　新定额编制成稿,必须与原定额进行对比测算,分析水平升降原因。一般新编定额的水平应该不低于历史上已经达到过的水平,并略有提高。在定额水平测算前,必须编出同一工人工资、材料价格、机械台班费的新旧两套定额的工程单价。定额水平的测算方法一般有以下两种:

a. 按工程类别比重测算　在定额执行范围内,选择有代表性的种类工程,分别以新旧定额对比测算,并按测算的年限,从工程所占比例加权以考查宏观影响。

b. 单项工程比较测算法　以典型工程分别用新旧定额对比测算,考查定额水平升降及其原因。

(5) 修改定稿与整理资料阶段

① 印发征求意见　定额编制初稿完成后,需要征求各有关方面意见和组织讨论,反馈意见。在统一意见的基础上整理分类,制定修改方案。

② 修改整理报批　按修改方案的决定,将初稿按照定额的顺序进行修改,并经审核无误后形成报批稿,经批准后交付印刷。

③ 撰写编制说明　为顺利地贯彻执行定额,需要撰写新定额编制说明。其内容包括:项目、子目数量;人工、材料、机械的内容范围;资料的依据和综合取定情况;定额中允许换算和不允许换算规定的计算资料;工人、材料、机械单价的计算和资料;施工方法、工艺的选择及材料运距的考虑;各种材料损耗率的取定资料;调整系数的使用;其他应该说明的事项与计算数据、资料。

④ 立档、成卷　定额编制资料是贯彻执行定额中需查对资料的唯一依据,也为修编定额提供历史资料数据,应作为技术档案永久保存。

2.4.3 人工工日消耗量的计算

人工的工日数可以有两种确定方法。一种是以劳动定额为基础确定的;一种是以现场观察测定资料为基础计算的。遇到劳动定额缺项时,采用现场工作日写实等测时方法确定和计算定额的人工耗用量。

预算定额中人工工日消耗量是指在正常施工条件下,生产单位合格产品所必须消耗的人工工日数量,是由分项工程所综合的各个工序劳动定额包括的基本用工、其他用工两部分组成的。

1. 基本用工

基本用工指完成单位合格产品所必须消耗的技术工种用工。按技术工种相应劳动定额计算,以不同工种列出定额工日。基本用工包括:

① 完成定额计算单位的主要用工　按综合取定的工程量和相应劳动定额进行计算。

$$主要用工=\sum(综合取定的工程量\times劳动定额)$$

例如:工程实际中的砖基础,有1砖厚、1砖半厚、2砖厚等之分。用工各不相同,在预算定额中由于不区分厚度,需要按照统计的比例,加权平均,即公式中的综合取定,得出用工。

② 按劳动定额规定应增加计算的用工量　例如,砖基础埋深超过1.5 m的部分要增加用工。预算定额中应按一定比例给予增加。

③ 由于预算定额是以施工定额子目综合扩大的,包括的工作内容较多,施工的效果视具体部位而不一样,需要另外增加用工,列入基本用工内。

2. 其他用工

其他用工通常包括:

(1) 超运距用工

超运距是指预算定额所考虑的现场材料、半成品场堆放地点到操作地点的水平运输距离与劳动定额中已包括的材料、半成品场内水平搬运距离之差。

$$超运距=预算定额取定运距-劳动定额已包括的运距$$

需要指出,实际工程现场运距超过预算定额取定运距时,可另行计算现场二次搬运费。

(2) 辅助用工

指技术工种劳动定额内不包括而在预算内又必须考虑的用工。例如,机械土方工程配合用工,材料加工(筛砂、洗石、淋化石膏),电焊点火用工等,计算公式如下:

$$辅助用工=\sum(材料加工数量\times相应的加工定额)$$

(3) 人工幅度差

即预算定额与劳动定额的差额,主要是指在劳动定额中未包括而在正常施工情况下不可避免但又很难准确计量的用工和各种工时损失。内容包括：

① 各工种间的工序搭接及交叉作业相互配合或影响所发生的停歇用工。

② 施工机械在单位工程之间转移及临时水电线路移动所造成的停工。

③ 质量检查和隐蔽工程验收工作的影响。

④ 班组操作地点转移用工。

⑤ 工序交接时对前一工序不可避免的修整用工。

⑥ 施工中不可避免的其他零星用工。

人工幅度差计算公式如下：

$$人工幅度差=(基本用工+辅助用工+超运距用工)\times 人工幅度差系数$$

人工幅度差系数一般为10%～15%。在预算定额中，人工幅度差的用工量列入其他用工量中。

2.4.4 材料消耗量的计算

材料消耗量是完成单位合格产品所必须消耗的材料数，按用途划分为以下四种：

① 主要材料　指直接构成工程实体的材料，其中包括成品、半成品的材料。

② 辅助材料　是指构成工程实体除主要材料以外的其他材料，如钉子、铁丝等。

③ 周转性材料　指脚手架、模板等多次周转使用的不构成工程实体的摊销性材料。

④ 其他材料　指用量较少，难以计量的零星用料。如棉纱、编号用的油漆等。

材料消耗量计算方法主要有：

① 凡有标准规格的材料，按规范要求计算定额计量单位的耗用量，如砖、防水卷材、块料面层等。

② 凡设计图纸标注尺寸及下料要求的，按设计图纸尺寸计算材料净用量，如用于门窗制作的方料、板料等。

③ 换算法　各种胶结、涂料等材料的配合比用料，可以根据要求条件换算，得出材料用量。

④ 测定法　包括试验室试验法和现场观察法。指各种强度等级的混凝土及砌筑砂浆配合比的耗用原材料数量的计算，是按照规范要求试配经过试压合格以后并经过必要的调整后得出的水泥、砂子、石子、水的用量。对新材料、新结构不能用其他方法计算定额消耗用量时，需用现场测定方法来确定，根据不同条件可以采用写实记录法和观察法，得出定额的消耗量。

材料损耗量，指在正常条件下不可避免的材料损耗，如现场内材料运输及施工操作过程的损耗等。其关系式如下：

$$材料损耗率=\frac{材料损耗量}{材料净用量}\times 100\%$$

$$材料损耗量=材料净用量\times 材料损耗率$$

$$材料消耗量=材料净用量+材料损耗量$$

或

$$材料消耗量=材料净用量\times(1+材料损耗率)$$

其他材料的确定，一般按工艺测算并在定额项目材料计算表内列出名称、数量，并依编制期价格与其他材料占主要材料的比率计算，列在定额材料栏之下，定额内可不列材料名称及消耗量。

2.4.5 机械台班消耗量的计算

预算定额中的机械台班消耗量是指在正常施工条件下,生产单位合格产品(分部分项工程或结构构件)必须消耗的某种型号施工机械的台班数量。

1. 根据施工定额确定机械台班消耗量计算

这种方法是指在施工定额或劳动定额中机械台班产量加机械幅度差计算预算定额的机械台班消耗量。

机械幅度差一般包括:在正常施工组织条件下不可避免的机械空转时间,施工技术原因的中断及合理停滞时间,因供电供水故障及水电线路移动检修而发生的运转中断时间,因气候变化或机械本身故障影响工时利用的时间,施工机械转移及配套机械相互影响损失的时间,配合机械施工的工人因与其他工种交叉造成的间歇时间,因检查工程质量造成的机械停歇的时间,工程收尾和工作量不饱满造成的机械停歇时间等。

大型机械幅度差系数为:土方机械 25%,打桩机械 33%,吊装机 30%。砂浆、混凝土搅拌机由于按小组配用,以小组产量计算机械台班产量,不另增加机械幅度差。其他分部工程如钢筋加工、木材、水磨石等各项专用机械的幅度差系数为 10%。

综上所述,预算定额的机械台班消耗量按下式计算:

$$预算定额机械耗用台班 = 施工定额机械耗用台班 \times (1 + 机械幅度差系数)$$

占比重不大的零星小型机械按劳动定额小组成员计算出机械台班使用量,以“机械费”或“其他机械费”表示,不再列台班数量。

2. 以现场测定资料为基础确定机械台班消耗量

如遇到施工定额(劳动定额)缺项者,则需要依据单位时间完成的产量测定。

2.4.6 基础单价的确定

1. 人工单价

人工单价是指一个建筑安装生产工人一个工作日在计价时应计的全部人工费用。它基本上反映了建筑安装生产工人的工资水平和一个工人在一个工作日中可以得到的报酬。合理确定人工日单价是正确计算人工费和工程造价的前提和基础。根据《建筑安装工程费用项目组成》(建标〔2013〕44 号)规定,人工费包括:计时工资或计件工资、奖金、津贴补贴、加班加点工资、特殊情况下支付的工资。

人工工日单价标准按照本地区工程建设项目的人工工资统计情况并结合工种组成、定额消耗、最低工资标准及工程建设劳务市场情况进行综合分析确定,由各省、自治区、直辖市建设行政主管部门审批并公布。一般情况下,人工工日单价不分工种、不分等级,执行统一标准。

2. 材料单价

材料单价是指原材料、辅助材料、构配件、零件、半成品或成品、工程设备从其来源地(或供货仓库)到达施工工地仓库后出库的综合平均价格。材料价格一般由材料原价、运杂费、场外运输损耗费、采购及保管费组成。

(1) 材料原价

材料原价是指材料、工程设备的出厂价格或商家供应价格。工程施工中,同一种材料因来源地、交货地、供货单位、生产厂家不同,存在几种原价时,可根据不同来源地供货数量比例,采取加权平均法确定其综合原价。计算公式如下:

$$加权平均原价=\frac{K_1C_1+K_2C_2+\cdots+K_nC_n}{K_1+K_2+\cdots+K_n}$$

式中:$K_1,K_2,\cdots,K_n$——不同供应地点的供应量或各不同使用地点的需求量;

$C_1,C_2,\cdots,C_n$——各不同供应地点的原价。

(2) 运杂费

运杂费是指材料、工程设备自来源地运至工地仓库或指定堆放地点所发生的全部费用。运杂费根据材料的来源地、运输里程、运输方法及国家有关部门或地方政府交通运输管理部门规定的运价标准计算。同一品种的材料有多个来源地,材料运杂费应加权平均计算。计算公式如下:

$$加权平均运杂费=\frac{K_1T_1+K_2T_2+\cdots+K_nT_n}{K_1+K_2+\cdots+K_n}$$

式中:$K_1,K_2,\cdots,K_n$——不同供应地点的供应量或各不同使用地点的需求量;

$T_1,T_2,\cdots,T_n$——各不同运距的运费。

(3) 场外运输损耗费

场外运输损耗费是指材料在运输装卸过程中不可避免的损耗,这部分损耗费应摊入材料单价内。场外运输损耗费的计算公式如下:

场外运输损耗费=(材料原价+运杂费)×相应材料损耗率

(4) 采购及保管费

采购及保管费是指为组织采购、供应和保管材料、工程设备的过程中所需要的各项费用,包括采购费、仓储费、工地保管费、仓储损耗。采购及保管费一般按照材料到库价格以费率取定。材料采购及保管费计算公式如下:

采购及保管费=(材料原价+运杂费+运输损耗费)×采购及保管费率

综上所述,材料单价的一般计算公式为

材料单价=[(材料原价+运杂费)×(1+运输损耗率)]×(1+采购及保管费率)

3. 施工机械台班单价

施工机械台班单价是指一台施工机械,在正常运转条件下一个工作班中所发生的全部费用,每台班按 8 小时工作制计算。正确制定施工机械台班单价是合理确定和控制工程造价的重要方面。施工机械台班单价由七项费用组成,包括折旧费、大修理费、经常修理费、安拆费及场外运费、人工费、燃料动力费、税费等。

(1) 折旧费

折旧费是指施工机械在规定使用期限内,陆续收回其原值及购置资金的时间价值。计算公式如下:

$$台班折旧费=\frac{机械预算价格\times(1-残值率)\times时间价值系数}{耐用总台班}$$

① 机械预算价格 分为国产机械和进口机械,其预算价格的构成与计算方法,参见 1.4 节相关内容。

② 残值率 是指机械报废时回收的残值占机械原值的百分比。残值率按目前有关规定执

行：运输机械 2%，掘进机械 5%，特大型机械 3%，中小型机械 4%。

③ 时间价值系数　指购置施工机械的资金在施工生产过程中随着时间的推移而产生的单位增值。其计算公式如下：

$$时间价值系数=1+\frac{(折旧年限+1)}{2}\times年折现率(\%)$$

其中，年折现率应按编制期银行年贷款利率确定。

④ 耐用总台班　是指施工机械从开始投入使用至报废前使用的总台班数，应按施工机械的技术指标及寿命期等相关参数确定。其计算公式如下：

$$耐用总台班=折旧年限\times年工作台班$$
$$=大修理间隔台班\times大修理周期$$

年工作台班是根据有关部门对各类主要机械最近 3 年的统计资料分析确定。

大修理间隔台班是指机械自投入使用起至第一次大修理止或自上一次大修理后投入使用起至下一次大修理止，应达到的使用台班数。

大修理周期是指机械正常的施工作业条件下，将其寿命期（即耐用总台班）按规定的大修理次数划分为若干个周期。其计算公式为

$$大修理周期=寿命期大修理次数+1$$

（2）大修理费

大修理费是指施工机械按规定的大修理间隔台班进行必要的大修理，以恢复其正常功能所需的费用，是机械使用期限内全部大修理费之和在台班费用中的分摊额，取决于一次大修理费用、大修理次数和耐用总台班的数量。其计算公式为

$$台班大修理费=\frac{一次大修理费\times寿命期内大修理次数}{耐用总台班}$$

一次大修理费指施工机械一次大修理发生的工时费、配件费、辅料费、油燃料费及送修运杂费，以《全国统一施工机械保养修理技术经济定额》为基础，结合编制期市场价格综合确定。

寿命期大修理次数指施工机械在其寿命期（耐用总台班）内规定的大修理次数，应参照《全国统一施工机械保养修理技术经济定额》确定。

（3）经常修理费

经常修理费是指施工机械除大修理以外的各级保养和临时故障排除所需的费用。包括为保障机械正常运转所需替换设备与随机配备工具附具的摊销和维护费用、机械运转中日常保养所需润滑与擦拭的材料费用及机械停滞期间的维护和保养费用等。各项费用分摊到台班中，即为台班经常修理费。其计算公式为

$$台班经常修理费=\frac{\sum(各级保养一次费用\times寿命期各级保养总次数)+临时故障排除费}{耐用总台班}+$$
$$替换设备和工具附具台班摊销费+例保辅料费$$

① 各级保养一次费用　分别指机械在各个使用周期内为保证机械处于完好状况，必须按规定的各级保养间隔周期、保养范围和内容进行的一、二、三级保养或定期保养所消耗的工时、配件、辅料、油燃料等费用。以《全国统一施工机械保养修理技术经济定额》为基础，结合编制期市场价格综合确定。

② 寿命期各级保养总次数　分别指一、二、三级保养或定期保养在寿命期内各个使用同期中保养次数之和,按照《全国统一施工机械保养修理技术经济定额》确定。

③ 临时故障排除费　指机械除规定的大修理及各级保养以外,临时故障所需费用及机械在工作日以外的保养维护所需润滑擦拭材料费,可按各级保养(不包括例保辅料费)费用之和的3%计算。

(4) 安拆费及场外运费

安拆费指施工机械(大型机械除外)在现场进行安装与拆卸所需的人工、材料、机械和试运转费用以及机械辅助设施的折旧、搭设、拆除等费用;场外运费指施工机械整体或分体自停放地点运至施工现场或由一施工地点运至另一施工地点的运输、装卸、辅助材料及架线等费用。安拆费及场外运费根据施工机械不同分为计入台班单价、单独计算和不计算三种类型。

① 计入台班单价　移动较为频繁的小型机械及部分中型机械的安拆费及场外运费计入台班单价。费用按下列公式计算:

$$台班安拆费及场外运费=\frac{一次安拆费及场外运费\times年平均安拆次数}{年工作台班}$$

一次安拆费包括施工现场机械安装和拆卸一次所需的人工费、材料费、机械费及试运转费。一次场外运费包括运输、装卸、辅助材料和架线等费用。年平均安拆次数以《全国统一施工机械保养修理技术经济定额》为基础,由各地区(部门)结合具体情况确定。运输距离均按25 km计算。

② 单独计算　移动有一定难度的特大、大型(包括少数中型)机械,其安拆费及场外运费应单独计算。同时,还应计算辅助设施(包括基础、底座、固定锚桩、行走轨道枕木等)的折旧、搭设和拆除等费用。

③ 不计算　不需安装、拆卸且自身又能开行的机械和固定在车间不需安装、拆卸及运输的机械,不计算安拆费及场外运费。

(5) 人工费

人工费是指机上司机(司炉)和其他操作人员的人工费。

(6) 燃料动力费

燃料动力费是指施工机械在运转作业中所消耗的各种燃料及水、电等。计算公式如下:

$$台班燃料动力费=台班燃料动力消耗量\times相应单价$$

(7) 税费

税费是指施工机械按照国家规定应缴纳的车船使用税、保险费及年检费等。其计算公式为

$$税费=\frac{年车船使用税+年保险费+年检费}{年工作台班}$$

2.4.7 预算定额的使用

1. 预算定额的套用

当设计要求、结构形式、施工工艺、施工机械等与定额条件完全相符合时,可直接套用定额。在应用定额编制预算文件时,绝大多数项目属于直接套用定额这种情况。

套用定额时，应根据设计图纸的要求、做法说明，正确选择相应的套用项目。对工程项目与预算定额项目，必须从工程内容、技术特征和施工方法上一一仔细核对，然后才能确定预算定额的套用项目，这是正确使用定额的关键。

例 2-8 某桥涵跨径 8 m，采用 C15 轻型墩台基础、碎石（8 cm），试根据预算定额计算该基础的人工、材料、机械消耗量，已知图纸计算的工程数量为 222.24 m^3。

解： 查《公路工程预算定额》第四章桥涵工程 4-6-1 中第 1 子目轻型墩台基础跨径 8 m 以内定额。

根据定额单位为 10 m^3，则

$222.24\ m^3=\dfrac{222.24}{10}$个定额单位，即 22.224 个定额单位的人工、材料、机械消耗量为

人工：	7.2×22.224 工日＝160.013 工日
螺栓：	1×22.224 kg＝22.224 kg
钢模：	0.031×22.224 t＝0.689 t
铁件：	7.9×22.224 kg＝175.570 kg
32.5 级水泥：	2.581×22.224 t＝57.360 t
水：	12×22.224 m^3＝266.688 m^3
中（粗）砂：	5.61×22.224 m^3＝124.680 m^3
碎石（8 cm）：	8.47×22.224 m^3＝188.237 m^3
其他材料费：	27.6×22.224 元＝613.38 元
25 t 以内汽车式起重机：	0.21×22.224 台班＝4.667 台班
小型机具使用费：	9.7×22.224 元＝215.57 元

2. 预算定额的换算

当设计要求与定额条件不完全相符时则不可直接套用定额，应根据定额的规定进行换算。

（1）砂浆及混凝土强度等级的换算

《公路工程预算定额》（2018）总说明中规定："定额中列有混凝土及砂浆强度等级和用量，其材料用量已按附录配合比表规定数量列入定额，不得重算。如设计采用的混凝土、砂浆强度等级及水泥强度等级与定额所列强度等级不同时，可按配合比表进行换算。但实际施工配合比材料用量与定额配合比表用量不同时，除配合比表中允许换算者外，均不得调整。"现举例说明换算方法。

例 2-9 续前例资料，如设计采用 C20 轻型墩台基础、碎石（8 cm），试确定其工、料、机用量。从定额表中查得，该子目混凝土为 C15，根据总说明规定应予换算。

解： 查附录中混凝土配合比表，如表 2-13 所示。

从定额表 4-6-1 中得知：每 10 m^3轻型墩台基础混凝土用量为 10.2 m^3。由于混凝土强度等级的改变只对砂浆所用的水泥、中（粗）砂用量有所影响，其他消耗指标不变。因此该例的工、料、机用量为

人工：160.013 工日，同前例；

螺栓：22.224 kg，同前例；

钢模：0.689 t，同前例；

表2-13 混凝土配合比表 单位:1 m^3 混凝土

顺序号	项目	单位	普通混凝土					
			碎(砾)石最大粒径/mm					
			20		40		80	
			C15	C20	C15	C20	C15	C20
			水泥强度等级					
			32.5	32.5	32.5	32.5	32.5	32.5
			1	2	3	4	5	6
1	水泥	kg	286	315	267	298	253	282
2	中(粗)砂	m^3	0.51	0.49	0.50	0.49	0.55	0.54
3	碎(砾)石	m^3	0.82	0.82	0.85	0.84	0.83	0.82
4	片石	m^3	—	—	—	—	—	—

铁件:175.570 kg,同前例;

水:266.688 m^3,同前例;

32.5级水泥: $0.282\times10.2\times22.224\ t=63.925\ t$

中(粗)砂: $0.54\times10.2\times22.224\ m^3=122.410\ m^3$

碎石(8 cm): $0.82\times10.2\times22.224\ m^3=185.882\ m^3$

其他材料费:613.38元,同前例;

25 t以内汽车式起重机:4.667台班,同前例;

小型机具使用费:215.57元,同前例。

从以上例题中可以看出:

在砂浆或混凝土强度等级的换算中,除砂浆或混凝土的相关材料用量需换算外,其余的工、料、机用量不变。

(2)乘系数换算

在定额的使用过程中,若定额的说明或附注要求在某些情况下对定额的某些地方进行乘系数换算时,应注意:

① 区分定额系数与工程量系数。定额系数一般在定额说明或附注中列出,工程量系数一般在工程量计算规则中列出。

② 区分定额系数应乘在哪里。是乘在预算价格上还是乘在人工指标、材料指标或机械消耗指标上。

例2-10 0.6 m^3 挖掘机挖装土方,75 kW推土机清理余土。土方工程量为1 050 m^3,其中部分机械达不到需要由人工完成,其工程量为50 m^3。土质为普通土。试计算工、料、机用量。

解: 查第一章路基工程说明第三条规定:"机械施工土、石方、挖方部分机械达不到需由人工完成的工程量由施工组织设计确定。其中人工操作部分按相应定额乘以1.15系数。"则

① 机械完成部分的工、料、机用量

$$工程量=(1\ 050-50)\ m^3=1\ 000\ m^3$$

查定额 1-1-9,每 1 000 m^3 天然密实土的工、料、机消耗指标为

人工:3.1 工日;

0.6 m^3 以内单斗挖掘机:3.64 台班。

② 人工完成部分的工、料、机用量

$$工程量=50\ m^3$$

查定额 1-1-6,每 1 000 m^3 天然密实土的工、料、机消耗指标为

人工:145.51 工日;

50 m^3 需人工:

$$145.51\times\frac{50}{1\ 000}工日=7.275\ 工日$$

乘以 1.15 系数,得

$$7.275\times1.15\ 工日=8.366\ 工日$$

则完成 1 050 m^3 普通土需人工:

$$(3.1+8.366)工日=11.466\ 工日$$

0.6 m^3 以内单斗挖掘机:3.64 台班。

(3) 其他换算

凡不属于以上两种换算的都称为其他换算。

例 2-11 人工挖基坑土方,坑深 7 m,干处开挖,试计算 10 m^3 土方的工、料、机用量。

解: 查定额 4-1-1 人工挖基坑土、石方及其附注,附注为“土方基坑深超过 6 m 时,每加深 1 m,按挖基深度 6 m 以内定额,干处递增 5%,湿处递增 10%。”

干处开挖,坑深 6 m 以内,定额为 4-1-1,每 1 000 m^3 实体需人工 411.4 工日,则人工用量为

$$411.4\times(1+5\%)\times\frac{10}{1\ 000}工日=4.320\ 工日$$

3. 预算定额的补充

当设计要求与预算定额条件完全不相符,或由于设计采用新材料、新工艺,在定额中无这类项目时,即属于定额缺项时,可编制补充定额。

编制补充定额一般采用两种方法:一是按照本章预算定额的编制方法,计算人工、各种材料及机械台班消耗指标,经有关人员讨论后确定;二是人工、机械及其他材料消耗量套用相近项目的定额计算,材料(主要材料)按施工图设计进行计算或测定。

2.5 概算定额与概算指标

2.5.1 概算定额的编制原则和编制步骤

1. 概算定额的概念

概算定额是在预算定额基础上,确定完成合格的单位扩大分项工程或单位扩大结构构件所需消耗的人工、材料和机械台班的数量标准,所以概算定额又称作扩大结构定额。

概算定额是预算定额的合并与扩大。它将预算定额中有联系的若干个分项工程项目综合为一个概算定额项目。如砖基础概算定额项目,就是以砖基础为主,综合了平整场地、挖地槽、铺设垫层、砌砖基础、铺设防潮层、回填土及运土等预算定额的分项工程项目。又如砖墙定额,就是以砖墙为主,综合了砌砖,钢筋混凝土过梁制作、运输、安装,勒脚、内外墙面抹灰,内墙面刷白等预算定额的分项工程项目。

概算定额与预算定额的相同之处在于,它们都是以建(构)筑物各个结构部分和分部分项工程为单位表示的,内容都包括人工、材料和机械台班使用量定额三个基本部分,并列有基准价。概算定额表达的主要内容、主要方式及基本使用方法都与预算定额相近。

定额基准价=定额单位人工费+定额单位材料费+定额单位机械费
=∑(人工概算定额消耗量×人工工资单价)+
∑(材料概算定额消耗量×材料预算价格)+
∑(施工机械概算定额消耗量×机械台班费用单价)

概算定额与预算定额的不同之处,在于项目划分和综合扩大程度上的差异,同时,概算定额主要用于设计概算的编制。由于概算定额综合了若干分项工程的预算定额,因此概算工程量计算和概算表的编制,都比编制施工图预算简化一些。

2. 概算定额的作用

① 是初步设计阶段编制概算、扩大初步设计阶段编制修正概算的主要依据;

② 是对设计项目进行技术经济分析比较的基础资料之一;

③ 是建设工程主要材料计划编制的依据;

④ 是编制概算指标的依据。

3. 概算定额的编制原则

概算定额应该贯彻社会平均水平和简明适用的原则。由于概算定额和预算定额都是工程计价的依据,所以应符合价值规律和反映现阶段大多数企业的设计、生产及施工管理水平。概算定额的内容和深度是以预算定额为基础的综合和扩大。在合并中不得遗漏或增减项目,以保证其严密性和正确性。概算定额务必达到简化、准确和适用。

4. 概算定额的编制依据

由于概算定额的使用范围不同,其编制依据也略有不同。其编制依据一般有以下几种:

① 现行的设计规范和建筑工程预算定额;

② 具有代表性的标准设计图纸和其他设计资料;

③ 现行的人工工资标准、材料预算价格、机械台班预算价格及其他的价格资料。

5. 概算定额的编制步骤

概算定额的编制一般分三阶段进行,即准备阶段、编制初稿阶段和审查定稿阶段。

(1) 准备阶段

该阶段主要是确定编制机构和人员组成,进行调查研究,了解现行概算定额执行情况和存在的问题,明确编制的目的,制定概算定额的编制方案和确定概算定额的项目。

(2) 编制初稿阶段

该阶段是根据已经确定的编制方案和概算定额项目,收集和整理各种编制依据,对各种资料进行深入细致的测算和分析,确定人工、材料和机械台班的消耗量指标,最后编制概算定额初稿。

(3) 审查定稿阶段

该阶段的主要工作是测算定额水平,即测算新编制概算定额与原概算定额及现行预算定额之间的水平。测算的方法既要分项进行测算,又要通过编制单位工程概算以单位工程为对象进行综合测算。概算定额水平与预算定额水平之间有一定的幅度差,幅度差一般在5%以内。

概算定额经测算比较后,可报送国家授权机关审批。

2.5.2 概算定额手册的内容

概算定额手册是编制设计概算的工具书,其表现形式因专业特点和地区特点有所不同,内容基本上是由文字说明、定额项目表和附录三个部分组成。

按专业特点和地区特点编制的概算定额手册,内容基本上是由文字说明、定额项目表和附录三个部分组成。

1. 概算定额的内容与形式

(1) 文字说明部分

文字说明部分有总说明和分部工程说明。在总说明中,主要阐述概算定额的编制依据、使用范围、包括的内容及作用、应遵守的规则及建筑面积计算规则等。分部工程说明主要阐述本分部工程包括的综合工作内容及分部工程的工程量计算规则等。

(2) 定额项目表

① 定额项目的划分　建设工程概算定额项目一般按两种方法划分。一是按结构划分,一般是按土方、基础、墙、梁板柱、门窗、楼地面、屋面、装饰、构筑物等工程结构划分;二是按工程部位(分部)划分,一般是按基础、墙体、梁柱、楼地面、屋盖、其他工程部位等划分,如基础工程中包括了砖、石、混凝土基础等项目。公路工程概算定额的项目划分为路基工程、路面工程、隧道工程、涵洞工程、桥梁工程。

② 定额项目表　是概算定额手册的主要内容,由若干个分节组成。各节定额由工程内容、定额表及附注说明组成。定额表中列有定额编号、计量单位、概算价格(人工、材料、机械台班消耗指标),综合了预算定额的若干项目与数量。以建筑工程概算定额为例说明(见表2-14、表2-15)。

2. 概算定额应用规则

① 符合概算定额规定的应用范围。

② 工程内容、计量单位及综合程度应与概算定额一致。

③ 必要的调整和换算应严格按定额的文字说明和附录进行。

④ 避免重复计算和漏项。

⑤ 参考预算定额的应用规则。

2.5.3 概算指标的作用及编制

1. 概算指标的概念及其作用

建筑安装工程概算指标通常是以整个建筑物和构筑物为对象,以建筑面积、体积、长度或成套设备装置的台组为计量单位而确定的人工、材料、机械台班的消耗量标准和造价指标。

表 2-14 现浇钢筋混凝土柱概算定额表

工程内容:模板制作、安装、拆除,钢筋制作、安装,混凝土浇捣、抹灰、刷浆。

计量单位:10 m^3

概算定额编号				4-3		4-4	
项目		单位		矩形柱			
				周长 1.8 m 以内		周长 1.8 m 以外	
				数量	合价/元	数量	合价/元
基准价		元		13 428.76		12 947.26	
其中	人工费	元		2 116.40		1 728.76	
	材料费	元		10 272.03		10 361.83	
	机械费	元		1 040.33		856.67	
合计人工		工日	22.00	96.20	2 116.40	78.58	1 728.76
材料	中(粗)砂(天然)	t	35.81	9.494	339.98	8.817	315.74
	碎石 5~20 mm	t	36.18	12.207	441.65	12.207	441.65
	石灰膏	m^3	93.89	0.221	20.75	0.155	14.55
	普通木成材	m^3	1 000.00	0.302	302.00	0.187	187.00
	圆钢(钢筋)	t	3 000.00	2.188	6 564.00	2.407	7 221.00
	组合钢模板	kg	4.00	64.416	257.66	39.848	159.39
	钢支撑(钢管)	kg	4.85	34.165	165.70	21.134	102.50
	零星卡具	kg	4.00	33.954	135.82	21.004	84.02
	铁钉	kg	5.96	3.091	18.42	1.912	11.40
	镀锌铁丝 22 号	kg	8.07	8.368	67.53	9.206	74.29
	电焊条	kg	7.84	15.644	122.65	17.212	134.94
	803 涂料	m^3	1.45	22.901	33.21	16.038	23.26
	水	kg	0.99	12.700	12.57	12.300	12.21
	42.5 级水泥	kg	0.25	644.459	166.11	517.117	129.28
	52.5 级水泥	kg	0.30	4 141.200	1 242.36	4 141.200	1 242.36
	脚手架	元			196.00		90.60
	其他材料费	元			185.62		117.64
机械	垂直运输费	元			628.00		510.00
	其他机械费	元			412.33		346.67

表 2-15 现浇钢筋混凝土柱含量表

计量单位：10 m^2

概算定额编号				4-3		4-4	
基准价/元				13 428.76		12 947.26	
估价表编号	名称	单位	单价/元	数量	合价/元	数量	合价/元
	柱支模高度 3.6 m 增加费用	元			49.00		31.10
	钢筋制作、安装	t	3 408.80	2.145	7 311.88	2.360	8 044.77
	组合钢模板	100 m^2	2 155.09	0.957	2 062.42	0.592	1 275.81
5-20	C35 混凝土矩形梁	10 m^3	2 559.21	1.000	2 559.21	1.000	2 559.21
5-283 换	刷 803 涂料	100 m^2	146.54	0.644	94.37	0.451	66.09
11-453	柱内侧抹混合砂浆	100 m^2	819.68	0.664	527.87	0.451	369.68
11-38 换	脚手架	元			196.00		90.60
	垂直运输机械费	元			628.00		510.00

概算指标和概算定额、预算定额一样，都是与各个设计阶段相适应的多次计价的产物，它主要用于投资估价，其作用主要有：

① 概算指标可以作为编制投资估算的参考。

② 概算指标中的主要材料指标可以作为匡算主要材料用量的依据。

③ 概算指标是设计单位进行设计方案比较，建设单位选址的一种依据。

④ 概算指标是编制固定资产投资计划、确定投资额和主要材料计划的主要依据。

2. 概算指标编制的原则

(1) 按社会平均水平确定概算指标的原则

在我国社会主义市场经济条件下，概算指标作为确定工程造价的依据，同样必须遵照价值的客观要求，在其编制时必须按社会必要劳动时间，贯彻社会平均水平的编制原则。只有这样才能使概算指标合理确定和控制工程造价的作用得到充分发挥。

(2) 概算指标的内容与表现形式要贯彻简明适用的原则

为适应市场经济的客观要求，概算指标的项目划分应根据用途的不同，确定其项目的综合范围。遵循粗而不漏，适应面广的原则，体现综合扩大的性质。概算指标从形式到内容应该简明易懂，要便于在采用时根据拟建工程的具体情况进行必要的调整换算，能在较大范围内满足不同用途的需要。

(3) 概算指标的编制依据必须具有代表性

概算指标所依据的工程设计资料，应是有代表性的，技术上是先进的，经济上是合理的。

3. 概算指标的分类

概算指标可分为两大类，一类是建筑工程概算指标，另一类是设备安装工程概算指标，如图 2-6 所示。

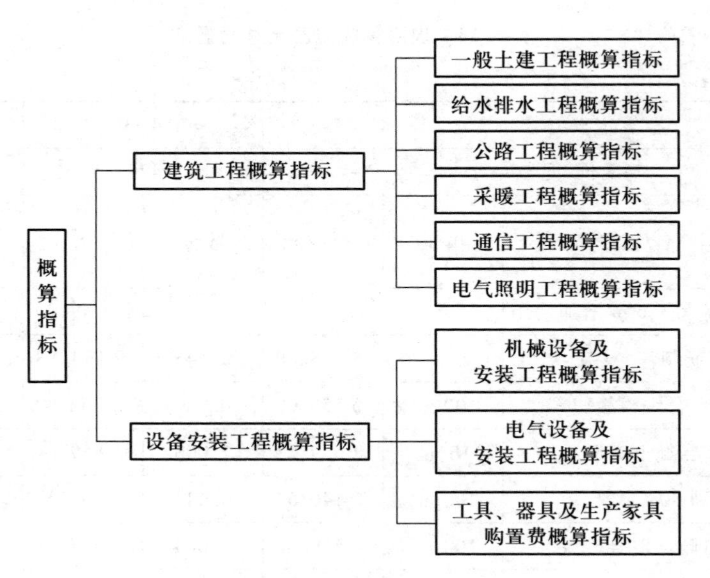
概算指标
建筑工程概算指标
一般土建工程概算指标
给水排水工程概算指标
公路工程概算指标
采暖工程概算指标
通信工程概算指标
电气照明工程概算指标
设备安装工程概算指标
机械设备及安装工程概算指标
电气设备及安装工程概算指标
工具、器具及生产家具购置费概算指标

图2-6 概算指标分类图

第 3 章

建筑工程施工图预算的编制与审查

学习重点：建筑工程施工图预算的主要内容、编制步骤和方法，工程量计算原则和方法；施工图预算的审查内容及其基本方法。

学习目标：通过本章的学习，了解建筑工程施工图预算的基本概念、作用、编制依据和组成，掌握建筑工程施工图预算的主要内容、编制步骤和方法，熟悉统筹法计算工程量要点。熟悉施工图预算的审查内容及其基本方法。

3.1 概　　述

3.1.1 建筑工程施工图预算的基本概念

1. 施工图预算的含义

施工图预算是施工图设计预算的简称，又叫设计预算。它是在施工图设计完成后，根据施工图纸、施工组织设计，依据国家或地区现行的预算定额、费用定额及地区设备、人工、材料、施工机械台班等预算价格，按照规定的计算程序编制的工程造价文件。

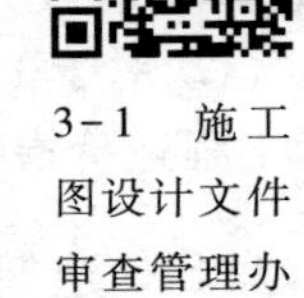

3-1　施工图设计文件审查管理办法

2. 施工图预算的内容

施工图预算有单位工程预算、单项工程预算和建设项目总预算。单位工程预算是根据施工图设计文件、现行预算定额、费用定额及人工、材料、设备、机械台班等预算价格资料，以一定方法编制的单位工程施工图预算；然后汇总所有各单位工程施工图预算，成为单项工程施工图预算；再汇总各所有单项工程施工图预算，便是一个建设项目的总预算。

单位工程预算包括建筑工程预算和设备安装工程预算。建筑工程预算按其工程性质分为一般土建工程预算、卫生工程预算（包括室内外给水排水、采暖通风工程、煤气工程等）、电气照明工程预算、弱电工程预算等。设备安装工程预算可分为机械设备安装工程预算、电气设备安装工程预算和热力设备安装工程预算等。

3.1.2 建筑工程施工图预算的作用

施工图预算作为工程建设中一个重要的技术经济文件，对工程项目的不同参与方都有一定作用，是工程建设实施过程中不可或缺的重要文件。

1. 施工图预算对投资方的作用

施工图预算对投资方的资金运转起到至关重要的作用。

① 施工图预算是控制工程造价、合理使用资金的依据。施工图预算是根据已完成的施工图编制的，所确定的工程造价是该工程项目实际的计划成本，是对设计概算的精确与细化，同时投资方可根据施工图预算调整建设资金的投入，确保资金的合理使用。

② 施工图预算是确定工程招标控制价的依据。在工程招标时，可直接利用施工图预算所确定的工程造价作为本次投标的最高限价进行招标活动，因为施工图预算所反映的正是工程项目的实际计划成本，这对招标方控制投资具有重要意义。

③ 施工图预算是拨付工程款及办理工程结算的依据。施工图预算所反映的工程造价可以作为确定合同价款、拨付工程进度款和办理工程价款结算的依据。

2. 施工图预算对施工方的作用

① 施工图预算是投标报价的依据。在建筑市场中，施工单位一般根据自己的企业定额进行投标报价；但对于没有企业定额的施工单位，其可以根据施工图预算，结合自身企业的投标策略，灵活确定投标报价。

② 施工图预算是建筑工程包干和签订施工合同的主要依据。施工图预算反映了建设单位的实际计划成本，所以施工方既可根据施工图预算与建设方签订相关合同，又可根据施工图预算控制分包工程的合同价款。

③ 施工图预算是施工企业安排调配施工力量、组织材料供应的依据。

④ 施工图预算是施工企业控制工程成本的依据。

⑤ 施工图预算是进行“两算”对比的依据。施工企业可根据施工图预算和施工预算进行对比分析，找出差距，采取必要的措施控制成本。

3. 施工图预算的其他作用

① 对于工程咨询单位，客观、准确地为委托方编制施工图预算，可以强化投资方对工程造价的控制，有利于节省投资，提高工程项目的投资效益。

② 对于工程造价管理部门，施工图预算是其监督检查执行定额标准、合理确定工程造价、测算工程造价指数及审定工程招标控制价的重要依据。

3.1.3 建筑工程施工图预算的编制依据

1. 法律法规

涉及预算编制的国家法律法规、地方政府和行业相关政策等。

2. 设计资料

设计资料主要包括施工图纸及说明书和有关标准图集、图纸会审纪要等资料，是编制施工图预算的基本依据。因为施工图不可能反映全部局部构造细节，工程量计算时往往要借助于有关的标准图册、通用图集和建设场地的地质勘测报告等资料，如中南标准图集、华北标准图集和钢筋平法图集等。

3. 预算资料

预算资料主要包括预算定额、工程量计算规则、取费标准和有关动态调价规定。计算工程量时，必须按工程量计算规则计算工程数量，分部分项工程名称应与现行定额子目的名称、计量单位一致;预算定额是编制直接费的依据;取费程序和管理费、利润、税金等按建设工程取费标准规定的费率计算。

4. 施工组织设计或施工方案

施工组织设计是施工企业对施工产生的方案、进度、施工方法、机械配备、现场平面布置等做出的设计。经合同双方批准的施工组织设计,是编制施工图预算的依据。施工组织设计或施工方案对工程造价影响较大,必须根据实际情况,编制技术先进、科学、合理的施工方案,降低工程造价。招标控制价的编制也是按照国家标准和通用的施工方案来考虑的。

5. 材料价格

建筑工程要耗用大量材料,及时掌握各地工程造价管理部门发布的材料价格信息,合理确定材料价格,是准确计价所必需的。

6. 招标文件和施工合同

招标文件中一般规定了工程范围和内容、承包方式、物资供应、工程质量、工期等,是施工图预算编制的重要依据,对于合同中未规定的内容,在施工图预算编制说明中应予说明。

7. 预算员工作手册及有关工具书

3.1.4 建筑工程施工图预算文件的组成

施工图预算文件主要内容有:封面、编制说明、工程项目预算表、单项工程预算表、单位工程预算表、分部分项工程量清单与计价表、分部分项工程量清单综合单价分析表、措施项目清单与计价表、措施项目清单综合单价分析表、规费项目清单与计价表、主要材料价格表。

1. 封面

施工图预算文件封面内容主要包括工程名称、建设单位、施工单位、工程造价、编制单位、编制人及编制日期等内容,不同的施工图预算文件有不同的封面形式,由于预算软件不同,表现形式略有不同,这里不再详细叙述。

2. 编制说明

编制单位用书面形式对该预算的编制工作作相应说明,具体内容如下:

(1) 工程概况

主要对该项目作相应介绍,内容包括工程类型、工程规模、工程位置、工程相关参数。

(2) 工程招标和分包范围

工程招标和分包范围指该预算包含该工程哪些具体内容。

(3) 工程质量、材料、施工等的特殊要求

(4) 编制依据

对该项目预算编制的依据作详细说明,主要包括编制预算所采用的清单规范、预算定额、材料价格信息、人工费调整依据及其他相关依据。

(5) 其他说明事项

3. 工程项目预算表

工程项目预算表一般以工程项目招标控制价汇总表(业主用)或投标报价汇总表(投标人用)的形式表示,主要反映整个建设项目费用组成情况。如表 3-1 所示。

表3-1 工程项目招标控制价/投标报价汇总表

工程项目招标控制价/投标报价汇总表				
工程名称				
序号	单项工程名称	金额/元	其中	
			规费/元	安全文明施工费/元
1	××工程5#	983 537.23	38 696.74	15 803.28
2	××工程6#	930 490.80	39 133.27	7 746.08
合计		1 914 028.03	77 830.01	23 549.36

注:本表适用于工程项目招标控制价或投标报价的汇总。

4. 单项工程预算表

单项工程预算表一般以单项工程招标控制价汇总表(业主用)或投标报价汇总表(投标人用)的形式表示,主要反映单项工程费用组成情况。如表3-2所示。

表3-2 单项工程预算表

单项工程招标控制价/投标报价汇总表						
工程名称	××工程5#					第1页共1页
序号	单位工程名称	金额/元	其中			
			规费/元	安全文明施工费/元	评标价/元	其中:评标价中暂估价/元
1	建筑工程	472 474.88	26 221.95	2 104.52	444 148.41	
2	装饰工程	4 017.05	67.86	154.08	3 795.11	
3	安装工程	507 045.30	12 406.93	13 544.68	481 093.69	
合计		983 537.23	38 696.74	15 803.28	929 037.21	

注:本表适用于单项工程招标控制价或投标报价的汇总。暂估价包括分部分项工程中的暂估价和专业工程暂估价。

5. 单位工程预算表

单位工程预算表一般以单位工程招标控制价汇总表(业主用)或投标报价汇总表(投标人用)的形式表示,主要反映单位工程费用组成情况,如表3-3所示。

6. 分部分项工程量清单与计价表

分部分项工程量清单与计价表主要反映各单位工程具体分部分项工程量清单及其费用组成

情况，主要包括项目编码、项目名称、项目特征（工作内容）、计量单位、工程数量及综合单价等。如表 3-4 所示。

7. 分部分项工程量清单综合单价分析表

综合单价分析表主要反映具体某项分部分项清单综合单价的构成情况，主要包括定额编号、定额项目名称、主要材料数量及其单价，如表 3-5 所示。

表 3-3 单位工程预算表

单位工程招标控制价/投标报价汇总表			
工程名称	××工程 5#[建筑工程]	标段:	第 1 页共 1 页
序号	汇总内容	金额/元	其中:暂估价/元
1	分部分项工程	44 465.01	
1.1	土(石)方工程	45.81	
1.2	砌筑工程	1 416.61	
1.3	混凝土及钢筋混凝土工程	42 761.44	
1.4	金属结构工程	28.34	
1.5	屋面及防水工程	196.54	
1.6	防腐、隔热、保温工程	16.27	
2	措施项目	385 898.74	—
2.1	其中:安全文明施工费	2 104.52	—
3	其他项目		—
3.1	其中:暂列金额		—
3.2	其中:专业工程暂估价		—
3.3	其中:计日工		—
3.4	其中:总承包服务费		—
4	规费	26 221.95	—
5	税金:(1+2+3+4)×规定费率	15 889.18	—
招标控制价/投标报价合计=1+2+3+4+5		472 474.88	

注:本表适用于单位工程招标控制价或投标报价的汇总。

表3-4 分部分项工程量清单与计价表

分部分项工程量清单与计价表									
工程名称									
序号	项目编码	项目名称	项目特征	计量单位	工程数量	金额/元			
						综合单价	合价	其中	
								定额人工费	暂估价
土(石)方工程									
1	010101003001	挖基础土方	1. 土类别:投标人综合考虑 2. 挖土深度:综合 3. 土方外运运距及弃土费:投标	m^3	1	17.81	17.81	9.98	
2	010103001002	土(石)方回填	1. 土质要求:一般土壤 2. 密实度要求:按规范要求,夯实度不小于0.94 3. 取土费用及运距:投标人自行考虑	m^3	1	7.88	7.88	3.26	
3	010101005003	土(石)方外运	1. 运距:投标人自行考虑 2. 弃土地点:投标人自行联系 3. 弃方费用:包括在该综合单价内	m^3	1	20.12	20.12	2.06	
		小计					45.81	15.30	
砌筑工程									
4	010304001004	M5混合砂浆砌页岩空心砖墙	1. 砖品种、规格、强度等级:MU5.0页岩空心砖、200 mm厚 2. 砂浆强度等级:M5.0混合砂浆(预拌砂浆)	m^3	1	363.00	363.00	52.32	
本页小计									

注:需随机抽取评审综合单价的项目在该项目编码后面加注"*"号。

表 3-5 分部分项工程量清单综合单价分析表

分部分项工程量清单综合单价分析表

工程名称					
清单项目编码	010501001001	清单项目名称	基础垫层:C15 商品混凝土	清单计量单位	m^3

清单综合单价组成明细

定额编号	定额项目名称	定额单位	数量	单价/元					合价/元				
				定额人工费	人工费	材料费	机械费	综合费	定额人工费	人工费	材料费	机械费	综合费
AD0023	现浇混凝土、垫层 C15 商品混凝土	10 m^3	0.1	132.00	219.12	2 519.19	9.89	56.76	13.20	21.91	251.92	0.99	5.68
小计									13.20	21.91	251.92	0.99	5.68

未计价材料(设备)费/元	58.87
清单项目综合单价/元	339.37

	材料名称、规格、型号	单位	数量	单价/元	合价/元	暂估单价/元	暂估合价/元
材料(设备)费明细	商品混凝土 C15	m^3	1.015	247.00	250.71		
	混凝土运费及泵送费	m^3	1.015	58.00	58.87		
	水	m^3	0.24	3.56	0.85		
	其他材料费				0.36		
	材料费小计				310.79		

注:1.《计价定额》没有的项目,在"组成明细"栏中补充。

2. 招标文件提供了暂估单价的材料,按暂估单价填入表内"暂估单价"栏及"暂估合价"栏。

8. 措施项目清单与计价表

措施项目清单与计价表反映单位工程措施项目费用的组成,应根据拟建工程的实际情况列项。不能计算工程量的措施项目,如安全文明施工费、冬雨季施工费等,以"项"为计量单位,表中应明确费率、金额,见表 3-6。可以计算工程量的措施项目,如混凝土模板、脚手架等,应列出项目编码、项目名称、计量单位、工程数量、综合单价和合价等,见表 3-7。

表3-6 措施项目(一)清单与计价表

措施项目清单与计价表(一)

工程名称						
序号		项目名称	计算基础	费率/%	金额/元	其中:定额人工费/元
1		安全文明施工费			2 104.52	—
其中	①	环境保护	分部分项清单定额人工费	1	40.47	—
	②	文明施工	分部分项清单定额人工费	13	526.13	—
	③	安全施工	分部分项清单定额人工费	19	768.96	—
	④	临时设施	分部分项清单定额人工费	19	768.96	—
2		夜间施工费	分部分项清单定额人工费			—
3		二次搬运费	分部分项清单定额人工费			—
4		冬雨季施工费	分部分项清单定额人工费			—
5		大型机械设备进出场及安拆费			26 653.41	4 209.75
6		施工排水				
7		施工降水				
8		地上、地下设施、建筑物的临时工程				
9		已完工程及设备保护				
10		各专业工程的措施项目				
合计					28 757.93	4 209.75

注:本表适用于以“项”计价的措施项目。

表3-7 措施项目(二)清单与计价表

措施项目清单与计价表(二)

序号	项目编码	项目名称	项目特征描述	计量单位	工程数量	金额/元		
						综合单价	合价	其中:定额人工费
	1.1	混凝土、钢筋混凝土模板及支架						
1	200201001	基础模板安拆		m^2	220.6	35.42	7 813.65	1 848.63
	TB0001	现浇混凝土模板安装、拆除,基础		100 m^2	1.314	3 850.56	5 059.64	1 272.28

续表

措施项目清单与计价表(二)

序号	项目编码	项目名称	项目特征描述	计量单位	工程数量	金额/元		
						综合单价	合价	其中:定额人工费
	TB0003	现浇混凝土模板安装、拆除,基础垫层		100 m²	0.892	3 086.89	2 753.20	576.17
2	200201002	柱模板安拆		m²	1 475.61	37.85	55 851.84	18 150.00
	TB0010	现浇混凝土模板安装、拆除,矩形柱		100 m²	7.999	3 778.63	30 225.64	9 841.69
	TB0012	现浇混凝土模板安装、拆除,构造柱		100 m²	6.757	3 791.67	25 619.94	8 313.35
3	200201003	梁模板安拆		m²	2 522.1	39.81	100 404.80	30 214.76
	TB0016	现浇混凝土模板安装、拆除,圈梁		100 m²	0.644	3 188.52	2 054.68	665.12
	TB0013	现浇混凝土模板安装、拆除,基础梁		100 m²	0.498	3 394.76	1 689.91	522.81
	TB0014	现浇混凝土模板安装、拆除,矩形梁		100 m²	23.313	4 093.13	95 421.91	28 636.16
	TB0017	现浇混凝土模板安装、拆除,过梁		100 m²	0.363	3 383.45	1 228.19	389.35
4	200201004	墙模板安拆		m²				
5	200201005	板模板安拆		m²	2 192.3	38.53	84 469.32	25 321.07
	TB0025	现浇混凝土模板安装、拆除,有梁板,组合钢模		100 m²	21.923	3 853.06	84 471.02	25 313.51
6	200201006	其他构件模板安拆		m²	686.27	70.38	48 299.68	16 861.65
本页小计								

注:本表适用于以综合单价形式计价的措施项目。

建设项目中措施项目又可分为不可竞争措施费和可竞争措施费。《建筑工程安全防护、文明施工措施费用及使用管理规定》(建办〔2005〕89号)规定安全文明施工费为不可竞争措施费,投标人应根据文件规定的费率进行报价。对于可竞争措施费(如混凝土模板费),投标人可根据其自身具体情况进行报价。

9. 规费项目清单与计价表

规费项目清单与计价表应按国家或省级、行业建设主管部门的规定计算,不得作为竞争性费用,如表3-8所示。

表3-8 规费项目清单与计价表

规费项目清单与计价表				
序号	项目名称	计算基础	费率/%	金额/元
1	工程排污费			
2	社会保障费			19 008.05
(1)	养老保险费	分部分项清单定额人工费+措施项目定额人工费	11	12 595.70
(2)	失业保险费	分部分项清单定额人工费+措施项目定额人工费	1.1	1 259.57
(3)	医疗保险费	分部分项清单定额人工费+措施项目定额人工费	4.5	5 152.78
3	住房公积金	分部分项清单定额人工费+措施项目定额人工费	5	5 725.32
4	工伤保险和危险作业意外伤害保险	分部分项清单定额人工费+措施项目定额人工费	1.3	1 488.58
	合计			26 221.95

10. 主要材料价格表

主要材料价格必须根据各省、自治区、直辖市公布的材料价格信息及市场信息进行主要材料价格调整,如表3-9所示。

表3-9 主要材料价格表

主要材料价格表					
序号	材料名称	规格、型号及特殊要求	单位	单价/元	备注
1	水		m^3	3.56	
2	商品混凝土	C15	m^3	247.00	
3	其他材料费		元	1.00	
4	标准砖		千块	440.00	
5	水泥	32.5	kg	0.385	
6	烧结空心砖		m^3	237.32	
7	烧结多孔砖(KP1型)	240×115×90	千块	589.50	

续表

主要材料价格表

序号	材料名称	规格、型号及特殊要求	单位	单价/元	备注
8	混凝土运费及泵送费		m^3	58.00	
9	商品混凝土	C30	m^3	320.00	
10	商品混凝土	C20	m^3	278.00	
11	中砂		m^3	80.00	
12	砾石	5~20 mm	m^3	56.00	
13	碎砖		m^3	22.00	
14	石油沥青	30#	kg	4.80	
15	汽油		kg	9.55	
16	滑石粉		kg	0.35	
17	生石灰		kg	0.195	
18	普通土		m^3	12.00	
19	碎石	5~40 mm	m^3	56.00	
20	白水泥		kg	0.60	
21	防滑地砖		m^2	30.00	

3.2 建筑工程施工图预算编制的方法与程序

3.2.1 建筑工程施工图预算编制方法

建筑工程施工图预算编制可以采用工料单价法和综合单价法两种计价方法。工料单价法是传统定额计价模式采用的计价方式;综合单价法是工程量清单计价模式采用的计价方式,在本书第 7 章、第 8 章进行阐述。

工料单价法是指以分部分项工程单价为直接工程费单价,用分部分项工程量乘以对应分部分项工程单价后的合计为单位工程直接费。直接工程费汇总后另加措施费、间接费、利润、税金生成工程承发包价。

按照分部分项工程单价产生方法的不同,工料单价法又可以分为预算单价法和实物法。

1. 预算单价法

(1) 预算单价法的含义

预算单价法又称定额单价法或工料单价法,是指根据建筑安装工程施工图设计文件和预算定额,按分部分项工程顺序,先算出分部分项工程量,再乘以对应的定额单价求出分部分项工程费,然后将分部分项工程费汇总后,另加措施费、间接费、利润和税金等,确定施工图预算造价。

预算单价法编制施工图预算的计算公式表述为

单位工程施工图预算直接费 = ∑(工程量×预算定额单价)

(2) 预算单价法编制施工图预算的步骤

预算单价法编制施工图预算的步骤如图3-1所示。

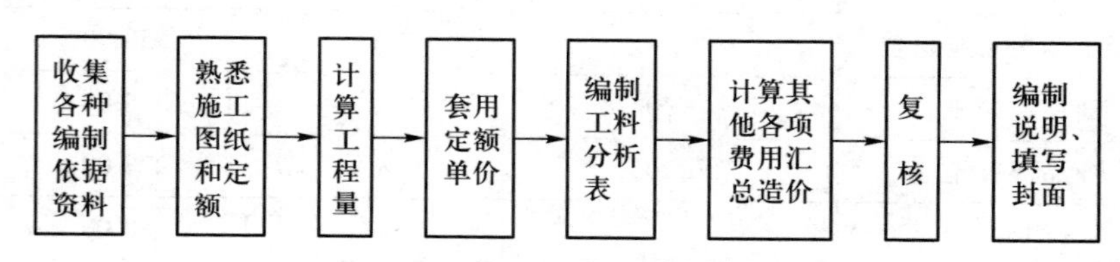

图3-1 预算单价法编制施工图预算的步骤

2. 实物法

(1) 实物法的含义

实物法首先根据施工图纸分别计算出分部分项工程量,然后套用相应定额计算人工、材料、机械台班的定额用量,再分别乘以工程所在地当时的人工、材料、机械台班的实际单价,求出单位工程的人工费、材料费和施工机械使用费,并汇总求和,进而求得直接工程费。最后按规定计取其他各项费用,汇总后就可得出单位工程施工图预算造价。公式如下:

单位工程预算直接费 = ∑(工程量×人工预算定额用量)×当时当地人工工资单价+
∑(工程量×材料预算定额用量)×当时当地材料预算单价+
∑(工程量×施工机械台班预算定额用量)×当时当地机械台班单价

(2) 实物法编制施工图预算的步骤

实物法编制施工图预算的步骤如图3-2所示。

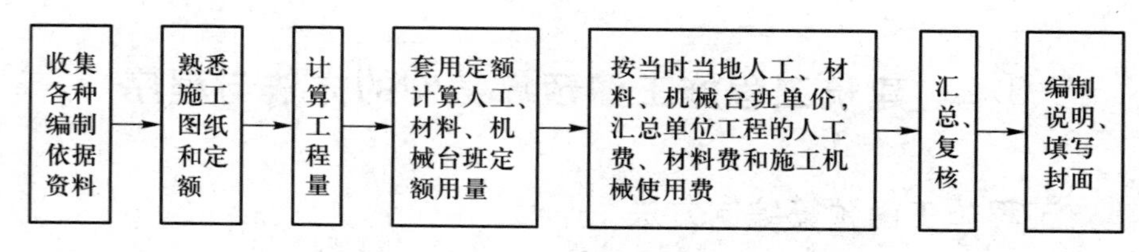

图3-2 实物法编制施工图预算的步骤

3.2.2 工程量计算方法

1. 工程量的概念

工程量是把设计图纸的内容,转化为按定额的分项工程或按结构构件项目划分的、以物理计量单位或自然计量单位表示的实物数量。物理计量单位是以分项工程或结构构件的物理属性为计量单位的,如长度、面积、体积和质量等;自然计量单位是以客观存在的自然实体为计量单位的,如套、个、组、台、座等。

2. 工程量的分类

工程所处的设计阶段不同,工程施工所采用的施工工艺、施工组织方法不同,反映在工程造价上会有不同类型的工程量,具体可分为如下几类:

(1) 设计工程量

设计工程量是指在可行性研究阶段或初步设计阶段,为编制设计概算而根据初步设计图纸计算出的工程量。它一般由图纸工程量和设计阶段扩大工程量组成。其中图纸工程量是按设计图纸的几何轮廓尺寸算出的；设计阶段扩大工程量是考虑设计工作的深度有限、有一定的误差，为留有余地而设置的工程量，它可以根据分部分项工程的特点，以图纸工程量乘以一定的系数求得。

（2）施工超挖工程量

在施工过程中，由于生产工艺及产品质量的需要，往往需有一定的超挖量，如土方工程中的放坡开挖、水利工程中的地基处理等。施工中超挖量的多少与施工方法、施工技术、管理水平及地质条件等因素有关。

（3）施工附加量

施工附加量是指为完成本项工程而必须增加的工程量。例如：小断面圆形隧道洞为满足交通需要扩挖下部而增加的工程量；隧洞工程为满足交通、放炮的需要而设置的洞内错车道、避炮洞所增加的工程量；为固定钢筋网而增加的工程量。

（4）施工超填工程量

这是指由于施工超挖量、施工附加量而相应增加的回填工程量。

（5）施工损失量

① 体积变体损失量　如土石方填筑过程中的施工量深陷而增加的工程量，混凝土体积收缩而增加的工程量等。

② 运输及操作损耗量　如混凝土、土石方在运输、操作过程中的损耗。

③ 其他损耗量　如土石方填筑工程阶梯形施工后，按设计边坡要求的削坡损失工程量；混凝土防渗墙一、二期墙槽接头孔重复造孔及混凝土浇筑增加的工程量。

（6）质量检查工程量

① 基础处理工程检查工程量　基础处理工程大多数采用钻一定数量检查孔的方法进行质量检查。

② 其他检查工程量　土石方填筑工程通常采用挖试坑的方法来检查填筑成品的干密度。

（7）试验工程量

这是指如土石方工程为取得石料场爆破参数和土石方碾压参数而进行的爆破试验、碾压试验所增加的工程量；为取得灌浆设计参数而专门进行的灌浆试验增加的工程量等。

3. 工程量计算的一般原则

在预算综合单位既定条件下，工程量计算准确与否将直接影响到工程造价的准确性。因此，工程量的计算必须认真仔细，并遵循一定的原则，才能保证工程造价的质量。工程量计算应遵循的原则有以下几点：

（1）计算项目应与定额子目的口径一致

计算工程量时，根据施工图列出的分项工程的口径（指分项工程所包括的工作内容和范围）必须与定额中相应分项工程的口径一致。如屋面及防水工程中的卷材防水屋面层定额项目，已包括刷冷底子油一遍及附加层工料的消耗，所以在计算该分项工程时，不能再列刷冷底子油项目，否则就是重计工程量。由各地方制订的建筑工程预算定额，有的地区包括了与楼地面构造材料相同的踢脚板（块料楼地面除外），有的未包括与楼地面构造材料相同的踢脚板，有的对踢脚板以“延长米”为单位计算，有的以“平方米”为单位计算，还有的按占楼地面工程量的百分比计算等，这些都应口径一致。

(2) 计算单位应与定额计量单位一致

按施工图纸计算工程量时，分项工程量的计量单位，必须与定额相应项目中的计量单位一致，如现浇钢筋混凝土柱、梁、板定额计量单位是 m^3，工程量的计量单位应与其相同。又如现浇钢筋混凝土整体楼梯定额计量单位按水平投影面积计算，则其工程量的计量单位也应按水平投影面积 m^2 计算。

(3) 必须按工程量计算规则计算

预算定额各个分部都列有工程量计算规则。在计算工程量时，必须严格执行工程量计算规则，以免造成工程量计算中的混乱，使工程造价不正确。如在计算砖石工程时基础与墙身的划分，应以设计室内地坪为界，设计室内地坪以下为基础，以上为墙身。在砖墙工程量计算中，应扣除门窗洞口、空圈、嵌入墙身的钢筋混凝土柱、梁、过梁、圈梁、钢筋砖过梁等所占的体积，而不扣除木砖、门窗走头、砖墙内的加固钢筋或木筋、铁件等所占体积。嵌入墙体内的钢筋混凝土梁头、板头和凸出墙面的窗台虎头砖、门窗套及三皮砖以下腰线等的增减均已在定额中考虑，计算工程量时不再计算。实砌内墙楼层间的梁板头已综合考虑，计算时不再扣除。

(4) 必须与图纸设计的规定一致

工程量计算项目名称与图纸设计规定应保持一致，不得随便修改名称去高套定额。

(5) 计算必须准确，不重算、不漏算。

4. 工程量计算的一般方法

(1) 工程量计算的项目划分

根据预算定额规定的项目按先分部工程后分项工程的顺序划分。分部工程的划分为：

① 土建工程　建筑工程预算定额一般分为土石方工程，桩基础工程，脚手架及垂直运输工程，砌筑工程，混凝土及钢筋混凝土工程，构件运输及安装工程，木结构工程，屋面及防水工程，防腐、保温、隔热工程，金属结构制作工程，门窗工程，楼地面工程，墙、柱面装饰工程，天棚装饰工程，油漆、涂料、裱糊工程，其他工程，混凝土、砂浆配合比表。

② 给水排水工程　可划分为给水工程、用水设备及器具安装工程、排水工程等分部工程。

③ 暖通工程　可划分为采暖工程和通风工程等分部工程。

④ 电气工程　一般分为照明工程、动力工程和电话工程等分部工程。

⑤ 设备安装工程　分部工程项目确定后，就可根据施工图纸，结合确定的施工方案中的有关内容，将各分部工程划分为若干分项工程，列出工程预算需计算工程量的子目。如土石方工程可以划分为人工挖地槽(坑)、人工运土、人工平整场地、回填土等分项工程。又如砖石工程可以划分为砌基础、砖墙、砖柱等分项工程。

如果预算定额中没有相应的分项工程，则应注明，以便调整或编制补充定额。

列出分部、分项工程时，其名称、先后顺序和采用的定额编号都必须与所选用的定额保持一致，以便套用、查找和核对。

(2) 计算工程量的方法

计算工程量实际上是计算顺序问题。工程量计算顺序一般有以下三种：

① 按施工先后顺序计算　即从平整场地、基础挖土算起，直到装饰工程等全部施工内容结束为止。用这种方法计算工程量，要求具有一定的施工经验，能掌握组织全部施工的过程，并且

要对定额和图纸的内容十分熟悉，否则容易漏项。

② 按定额表中的分部分项顺序计算　即按定额的章节、子目顺序，由前到后逐项对照，只需核对定额项目内容与图纸设计内容一致即是需要计算工程量的项目。这种方法要求首先熟悉图纸，要有较好的工程设计基础知识，同时还应注意工程图纸是按使用要求设计的，其建筑造型、内外装修、结构形式以及室内设施千变万化，有些设计还采用了新工艺、新技术和新材料，或有些零星项目可能套不上定额项目，在计算工程量时，应单列出来，待后面编制补充定额、做补充单位估价表。

③ 按轴线编号顺序计算　这种方法适用于计算外墙挖基槽、基础、砌体、装饰等工程量。

实际工作中以上三种方法是综合应用的。

(3) 工程量计算的注意事项

① 要根据相应的工程量计算规则来进行计算，其中包括项目划分的一致、计量单位的一致及计算结果格式的一致等。

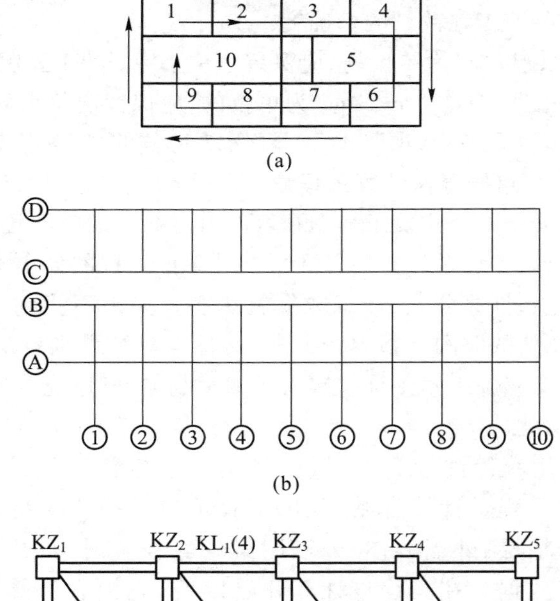

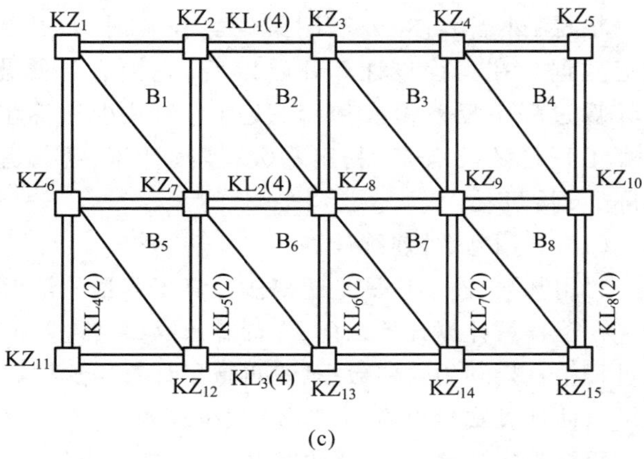

图 3-3　工程量计算顺序

② 注意设计图纸和设计说明，应能做出准确的项目描述。对图纸中的错漏、尺寸符号、用料及做法不清等问题应及时由设计单位解决，计算时应以图示尺寸为依据，不能任意加大或缩小。

③ 注意计算中的整体性、相关性。一个工程项目是一个整体，计算工程量时应从整体出发。例如墙体工程，开始计算时不论有无门窗洞口先按整片墙体计算，在算到门、窗或其他相关分部时再在墙体工程中扣除这部分洞口工程量。又如计算土方工程量时，要注意自然地坪标高与设计室内地坪标高的参数，为计算挖、填深度提供可靠数据。

④ 注意在某一分项工程计算过程中的顺序性。工程量计算时，为了避免发生遗漏、重复等现象，应注意计算顺序。一般常用的顺序有：

a. 按顺时针方向计算　从平面图左上角开始，按顺时针方向逐步计算，绕一周后回到左上角，如图 3-3a 所示。此方法适用于计算外墙、外墙地槽、楼地面、天棚、室内装修等工程量。

b. 按先横后竖、先左后右的顺序计算　按平面图中横竖方向分别从左到右或从上到下逐步计算，先计算横向，从上算至下；后计算竖向，从左算至右。此方法适用于计算内墙、内墙基础和各种间隔等工程量。

c. 按轴线编号顺序计算工程量　这种方法适用于计算内外墙挖基槽、内外墙基础、内外墙砌体、内外墙装饰等工程，如图 3-3b 所示。

d. 按施工图纸上的构、配件编号分类依次计算　这种方法是按照不同种类的构、配件如柱基、柱、梁、板、木门窗和金属构件等自身编号分别依次计算的。如图 3-3c 所示，按柱 KZ_1、KZ_2、KZ_3……梁 $KL_1(4)$、$KL_2(4)$、$KL_3(4)$……板 B_1、B_2、B_3……的构件编号分类依次计算。

⑤ 注意计算列式的规范性与完整性。计算时最好采用统一格式的工程量计算纸，列出算式并标清计算的部位、轴线编号（例如Ⓓ轴线③~⑥间的内墙）以便核对。

⑥ 注意计算的切实性。工程量计算前应深入了解工程的现场情况、拟采用的施工方案、施工方法等，从而使工程量更切合实际。有些规则规定计算工程量时，只考虑图尺寸不考虑实际发生的量，这时两者的差异应在报价时考虑。

⑦ 注意对计算结果的自检和他检。

（4）工程数量的精确度

① 以“t”为单位的，应保留三位小数，第四位小数四舍五入。

② 以“m^3”“m^2”“m”为单位的，应保留两位小数，第三位小数四舍五入。

③ 以“个”“项”“套”“樘”等为单位的，应为整数。

5. 用统筹法计算工程量

编制一个建筑工程图预算时有近 2/3 的时间用于工程量计算、复核。一个单位工程的施工图预算，工程量计算项目数根据其单位工程的大小不同而不同，少则几十项，多则上百项，计算公式、计算数据就更多。如果不找到一种较为简捷的计算方法，那么，花费的时间和精力将很多，而且计算结果也容易出现差错或前后矛盾。根据建筑工程施工图预算编制人员的编制体会，用统筹法计算工程量是一种较为简捷的计算法。

3-2　统筹法

用统筹法计算工程量，就是通过抓住工程量计算中的一些关键数据进行工程量计算，根据工程量计算规则，找出工程量计算中的一些共性问题。例如，在计算挖外墙基槽土方、外墙垫层、外墙墙体、外墙圈梁等工程量时，均用到外墙中心线，那么外墙中心线就是一个关键数据。在工程量计算开始以后，先把它计算出来，再在以后分部分项工程项目的工程量计算过程中反复多次使用，从而达到减少计算工作量和保证计算精度的目的。用统筹法计算工程量的要点是：利用基数，连续计算；统筹程序，合理安排；一次算出，多次应用；联系实际，灵活机动。

（1）利用基数，连续计算

利用基数，连续计算是统筹法计算工程量的最大特点。根据工程量计算规则，找一些关键数据。在工程量计算开始以前，先计算出这些关键数据作为基数，在以后分部分项工程的工程量计算过程中直接利用这些数据，不再重复计算。这样可以减少很多重复劳动，加快计算速度，同时还可以使计算式显得简单、紧凑，减少篇幅，使人一目了然。

用统筹法计算工程量的基数主要有三线一面，“三线”指外墙中心线（$L_{中}$）、外墙外边线（$L_{外}$）、内墙净长线（$L_{内}$）。“一面”指底层建筑面积。

(2) 统筹程序,合理安排

一个建筑工程施工图预算的工程量计算项目,少则几十项,多则上百项,若不能合理安排计算程序,往往会事倍功半,严重影响工作效率。利用统筹法计算工程量时,不能简单地按施工顺序或定额顺序计算工程量,而应以工程量计算中的主要关键问题为突破口组织工程量计算。例如,地面工程量的计算顺序为① $\frac{\text{地面面层}}{\text{长×宽(m}^2\text{)}}$→② $\frac{\text{地面防潮层}}{\text{同①(m}^2\text{)}}$→③ $\frac{\text{地面混凝土}}{\text{①×厚度(m}^3\text{)}}$→④ $\frac{\text{地面炉渣垫层}}{\text{①×厚度(m}^3\text{)}}$→⑤ $\frac{\text{地面填土}}{\text{①×厚度(m}^3\text{)}}$。这个计算顺序就没有按施工顺序,而抓住地面面层面积这个主要关键点组织计算。

统筹法计算工程量总程序为:熟悉图纸,计算基数→利用基数计算工程量→利用预算手册计算工程量→按实计算其他工程量→工程量汇总。

(3) 一次算出,多次应用

一次算出的数据,主要根据不同的建筑工程施工图预算而定,它不能千篇一律。究竟哪些数量为一次算出的数据,要根据建筑工程的特点来定,一般说来主要有门窗洞口面积、混凝土构件体积及各房间净面积、净周长等。所谓一次算出的数据,不在基数范围之内,但编制施工图预算过程中要有多次利用到,例如在计算砖石工程及装饰工程中均应扣除洞口面积,那么洞口面积就可以一次算出,在以后的砖石、装饰、门窗等相应工程量计算项目中加以反复利用。

(4) 联系实际,灵活机动

建筑工程在不同的楼层所采用的材料及平面形状可能是不同的,因此,在工程量计算时,其基数的计算、一次算出数据的确定、计算程序的确定要考虑不同的楼层部位等实际情况。只有这样才能真正体现统筹法计算工程量的优点。

当建筑工程结构、造型不同,基础断面、墙体厚度、砂浆强度等级、各层平面布置等不同时,应根据实际情况,灵活地采用分线段计算法、分层计算法、加补计算法、补减计算法。

分线段计算法就是根据建筑物的标高、墙身厚度、基础断面等的不同,分线段进行基数计算及工程量计算。

分层计算法就是将各不同楼面面积分层进行计算"线、面"基数,计算分项工程量时,再把用各层不同的"线、面"基数计算出来的工程量相加。

加补计算法就是先把主要的、大量的、比较方便的部分一次算出,然后加上多出的部分。

补减计算法就是先把主要的、大量的、比较方便的部分一次算出,然后减去没有做的或者做法不同的部分。

3.2.3 建筑面积计算

1. 概述

(1) 建筑面积的概念

建筑面积是指房屋建筑中符合条件的各层外围结构水平投影面积的总和。住建部发布的国家标准《建筑工程建筑面积计算规范》(GB/T 50353—2013)自 2014 年 7 月 1 日起实施。

(2) 建筑面积的组成

建筑面积包括使用面积、辅助面积和结构面积。其中,使用面积是指建筑物各层平面布置中可直接为生产或生活使用的净面积总和;辅助面积是指建筑物各层平面布置中辅助生产或生活所占净面积的总和;结构面积是指建筑物各层平面布置中的墙体、柱等结构所占面积的总和。

(3) 计算建筑面积的作用

在我国的工程项目建设中,建筑面积一直是一项重要的技术经济数据,例如依据建筑面积计算每平方米的工程造价,每平方米的主要材料用量等;也是计算某些分项工程量的基本数据,例如计算平整场地、综合脚手架、室内回填土、楼地面工程等,这些都与建筑面积有关;它还是计划、统计及工程概况的主要数量指标之一,例如计划面积、竣工面积、在建面积等指标。此外,确定拟建项目的规模、反映国家的建设速度、人民生活改善、评价投资效益、设计方案的经济性和合理性、对单项工程进行技术经济分析等都关系到建筑面积。

2. 建筑面积计算的规定

为规范工业与民用建筑工程建设全过程的建筑面积计算,统一计算方法,住建部制定《建筑工程建筑面积计算规范》(GB/T 50353—2013)。本规范适用于新建、扩建、改建的工业与民用建筑工程建设全过程的建筑面积计算。建筑面积计算的规定如下。

① 建筑物的建筑面积应按自然层外墙结构外围水平面积之和计算。结构层高在2.20 m及以上的,应计算全面积;结构层高在2.20 m以下的,应计算1/2面积。

结构层高是指楼面或地面结构层上表面至上部结构层上表面之间的垂直距离。

② 建筑物内设有局部楼层时,对于局部楼层的二层及以上楼层,有围护结构的应按其围护结构外围水平面积计算,无围护结构的应按其结构底板水平面积计算,且结构层高在2.20 m及以上的,应计算全面积,结构层高在2.20 m以下的,应计算1/2面积。

围护结构是指围合建筑空间的墙体、门、窗;围护设施是指为保障安全而设置的栏杆、栏板等围挡。如图3-4所示。

③ 对于形成建筑空间的坡屋顶,结构净高在2.10 m及以上的部位应计算全面积;结构净高在1.20 m及以上至2.10 m以下的部位应计算1/2面积;结构净高在1.20 m以下的部位不应计算建筑面积。

结构净高是指楼面或地面结构层上表面至上部结构层下表面之间的垂直距离。

④ 对于场馆看台下的建筑空间,结构净高在2.10 m及以上的部位应计算全面积;结构净高在1.20 m及以上至2.10 m以下的部位应计算1/2面积;结构净高在1.20 m以下的部位不应计算建筑面积。室内单独设置的有围护设施的悬挑看台,应按看台结构底板水平投影面积计算建筑面积。有顶盖无围护结构的场馆看台应按其顶盖水平投影面积的1/2计算面积。

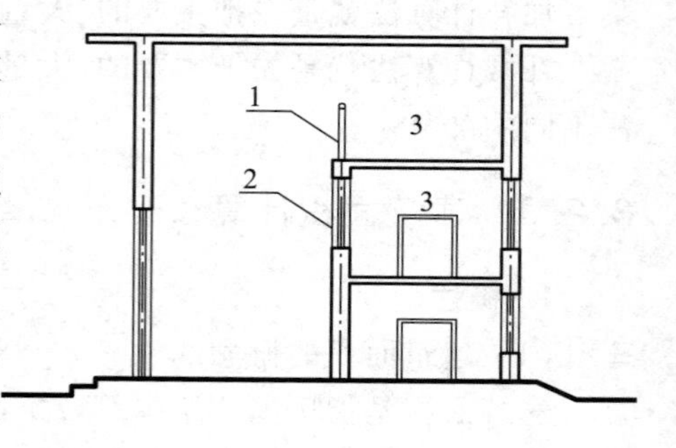

1—围护设施;2—围护结构;3—局部楼层

图3-4 建筑物内的局部楼层

⑤ 地下室、半地下室应按其结构外围水平面积计算。结构层高在2.20 m及以上的,应计算全面积;结构层高在2.20 m以下的,应计算1/2面积。

地下室是指室内地平面低于室外地平面的高度超过

室内净高的 1/2 的房间;半地下室是指室内地平面低于室外地平面的高度超过室内净高的 1/3,且不超过 1/2 的房间。

⑥ 地下室出入口外墙外侧坡道有顶盖的部位,应按其外墙结构外围水平面积的 1/2 计算面积。

出入口坡道分有顶盖出入口坡道和无顶盖出入口坡道,出入口坡道顶盖的挑出长度,为顶盖结构外边线至外墙结构外边线的长度;顶盖以设计图纸为准;对后增加及建设单位自行增加的顶盖等,不计算建筑面积。顶盖不分材料种类(如钢筋混凝土顶盖、彩钢板顶盖、阳光板顶盖等)。地下室出入口如图 3-5 所示。

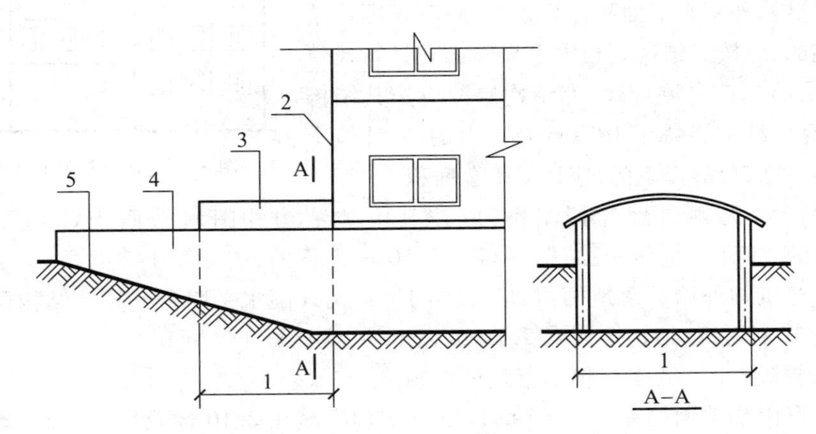

1—计算 1/2 投影面积部位;2—主体建筑;3—出入口;
4—封闭出入口侧墙;5—出入口坡道

图 3-5 地下室出入口

⑦ 建筑物架空层及坡地建筑物吊脚架空层,应按其顶板水平投影计算建筑面积。结构层高在 2.20 m 及以上的,应计算全面积;结构层高在 2.20 m 以下的,应计算 1/2 面积。

架空层是指仅有结构支撑而无外围护结构的开敞空间层,如图 3-6 所示。

⑧ 建筑物的门厅、大厅应按一层计算建筑面积,门厅、大厅内设置的走廊应按走廊结构底板水平投影面积计算建筑面积。结构层高在 2.20 m 及以上的,应计算全面积;结构层高在 2.20 m 以下的,应计算 1/2 面积。

走廊是指建筑物中的水平交通空间。

⑨ 对于建筑物间的架空走廊,有顶盖和围护结构的,应按其围护结构外围水平面积计算全面积;无围护结构、有围护设施的,应按其结构底板水平投影面积计算 1/2 面积。

架空走廊是指专门设置在建筑物的二层或二层以上,作为不同建筑物之间水平交通的空间。无围护结构的架空走廊如图 3-7 所示;有围护结构的架空走廊如图 3-8 所示。

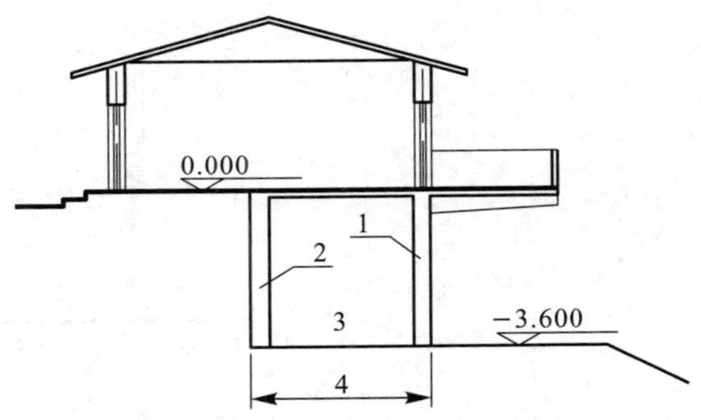

1—柱;2—墙;3—吊脚架空层;4—计算建筑面积部位

图 3-6 建筑物吊脚架空层

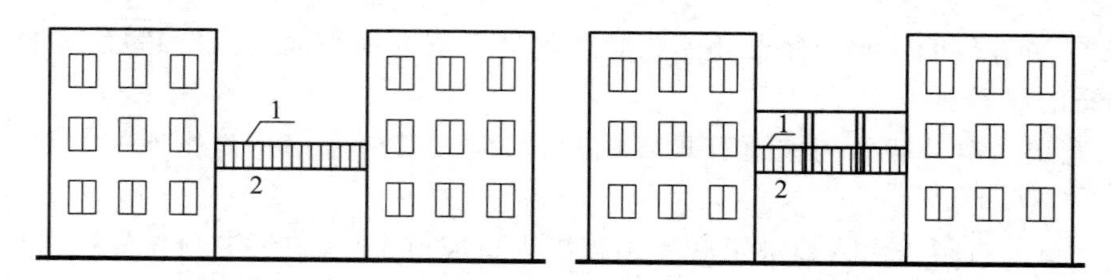

1—栏杆;2—架空走廊

图 3-7 无围护结构的架空走廊

⑩ 对于立体书库、立体仓库、立体车库,有围护结构的,应按其围护结构外围水平面积计算建筑面积;无围护结构、有围护设施的,应按其结构底板水平投影面积计算建筑面积。无结构层的应按一层计算,有结构层的应按其结构层面积分别计算。结构层高在 2.20 m 及以上的,应计算全面积;结构层高在 2.20 m 以下的,应计算 1/2 面积。

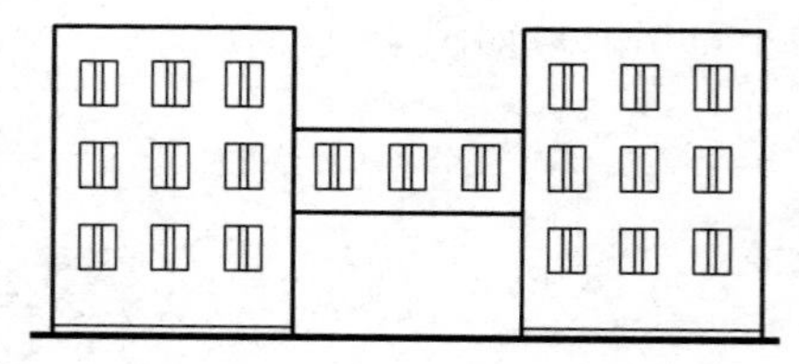

图 3-8 有围护结构的架空走廊

⑪ 有围护结构的舞台灯光控制室,应按其围护结构外围水平面积计算。结构层高在 2.20 m 及以上的,应计算全面积;结构层高在 2.20 m 以下的,应计算 1/2 面积。

⑫ 附属在建筑物外墙的落地橱窗,应按其围护结构外围水平面积计算。结构层高在 2.20 m 及以上的,应计算全面积;结构层高在 2.20 m 以下的,应计算 1/2 面积。

落地橱窗是指突出外墙面且根基落地的橱窗。

⑬ 窗台与室内楼地面高差在 0.45 m 以下且结构净高在 2.10 m 及以上的凸(飘)窗,应按其围护结构外围水平面积计算 1/2 面积。

凸(飘)窗是指凸出建筑物外墙面的窗户。

⑭ 有围护设施的室外走廊(挑廊),应按其结构底板水平投影面积计算 1/2 面积;有围护设施(或柱)的檐廊,应按其围护设施(或柱)外围水平面积计算 1/2 面积。

檐廊是指建筑物挑檐下的水平交通空间,如图 3-9 所示;挑廊是指挑出建筑物外墙的水平交通空间。

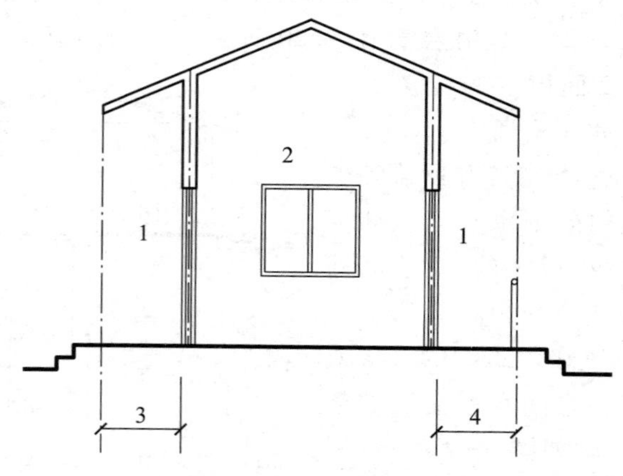

1—檐廊;2—室内;3—不计算建筑面积部位;4—计算建筑面积部位

图 3-9 檐廊

⑮ 门斗应按其围护结构外围水平面积计算建筑面积，且结构层高在 2.20 m 及以上的，应计算全面积；结构层高在 2.20 m 以下的，应计算 1/2 面积。

门斗是指建筑物入口处两道门之间的空间，如图 3-10 所示。

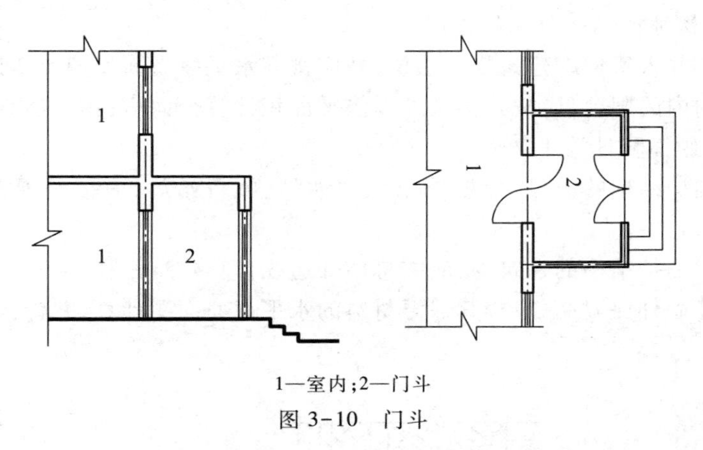

1—室内；2—门斗

图 3-10 门斗

⑯ 门廊应按其顶板的水平投影面积的 1/2 计算建筑面积；有柱雨篷应按其结构板水平投影面积的 1/2 计算建筑面积；无柱雨篷的结构外边线至外墙结构外边线的宽度在 2.10 m 及以上的，应按雨篷结构板的水平投影面积的 1/2 计算建筑面积。

⑰ 设在建筑物顶部的、有围护结构的楼梯间、水箱间、电梯机房等，结构层高在 2.20 m 及以上的应计算全面积；结构层高在 2.20 m 以下的，应计算 1/2 面积。

⑱ 围护结构不垂直于水平面的楼层，应按其底板面的外墙外围水平面积计算。结构净高在 2.10 m 及以上的部位，应计算全面积；结构净高在 1.20 m 及以上至 2.10 m 以下的部位，应计算 1/2 面积；结构净高在 1.20 m 以下的部位，不应计算建筑面积。

由于目前很多建筑设计追求新、奇、特，造型越来越复杂，很多时候根本无法明确区分什么是围护结构，什么是屋顶，因此对于斜围护结构与斜屋顶采用相同的计算规则，即只要外壳倾斜，就按结构净高划段。斜围护结构如图 3-11 所示。

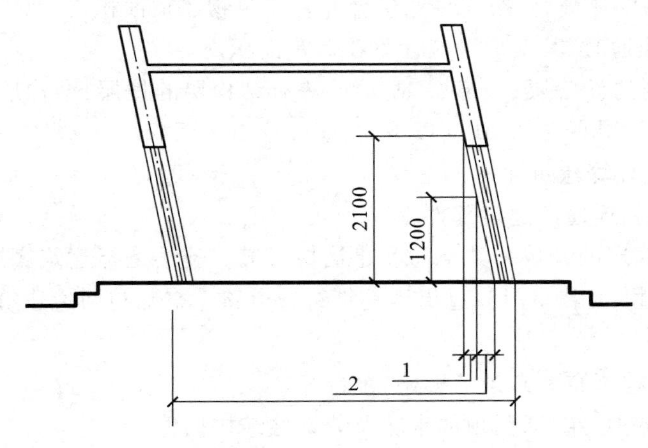

1—计算 1/2 建筑面积部位；2—不计算建筑面积部位

图 3-11 斜围护结构

⑲ 建筑物的室内楼梯、电梯井、提物井、管道井、通风排气竖井、烟道，应并入建筑物的自然层计算建筑面积。有顶盖的采光井应按一层计算面积，且结构净高在2.10 m及以上的，应计算全面积；结构净高在2.10 m以下的，应计算1/2面积。

自然层是指按楼地面结构分层的楼层。

⑳ 室外楼梯应并入所依附建筑物自然层，并应按其水平投影面积的1/2计算建筑面积。

㉑ 在主体结构内的阳台，应按其结构外围水平面积计算全面积；在主体结构外的阳台，应按其结构底板水平投影面积计算1/2面积。

㉒ 有顶盖无围护结构的车棚、货棚、站台、加油站、收费站等，应按其顶盖水平投影面积的1/2计算建筑面积。

㉓ 以幕墙作为围护结构的建筑物，应按幕墙外边线计算建筑面积。

㉔ 建筑物的外墙外保温层，应按其保温材料的水平截面面积计算，并计入自然层建筑面积。如图3-12所示。

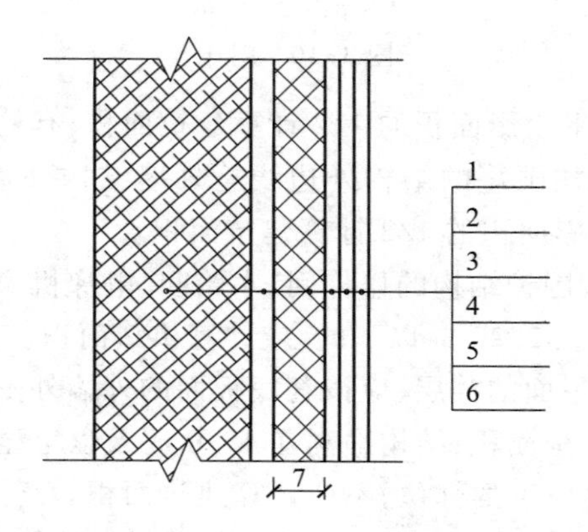

1—墙体；2—黏结胶浆；3—保温材料；4—标准网；5—加强网；6—抹面胶浆；7—计算建筑面积部位

图3-12 建筑外墙外保温层

㉕ 与室内相通的变形缝，应按其自然层合并在建筑物建筑面积内计算。对于高低联跨的建筑物，当高低跨内部连通时，其变形缝应计算在低跨面积内。

㉖ 对于建筑物内的设备层、管道层、避难层等有结构层的楼层，结构层高在2.20 m及以上的，应计算全面积；结构层高在2.20 m以下的，应计算1/2面积。

㉗ 下列项目不应计算建筑面积：

a. 与建筑物内不相连通的建筑部件。

b. 骑楼、过街楼底层的开放公共空间和建筑物通道。骑楼是指建筑底层沿街面后退且留出公共人行空间的建筑物，见图3-13；过街楼是指跨越道路上空并与两边建筑相连接的建筑物，见图3-14。

c. 舞台及后台悬挂幕布和布景的天桥、挑台等。

d. 露台、露天游泳池、花架、屋顶的水箱及装饰性结构构件。

e. 建筑物内的操作平台、上料平台、安装箱和罐体的平台。

f. 勒脚、附墙柱、垛、台阶、墙面抹灰、装饰面、镶贴块料面层、装饰性幕墙，主体结构外的空调室外机搁板(箱)、构件、配件,挑出宽度在 2.10 m 以下的无柱雨篷和顶盖高度达到或超过两个楼层的无柱雨篷。

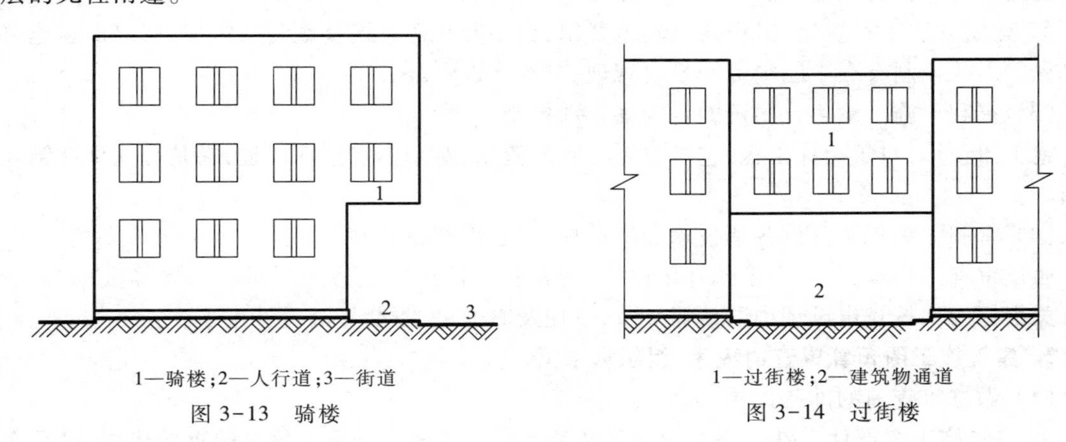

1—骑楼;2—人行道;3—街道

图 3-13 骑楼

1—过街楼;2—建筑物通道

图 3-14 过街楼

g. 窗台与室内地面高差在 0.45 m 以下且结构净高在 2.10 m 以下的凸(飘)窗,窗台与室内地面高差在 0.45 m 及以上的凸(飘)窗。

h. 室外爬梯、室外专用消防钢楼梯。

i. 无围护结构的观光电梯。

j. 建筑物以外的地下人防通道,独立的烟囱、烟道、地沟、油(水)罐、气柜、水塔、贮油(水)池、贮仓、栈桥等构筑物。

3.2.4 分项工程量计算

住建部标准定额司先后颁发了《房屋建筑与装饰工程消耗量定额》和《装配式建筑工程消耗量定额》,各省、自治区、直辖市以此作为母本定额编制了相应地方定额。由于我国地域广阔,各地施工水平、技术、工艺、材料、施工机械等方面的不同,导致各地建设工程预算定额的计算规则存在差异。为了使同学们在较短的时间内掌握施工图预算的编制技巧,宜针对当地现行预算定额组织学习,故本教材对分项工程量计算规则暂不作详细阐述。

3.3 建筑工程施工图预算的审查

3.3.1 施工图预算审查的意义、程序、组织和依据

1. 建筑施工图预算审查的意义

施工图预算编完之后,需要进行认真审查,对于提高预算的准确性、正确贯彻党和国家的有关方针政策、降低工程造价具有重要的现实意义。

(1) 有利于控制工程造价,克服和防止预算超概算

限额设计是建设项目投资控制系统中的一项关键措施,在设计阶段,按照初步设计概算造价限额进行施工图设计,按施工图造价对施工图设计的各个专业设计文件做出决策,所以正确的施工图预算有利于建设项目投资的控制。

（2）有利于加强固定资产投资管理，节约建设资金

建设项目总投资包括固定资产投资和流动资产投资，而固定资产投资主要由设备及工器具购置费，建筑安装工程费用，工程建设其他费用，预备费和建设期贷款利息组成，所以加强建筑安装工程费用的控制有利于固定资产投资管理，节约建设资金。

（3）有利于施工承包合同价的合理确定和控制

施工图预算，对于招标工程，它是编制标底的依据；对于不宜招标工程，它是合同价款结算的基础。

（4）有利于积累和分析各项技术经济指标，不断提高设计水平

通过审查工程预算，核实了预算价值，为积累和分析技术经济指标提供了准确数据，进而通过有关指标的比较找出设计中的薄弱环节，以便及时改进，不断提高设计水平。

2. 建筑施工图预算审查的程序、组织和依据

（1）做好审查前的准备工作

① 熟悉施工图设计文件　施工图设计文件是编审各分部分项工程量的重要依据，必须全面熟悉了解施工图纸，核对所有图纸，清点无误后，全面、清楚地读图。

② 了解预算包括的范围　根据预算编制说明，了解预算包括的工程内容，例如：配套设施、室外管线、道路，以及会审图纸后的设计变更等。

③ 弄清预算采用的单位估价表　任何单位估价表或预算定额都有一定的适用范围，应根据工程性质，收集、熟悉相应的单位估价表、预算定额等资料。

（2）选择合适的审查方法，按相应内容审查

由于工程规模、繁简程度不同，施工方法和施工企业情况不一样，所编工程预算的质量也有所不同，因此，需选择适当的审查方法进行审查。综合整理审查资料，并与编制单位交换意见，定案后编制调整预算。审查后，需要进行增加或核减的，经与编制单位协商，统一意见后，进行相应的修正。

3.3.2 建筑工程施工图预算审查的主要内容

审查施工图预算的重点，应该放在工程量计算、预算单价套用、设备材料预算价格取定是否正确，各项费用标准是否符合现行规定等方面。

1. 审查工程量

（1）土方工程

① 平整场地、挖地槽、挖地坑、挖土方工程的计算是否符合现行定额计算规定和施工图纸标注尺寸，土壤类别是否与勘察资料一致，地槽与地坑放坡、挡土板是否符合设计要求，有无重算与漏算。

② 回填土工程量应注意地槽、地坑回填土的体积是否扣除了基础所占体积，地面和室内填土的厚度是否符合设计要求。

③ 运土方的审查除了注意运土距离外，还要注意运土数量是否扣除了就地回填的土方。

（2）打桩工程

① 注意审查各种不同桩基，必须分别计算，施工方法必须符合设计要求。

② 桩长度必须符合设计要求，桩长度如果超过一般桩长度需要接桩时，注意审查接头是否

正确。

(3) 砖石工程

① 墙基和墙身的划分是否符合规定。

② 按规定不同厚度的墙体是否分别计算,应扣除的门窗洞口及埋入墙体各种钢筋混凝土梁、柱等是否已扣除。

③ 不同砂浆强度等级的墙和定额规定按 m^3 或按 m^2 计算的墙,有无混淆、错算或漏算。

(4) 混凝土及钢筋混凝土工程

① 现浇与预制构件是否分别计算,有无混淆。

② 现浇柱与梁,主梁与次梁,以及各种构件计算是否符合规定,有无重算或漏算。

③ 有筋与无筋构件是否按设计规定分别计算,有无混淆。

④ 钢筋混凝土的含钢量与预算定额的含钢量发生差异时,是否按规定予以增减调整。

(5) 木结构工程

① 门窗是否将不同种类的门窗,按门、窗洞口面积分开计算。

② 木装修的工程是否按规定分别以延长米或平方米计算。

(6) 楼地面工程

① 楼梯抹面是否按踏步和休息平台部分的水平投影面积计算。

② 细石混凝土地面找平层的设计厚度与定额厚度不同时,是否按其厚度进行换算。

(7) 屋面工程

① 卷材屋面工程是否与屋面找平层工程量相等。

② 屋面保温层工程是否按屋面层的建筑面积乘以保温层平均厚度计算。

(8) 构筑物工程

当烟囱和水塔定额是以"座"编制时,以下部分已包括在定额内,按规定不能再另行计算。审查时主要审查其是否符合要求,有无重算。

(9) 装饰工程

内墙抹灰的工程是否按墙面的净高和净宽计算,有无重算或漏算。

(10) 金属构件制作工程

金属构件制作工程量多数以"t"为单位。在计算时,型钢按图纸尺寸求出长度,再乘以每米的质量;钢板要求算出面积再乘以每平方米的质量。审查时主要审查其计算是否符合规定。

2. 审查设备、材料的预算价格

设备、材料预算价格是施工图预算造价所占比重最大、变化最大的内容,要重点审查。

① 审查设备、材料的预算价格是否符合工程所在地的真实价格及水平价格。若是采用市场价,要核实其真实性、可靠性;若是采用有关部门公布的信息价,要注意信息价的时间、地点是否符合要求,是否要按规定调整。

② 设备、材料的原价确定方法是否正确、合理。非标准设备的原价的计价依据、方法是否正确、合理。

③ 设备的运杂费率及其运杂费的计算是否正确,材料预算价格的各项费用的计算是否符合规定、正确。

3. 审查预算单价的套用

审查预算单价套用是否正确，是审查预算工作的主要内容之一。审查时应注意以下几个方面。

① 预算中所列各分部分项工程预算单价是否与现行预算定额的预算单价相符，其名称、规格、计量单位和所包括的工程内容是否与单位估价表一致。

② 审查换算的单价，首先要审查换算的分部分项工程是否是定额中允许换算的，其次要审查其换算是否正确。

③ 审查补充定额和单位估价表的编制是否符合编制原则，单位估价表计算是否正确。

4. 审查有关费用项目及其计取

其他直接费包括的内容，各地不一，具体计算时，应按当地的现行规定执行。审查时要注意是否符合规定和定额要求。审查现场经费和间接费的计取是否按有关规定执行。

有关费用项目计取的审查，要注意以下几个方面：

① 其他直接费和现场经费及间接费的计取基础是否符合现行规定，有无不该作为计费基础的费用，又列入了计费的基础。

② 预算外调增的材料差价是否计取了间接费。直接费或人工费增减后，有关费用是否作了相应调整。

③ 有无巧立名目，乱计、乱摊费用现象。

3.3.3 建筑工程施工图预算审查的方法

审查施工图预算的方法较多，主要有全面审查法、标准预算审查法、分组计算审查法、对比审查法、筛选审查法、重点抽查法、利用手册审查法和分解对比审查法八种。

1. 全面审查法

全面审查法就是按预算定额顺序或施工的先后顺序，逐一地全部进行审查的方法。其具体计算方法和审查过程与编制施工图预算基本相同。此方法的优点是全面、细致，经审查的工程预算差错较少，质量比较高；缺点是工作量大。对于一些工程量比较小、工艺比较简单的工程，编制工程预算的技术力量又比较薄弱时，可采用全面审查法。

2. 标准预算审查法

对于利用标准图纸或通用图纸施工的工程，先集中力量，编制标准预算，以此为标准审查预算的方法称为标准预算审查法。按标准图纸设计或通用图纸施工的工程一般上部结构和做法相同，可集中力量细审一份预算或编制一份预算，作为这种标准图纸的工程量标准，对照审查，而对局部不同的部分作单独审查即可。这种方法的优点是时间短、效果好、好定案；缺点是只适应按标准图纸设计的工程，适用范围小。

3. 分组计算审查法

分组计算审查法是一种加快审查工程速度的方法，把预算中的项目划分为若干组，并把相邻且有一定内在联系的项目编为一组，审查或计算同一组中某个分项工程量，利用工程量间具有相同或相似计算基础的关系，判断同组中其他几个分项工程量计算的准确程度的方法。

4. 对比审查法

对比审查法是用已建工程的预算或虽未建成但已审查修正的工程预算对比审查拟建的类似

工程预算的一种方法。对比审查法一般有以下几种情况,应根据工程的不同条件,区别对待。

① 两个工程采用同一个施工图,但基础部分和现场条件不同。其新建工程基础以上部分可采用对比审查法;不同部分可分别采用相应的审查方法进行审查。

② 两个工程设计相同,但建筑面积不同。根据两个工程建筑面积之比与两个工程分部分项工程量之比基本一致的特点,可审查新建工程各分部分项工程量,进行对比审查,如果基本相同时,说明新建工程预算是正确的,反之,说明新建工程预算有问题,找出差错原因,加以更正。

③ 两个工程的面积相同,但设计图纸不完全相同时,可把相同的部分,如厂房中的柱子、房架、屋面、砖墙等,进行工程量的对比审查,不能对比的分部分项工程按图纸计算。

5. 筛选审查法

筛选法是统筹法的一种,也是一种对比方法。建筑工程虽然有建筑面积的高度的不同,但是它们的各个分部分项工程的工程量、造价、用工量在每个单位面积上的数值变化不大,我们把这些数据加以汇集、优选,归纳为工程量、造价、用工三个单方基本值表,并注明其适用的建筑标准。这些基本值犹如“筛子孔”,用来筛选分部分项工程量,筛下去的就不审查了,没有筛下去的就意味着此分部分项的单位建筑面积数值不在基本值范围之内,应对该分部分项工程详细审查。当所审查的预算的建筑面积标准与“基本值”所适用的标准不同时,就要对其进行调整。

筛选法的优点是简单易懂,便于掌握,审查速度和发现问题快。但解决差错、分析其原因,需继续审查。因此,此法适用于住宅工程或不具备全面审查条件的工程。

6. 重点抽查法

重点抽查法是抓住工程预算中的重点进行审查的方法。审查的重点一般是:工程量大或造价较高、工程结构复杂的工程,补充单位估价表,计取各项费用(计费基础、取费标准等)。

重点抽查法的优点是重点突出,审查时间短、效果好。

7. 利用手册审查法

利用手册审查法是把工程中常用的构件、配件事先整理成预算手册,按手册对照审查的方法。如工程常用的预制构配件:洗池、大便台、检查井、化粪池等,几乎每个工程都有,把这些按标准图集计算出工程量,套上单价,编制成预算手册使用,可简化预结算的编审工作。

8. 分解对比审查法

分解对比审查法是将一个单位工程,按直接费与间接费进行分解,然后再把直接费按工种和分部分项工程进行分解,分别与审定的标准预算进行对比分析的方法。

分解对比审查法一般有三个步骤:

第一步,全面审查某种建筑的定型标准施工图或复用施工图的工程预算,经审定后作为审查其他类似工程预算的对比基础。而且将审定预算按直接费与应取费用分解成两部分,再把直接费分解为各工种工程和分部工程预算,分别计算出每平方米预算价格。

第二步,把拟审的工程预算与同类型预算单方造价进行对比,若出入在1%~3%以内(根据本地区要求),再按分部分项工程进行分解,边分解边对比,对出入较大者,进一步审查。

第三步,对比审查。其方法是:

① 经分析对比,如发现应取费用相差较大,应考虑建设项目的投资来源和工程类别及其取费项目和取费标准是否符合现行规定;材料调价相差较大,则应进一步审查材料调价统计表,将各种调价材料的用量、单位差价及其调增数量等进行对比。

② 经过分析对比，如发现土建工程预算价格出入较大，首先审查其土方和基础工程，因为±0.00以下的工程往往相差较大。其次对比其余各个分部分项工程，发现某一分部工程预算价格相差较大时，再进一步对比各分部分项工程或工程细目。在对比时，先检查所列工程细目是否正确，预算价格是否一致。发现相差较大者，进一步审查所套预算单价，最后审查该项工程细目的工程量。

第 4 章

公路工程施工图预算的编制与审查

学习重点:公路工程施工图预算的编制依据和编制步骤,施工图预算的编制内容和费用构成,施工图预算的审查内容及其基本方法。

学习目标:通过本章的学习,了解公路工程施工图预算的基本概念、作用和组成,掌握建筑工程施工图预算的主要内容、编制依据、编制步骤和编制方法。熟悉施工图预算的审查内容及其基本方法。

4.1 概　　述

4.1.1 公路工程施工图预算的概念

施工图预算是施工图设计文件的组成部分,是按国家颁布的预算定额和《公路工程建设项目概算预算编制办法》(JTG 3830—2018)(简称《编制办法》),控制在概算(或修正概算)范围之内的计算工程项目全部建设费用的文件,是在施工图设计阶段,设计部门根据施工图设计文件、施工组织设计、现行预算定额、有关取费标准,以及人工、材料、机械台班预算单价等资料编制的工程造价文件。

4.1.2 公路工程施工图预算的作用

① 对于按预算承发包的工程,经审定的预算是确定工程造价、签订建筑安装合同、实行建设单位和施工单位投资包干及办理工程结算、实行经济核算和考核工程成本的依据。

② 以施工图设计进行施工招标的工程,施工图预算经审定后,是编制工程标底的依据,也是企业投标报价的基础。

③ 施工图预算是施工图设计文件的组成部分,是考核施工图设计经济合理性的依据。施工图设计应控制在批准的初步设计及其概算范围之内。如果施工图预算突破相应概算,应分析原因,对施工图中不合理部分进行修改,对其合理部分应在总概算投资范围内调整解决。

④ 对于不宜实行招标的工程,施工图预算经审定后可作为确定工程造价、签订建筑安装工程合同、办理工程结算的依据。

⑤ 施工图预算是编制或调整固定资产投资计划的依据。

4.1.3 公路工程施工图预算的编制依据

① 已批准的施工图设计及其说明书；

② 现行与本工程相一致的预算定额(或单位估价表)；

③ 现行《编制办法》、工程所在地交通厅(局)的有关补充规定、地方政府公布的关于基本建设其他各项费用的取费标准等；

④ 工程所在地人工预算单价的计算资料；

⑤ 工程所在地材料预算价格计算资料(如供应价格、供应情况、运输情况、运价、运距、运输工具等)；

⑥ 现行《公路工程机械台班费用定额》及有关部门公布的其他与机械有关的费用取费标准(如养路费、车船使用税等)；

⑦ 重要的施工组织设计或方案；

⑧ 工程量计算规则；

⑨ 有关的工具书及手册。

4.1.4 公路工程施工图预算的组成

预算文件是设计文件的组成部分,应按《公路工程基本建设项目设计文件编制办法》关于设计文件报送份数的规定,随设计文件一并报送。

预算文件由封面、目录、编制说明及全部预算计算表格组成。

1. 封面及目录

预算文件的封面和扉页应按《公路工程基本建设项目设计文件编制办法》中的规定制作,扉页的次页应有建设项目名称,编制单位,编制复核人员姓名并加盖资格印章,编制日期及第几册共几册等内容。目录应按预算表的表号顺序编排。

2. 编制说明

预算编制完成后,应写出编制说明,文字力求简明扼要。应叙述的内容一般有：

① 建设项目设计资料的依据及有关文号,如建设项目可行性研究报告批准文号、初步设计和概算批准文号(编制修正概算及预算时),以及根据何时的测设资料及比选方案进行编制的,等等。

② 采用的定额、费用标准,人工、材料、机械台班单价的依据或来源,补充定额及编制依据的详细说明。

③ 与概、预算有关的委托书、协议书、会议纪要的主要内容(或将抄件附后)。

④ 总概、预算金额,人工、钢材、水泥、木料、沥青的总需要量情况,各设计方案的经济比较,以及编制中存在的问题。

⑤ 其他与概、预算有关但不能在表格中反映的事项。

3. 预算表格

公路工程概、预算应按统一的概、预算表格计算,其中概、预算相同的表式,在印制表格时,应将概算表与预算表分别印制。现将项目前后阶段费用对比表、00表、01-1表等共21个表的式样列出,见表4-1至表4-21。

4. 甲组文件与乙组文件

概、预算文件按不同的需要分为两组,甲组文件为各项费用计算表;乙组文件为建筑安装工程费用各项基础数据计算表,只供审批使用。乙组文件表式征得省、自治区、直辖市交通厅(局)同意后,结合实际情况允许变动或增加某些计算过渡表式。

表 4-1 项目前后阶段费用对比表

建设项目名称: 第 页 共 页

分项编号	工程或费用名称	单位	本阶段设计概算(施工图预算)			上阶段工可估算(设计概算)			费用变化		备注
			数量	单价	金额	数量	单价	金额	金额	比例/%	
1	2	3	4	5=6÷4	6	7	8=9÷7	9	10=6-9	11=10÷9	12

编制: 复核:

填表说明:

1. 本表反映一个建设项目的前后阶段各项费用组成。
2. 本阶段和上阶段费用均从各阶段的 01-1 表转入。

表 4-2 建设项目属性及技术经济信息表

建设项目: 编制日期: 00 表

一	项目基本属性			
编号	名称	单位	信息	备注
001	工程所在地			
002	地形类别			平原或微丘
003	新建/改扩建			
004	公路技术等级			
005	设计速度	km/h		
006	路面结构			
007	路基宽度	m		
008	路线长度	公路公里		不含连接线
009	桥梁长度	km		
010	隧道长度	km		双洞长度
011	桥隧比例	%		[(9)+(10)]/(8)
012	互通式立体交叉数量	km/处		
013	支线、联络线长度	km		
014	辅道、连接线长度	km		

续表

二	项目工程数量信息				
编号	内容	单位	数量	数量指标	备注
10202	路基挖方	1 000 m^3			
……	……	……	……	……	……
10903	辅道工程	km			
20101	永久征地	亩			不含取（弃）土场征地
20102	临时征地	亩			
三	项目造价指标信息表				
编号	工程造价	总金额/万元	造价指标/（万元/km）	占总造价百分比/%	备注
1	建筑安装工程费		（必填）		
101	临时工程				
……	……	……	……	……	……
109	其他工程				
110	专项费用		（必填）		
2	土地使用及拆迁补偿费		（必填）		
3	工程建设其他费		（必填）		
4	预备费		（必填）		
5	建设期贷款利息		（必填）		
6	公路基本造价		（必填）		
四	分项造价指标信息表				
序号	名称	单位	造价指标/元	备注	
10202	路基挖方	m^3			
……	……	……	……	……	
10902	连接线工程	km			
10903	辅道工程	km			
20101	永久征地	亩			

续表

四	分项造价指标信息表			
序号	名称	单位	造价指标/元	备注
20102	临时征地	亩		
20201	拆迁补偿	km		
30101	建设单位管理费	km		
30103	工程监理费	km		
30301	建设项目前期工作费	km		
五	主要材料单价信息表			
编号	名称	单位	单价/元	备注
1001001	人工	工日		
2001002	HRB400 钢筋	t		
3001001	石油沥青	t		
5503005	中(粗)砂	m^3		
5505016	碎石(4cm)	m^3		
5509002	42.5 级水泥	t		

编制：　　　　　　　　　　　　　　　　　　　　　　　　复核：

表 4-3　总概(预)算汇总表

建设项目名称：　　　　　　　　　　　　　　　　第　页　共　页　01-1 表

分项编号	工程或费用名称	单位	总数量				总金额/元	全路段技术经济指标	各项费用比例/%
				数量	金额/元	技术经济指标			
1	2	3	4	5	6	7	8	9	10

编制：　　　　　　　　　　　　　　　　　　　　　　　　复核：

填表说明：

1. 一个建设项目分若干单项工程编制概(预)算时,应通过本表汇总全部建设项目概(预)算金额。

2. 本表反映一个建设项目的各项费用组成、概(预)算总值和技术经济指标。

3. 本表分项编号、工程或费用名称、单位、总数量、概(预)算金额应由各单项或单位工程总概(预)算表(01 表)转来,部分、项、子项应保留,其他可视需要增减。

4. “全路段技术经济指标”以各项金额汇总合计除以相应总数量计算;“各项费用比例”以汇总的各项目公路工程造价除以公路基本造价合计计算。

表4-4 总概(预)算人工、主要材料、施工机械台班数量汇总表

建设项目名称：　　　　第　页　共　页　02-1表

代号	规格名称	单位	总数量	编制范围									

编制：　　　　复核：

填表说明：

1. 一个建设项目分若干个单项工程编制概(预)算时，应通过本表汇总全部建设项目的人工、主要材料与设备、施工机械台班数量。

2. 本表各栏数据均由各单项或单位工程概(预)算中的人工、主要材料、施工机械台班数量汇总表(02表)转来，编制范围指单项或单位工程。

表4-5 总概(预)算表

建设项目名称：

编制范围：　　　　第　页　共　页　01表

分项编号	工程或费用名称	单位	数量	金额/元	技术经济指标	各项费用比例/%	备注

编制：　　　　复核：

填表说明：

1. 本表反映一个单项或单位工程的各项费用组成、概(预)算金额、技术经济指标、各项费用比例(%)等。

2. 本表分项编号、工程或费用名称、单位等应按概(预)算项目表的编号及内容填写。

3. 数量、金额由专项费用计算表(06表)、建筑安装工程费计算表(03表)、土地使用及拆迁补偿费计算表(07表)、工程建设其他费计算表(08表)转来。

4. 技术经济指标以各项目金额除以相应数量计算；各项费用比例以各项金额除以公路基本造价计算。

表4-6 人工、主要材料、施工机械台班数量汇总表

建设项目名称：

编制范围：　　　　第　页　共　页　02表

代号	规格名称	单位	单价/元	总数量	分项统计								场外运输损耗	
													%	数量

编制：　　　　复核：

填表说明：

本表各栏数据由人工、材料、施工机械台班单价汇总表(09表)及分项工程概(预)算表(21-2表)、辅助生产人工、材料、施工机械台班单位数量表(25表)经分析计算后统计而来。

表 4-7 建筑安装工程费计算表

建设项目名称：

编制范围：　　　　　　　　　　　　　　　　　　　　第　页　共　页　03 表

序号	分项编号	工程名称	单位	工程量	定额直接费/元	定额设备购置费/元	直接费/元				设备购置费	措施费	企业管理费	规费	利润/元	税金/元	金额合计/元	
							人工费	材料费	施工机械使用费	合计					费率/%	税率/%	合计	单价
1	2	3	4	5	6	7	8	9	10	11	12	13	14	15	16	17	18	19
	110	专项费用	元															
	11001	施工场地建设费	元															
	11002	安全生产费	元															
合计																		

编制：　　　　　　　　　　　　　　　　　　　　复核：

填表说明：

1. 本表各栏数据由 05 表、06 表、21-2 表经计算转来。
2. 本表中除列出具体分项外，还应列出子项（如临时工程、路基工程、路面工程……），并将子项下的具体分项的费用进行汇总。

表 4-8 综合费率计算表

建设项目名称：

编制范围：

第 页 共 页 04表

序号	工程类别	措施费/%											企业管理费/%						规费/%					
		冬季施工增加费	雨季施工增加费	夜间施工增加费	高原地区施工增加费	风沙地区施工增加费	沿海地区施工增加费	行车干扰施工增加费	施工辅助费	工地转移费	综合费率		基本费用	主副食运费补贴	职工探亲路费	职工取暖补贴	财务费用	综合费率	养老保险费	失业保险费	医疗保险费	工伤保险费	住房公积金	综合费率
											Ⅰ	Ⅱ												
1	2	3	4	5	6	7	8	9	10	11	12	13	14	15	16	17	18	19	20	21	22	23	24	25

编制：　　　　　　　　　　　　　　　　　　　　　　　　　　　　复核：

填表说明：

本表应根据建设项目具体情况，按《编制办法》有关规定填入数据计算。

其中：12＝3+4+5+6+7+8+9+11；13＝10；19＝14+15+16+17+18；25＝20+21+22+23+24。

表 4-9　综合费计算表

建设项目名称：

编制范围：　　　　　　　　　　　　第　页　共　页　04-1 表

序号	工程名称	措施费											企业管理费						规费					
		冬季施工增加费	雨季施工增加费	夜间施工增加费	高原地区施工增加费	风沙地区施工增加费	沿海地区施工增加费	行车干扰施工增加费	施工辅助费	工地转移费	综合费用		基本费用	主副食运费补贴	职工探亲路费	职工取暖补贴	财务费用	综合费用	养老保险费	失业保险费	医疗保险费	工伤保险费	住房公积金	综合费用
											Ⅰ	Ⅱ												
1	2	3	4	5	6	7	8	9	10	11	12	13	14	15	16	17	18	19	20	21	22	23	24	25

编制：　　　　　　　　　　　　复核：

填表说明：

本表应根据建设项目具体分项工程，按投资估算编制办法规定的计算方法分别计算各项费用。

其中：12=3+4+5+6+7+8+9+11；13=10；19=14+15+16+17+18；25=20+21+22+23+24。

表 4-10　设备费计算表

建设项目名称：

编制范围：　　　　　　　　　　　　　　　　　　　　　　　　第　页　共　页　05 表

代号	设备名称	规格型号	单位	数量	基价	定额设备购置费/元	单价/元	设备购置费/元	税金/元	定额设备费/元	设备费/元
	合计										

编制：　　　　　　　　　　　　　　　　　　　　　　　　　　　　　　复核：

填表说明：

本表应根据具体的设备购置清单进行计算，包括设备规格、单位、数量、基价、定额设备购置费、设备预算单价、税金以及定额设备费和设备费。定额设备购置费不计取措施费及企业管理费。

表 4-11　专项费用计算表

建设项目名称：

编制范围：　　　　　　　　　　　　　　　　　　　　　　　　第　页　共　页　06 表

序号	工程或费用名称	说明及计算式	金额/元	备注

编制：　　　　　　　　　　　　　　　　　　　　　　　　　　　　　　复核：

填表说明：

本表应依据项目，按本办法规定的专项费用项目填写，在说明及计算式栏内填写需要说明的内容及计算式。

表 4-12　土地使用及拆迁补偿费计算表

建设项目名称：

编制范围：　　　　　　　　　　　　　　　　　　　　　　　　第　页　共　页　07 表

序号	费用名称	单位	数量	单价/元	金额/元	说明及计算式	备注

编制：　　　　　　　　　　　　　　　　　　　　　　　　　　　　　　复核：

填表说明：

本表按规定填写单位、数量、单价和金额；说明及计算式中应定明标准及计算式；子项下边有分项的，可以按顺序依次往下编号。

表 4-13 工程建设其他费计算表

建设项目名称:

编制范围: 第 页 共 页 08 表

序号	费用名称及项目	说明及计算式	金额/元	备注

编制: 复核:

填表说明:

本表应按具体发生的其他费用项目填写,需要说明和具体计算的费用项目依次相应在说明及计算式栏内填写或具体计算,各项费用具体填写如下:

1. 建设项目管理费包括建设单位(业主)管理费、建设项目信息化费、工程监理费、设计文件审查费、竣(交)工验收试验检测费,按《编制办法》规定的计算基数、费率、方法或有关规定列式计算。

2. 研究试验费应根据设计需要进行研究试验的项目分别填写项目名称及金额或列式计算或进行说明。

3. 建设项目前期工作费按《编制办法》规定的计算基数、费率、方法计算。

4. 专项评价(估)费、联合试运转费、生产准备费、工程保通管理费、工程保险费、预备费、建设期贷款利息等其他费用根据《编制办法》规定或国家有关规定依次类推计算。

表 4-14 人工、材料、施工机械台班单价汇总表

建设项目名称:

编制范围: 第 页 共 页 09 表

序号	名称	单位	代号	预算单价/元	备注	序号	名称	单位	代号	预算单价/元	备注

编制: 复核:

填表说明:

本表预算单价主要由材料预算单价计算表(22 表)和施工机械台班单价计算表(24 表)转来。

表 4-15 分项工程概(预)算计算数据表

建设项目名称:

编制范围: 标准定额库版本号: 校验码: 第 页 共 页 21-1 表

分项编号/定额代号/工料机代号	项目、定额或工料机的名称	单位	数量	输入单价	输入金额	分项组价类型或定额子目取费类别	定额调整情况或分项算式

编制: 复核:

填表说明:

1. 本表应逐行从左到右横向逐栏填写。

2. 分项编号、定额、工料机等的代号应根据实际需要按《编制办法》附录 B 概(预)算项目表及现行《公路工程概算定额》(JYG/T 3831)、《公路工程预算定额》(JYG/T 3832)的相关内容填写。

3. 本表主要是为利用计算机软件编制概算、预算提供分项组价基础数据,列明工程项目全部计算分项的组价参数。分项组价类型包括:输入单价、输入金额、算式列表、费用列表和定额组价五类;定额调整情况分配合比调整、钢筋调整、抽换、乘系数、综合调整等,非标准补充定额列出其工料机及其消耗量;具体填表规则由软件用户手册详细制定。

4. 标准定额库版本号由公路工程造价依据信息平台和最新的标准定额库一起发布,造价软件接收后直接输出。

5. 校验码由定额库版本号加密生成,由公路工程造价依据信息平台与定额库版本号同时发布,造价软件直接输出,为便于校验,造价软件可按条形码形式输出。

表 4-16 分项工程概(预)算表

编制范围：

分项编号：　　　　工程名称：　　单位：　　数量：　　单价：　　　　第　页　共　页　21-2 表

代号	工程项目												合计	
	工程细目													
	定额单位													
	工程数量													
	定额表号													
	工、料、机名称	单位	单价/元	定额	数量	金额/元	定额	数量	金额/元	定额	数量	金额/元	数量	金额/元
1	人工	工日												
2	……													
	定额基价													
	直接费	元												
	措施费 I	元			%			%			%			
	措施费 Ⅱ	元			%			%			%			
	企业管理费	元			%			%			%			
	规费	元			%			%			%			
	利润	元			%			%			%			
	税金	元			%			%			%			
	金额合计	元												

编制：　　　　　　　　　　　　　　　　　　复核：

填表说明：

1. 本表按具体分项工程项目数量、对应概(预)算定额子目填写,单价由 09 表转来,金额＝∑工、料、机各项的单价×定额×数量。
2. 措施费、企业管理费按相应项目的定额人工费与定额施工机械使用费之和或定额直接费×规定费率计算。
3. 规费按相应项目的人工费×规定费率计算。
4. 利润按相应项目的(定额直接费+措施费+企业管理费)×利润率计算。
5. 税金按相应项目的(直接费+措施费+企业管理费+规费+利润)×税率计算。
6. 措施费、企业管理费、规费、利润、税金对应定额列填入相应的计算基数,数量列填入相应的费率。

表 4-17 材料预算单价计算表

建设项目名称：

编制范围： 第 页 共 页 22表

代号	规格名称	单位	原价/元	运杂费					原价运费合计/元	场外运输损耗		采购及保管费		预算单价/元
				供应地点	运输方式比重及运距	毛质量系数或单位毛质量	运杂费构成说明或计算式	单位运费/元		费率/%	金额/元	费率/%	金额/元	

编制： 复核：

填表说明：

1. 本表计算各种材料自供应地点或料场至工地的全部运杂费与材料原价及其他费用组成预算单价。
2. 运输方式按火车、汽车、船舶等及其所占运输比重填写。
3. 毛质量系数、场外运输损耗、采购及保管费按规定填写。
4. 根据材料供应地点、运输方式、单位运费、毛质量系数等，通过运杂费构成说明或计算式，计算得出材料单位运费。
5. 材料原价与单位运费、场外运输损耗、采购及保管费组成材料预算单价。

表 4-18 自采材料料场价格计算表

编制范围：

自采材料名称： 单位： 数量： 料场价格： 第 页 共 页 23-1表

代号	工程项目												合计	
	工程细目													
	定额单位													
	工程数量													
	定额表号													
	工、料、机名称	单位	单价/元	定额	数量	金额/元	定额	数量	金额/元	定额	数量	金额/元	数量	金额/元
	直接费	元												
	辅助生产间接费	元			%			%			%			
	高原取费	元			%			%			%			
	金额合计	元												

编制： 复核：

填表说明：

1. 本表主要用于分析计算自采材料料场价格，应将选用的定额人工、材料、施工机械台班数量全部列出，包括相应的工、料、机单价。

2. 材料规格用途相同而生产方式（如人工捶碎石、机械轧碎石）不同时，应分别计算单价，再以各种生产方式所占比重根据合计价格加权平均计算料场价格。

3. 定额中施工机械台班有调整系数时，应在本表内计算。

4. 辅助生产间接费、高原取费对应定额列填入相应的计算基数，数量列填入相应的费率。

表 4-19 材料自办运输单位运费计算表

编制范围：

自采材料名称：　　单位：　　数量：　　单位运费：　　第　页　共　页　23-2 表

代号	工程项目												合计	
	工程细目													
	定额单位													
	工程数量													
	定额表号													
	工、料、机名称	单位	单价/元	定额	数量	金额/元	定额	数量	金额/元	定额	数量	金额/元	数量	金额/元
	直接费	元												
	辅助生产间接费	元			%			%			%			
	高原取费	元			%			%			%			
	金额合计	元												

编制：　　复核：

填表说明：

1. 本表主要用于分析计算材料自办运输单位运费，应将选用的定额人工、材料、施工机械台班数量全部列出，包括相应的工、料、机单价。
2. 材料运输地点或运输方式不同时，应分别计算单价，再按所占比重加权平均计算材料运输价格。
3. 定额中施工机械台班有调整系数时，应在本表内计算。
4. 辅助生产间接费、高原取费对应定额列填入相应的计算基数，数量列填入相应的费率。

表 4-20 施工机械台班单价计算表

建设项目名称：

编制范围： 第 页 共 页 24表

序号	代号	规格名称	台班单价/元	不变费用/元		可变费用/元											
				调整系数		人工/(元/工日)		汽油/(元/kg)		柴油/(元/kg)						车船税	合计
				定额	调整值	定额	金额	定额	金额	定额	金额	定额	金额	定额	金额		

编制： 复核：

填表说明：

1. 本表应根据公路工程机械台班费用定额进行计算。不变费用如有调整系数应填入调整值；可变费用各栏填入定额数量。

2. 人工、动力燃料的单价由材料预算单价计算表(22表)中转来。

表 4-21 辅助生产人工、材料、施工机械台班单位数量表

建设项目名称：

编制范围： 第 页 共 页 25表

序号	规格名称	单位	人工/工日						

编制： 复核：

填表说明：

本表各栏数据由自采材料料场价格计算表(23-1表)和材料自办运输单位运费计算表(23-2表)统计而来。

甲乙组文件包括的内容如下：

(1) 甲组文件

① 编制说明。

② 项目前后阶段费用对比表(即表 4-1)。

③ 建设项目属性及技术经济信息表(00表,即表 4-2)。

④ 总概(预)算汇总表(01-1表,即表 4-3)。

⑤ 总概(预)算人工、主要材料、施工机械台班数量汇总表(02-1表,即表 4-4)。

⑥ 总概(预)算表(01表,即表 4-5)。

⑦ 人工、主要材料、施工机械台班数量汇总表(02表,即表 4-6)。

⑧ 建筑安装工程费计算表(03表,即表 4-7)。

⑨ 综合费率计算表(04表,即表 4-8)。

⑩ 综合费计算表(04-1表,即表 4-9)。

⑪ 设备费计算表(05表,即表 4-10)。

⑫ 专项费用计算表(06 表,即表 4-11)。

⑬ 土地使用及拆迁补偿费计算表(07 表,即表 4-12)。

⑭ 工程建设其他费计算表(08 表,即表 4-13)。

⑮ 人工、材料、施工机械台班单价汇总表(09 表,即表 4-14)。

(2) 乙组文件

① 分项工程概(预)算计算数据表(21-1 表,即表 4-15)。

② 分项工程概(预)算表(21-2 表,即表 4-16)

③ 材料预算单价计算表(22 表,即表 4-17)。

④ 自采材料料场价格计算表(23-1 表,即表 4-18)。

⑤ 材料自办运输单位运费计算表(23-2 表,即表 4-19)。

⑥ 施工机械台班单价计算表(24 表,即表 4-20)。

⑦ 辅助生产人工、材料、施工机械台班单位数量表(25 表,即表 4-21)。

4.2 公路工程施工图预算编制

4.2.1 公路工程施工图预算的费用组成

公路工程项目全部建设费用,以其基本造价表示。根据《编制办法》的规定,公路基本建设工程概、预算费用构成如图 4-1 所示,在开始学习施工图预算编制方法的时候,熟记概、预算费用的组成系统是非常必要的。

4.2.2 公路工程施工图预算的人工费用计算

人工费指列入概、预算定额的直接从事建筑安装工程施工的生产工人开支的各项费用。

1. 人工工资

人工工资内容包括:

(1) 计时工资或计件工资

指按计时工资标准和工作时间或对已做工作按计件单价支付给个人的劳动报酬。

(2) 津贴、补贴

指为了补偿职工特殊或额外的劳动消耗和因其他特殊原因支付给个人的津贴,以及为了保证职工工资水平不受物价影响支付给个人的物价补贴。如流动施工津贴、特殊地区施工津贴、高温(寒)作业临时津贴、高空津贴等。

(3) 特殊情况下支付的工资

指根据国家法律、法规和政策规定,因病、工伤、产假、计划生育假、婚丧假、事假、探亲假、定期休假、停工学习、执行国家或社会义务等原因按计时工资标准或计时工资标准的一定比例支付的工资。

人工费以概算、预算定额人工工日数乘以综合工日单价计算。人工费标准按照本地区公路建设项目的人工工资统计情况以及公路建设劳务市场情况进行综合分析、确定人工工日单价。人工工日单价由省级交通运输主管部门制定发布,并适时进行动态调整。人工工日单价仅作为编制概算、预算的依据,不作为施工企业实发工资的依据。

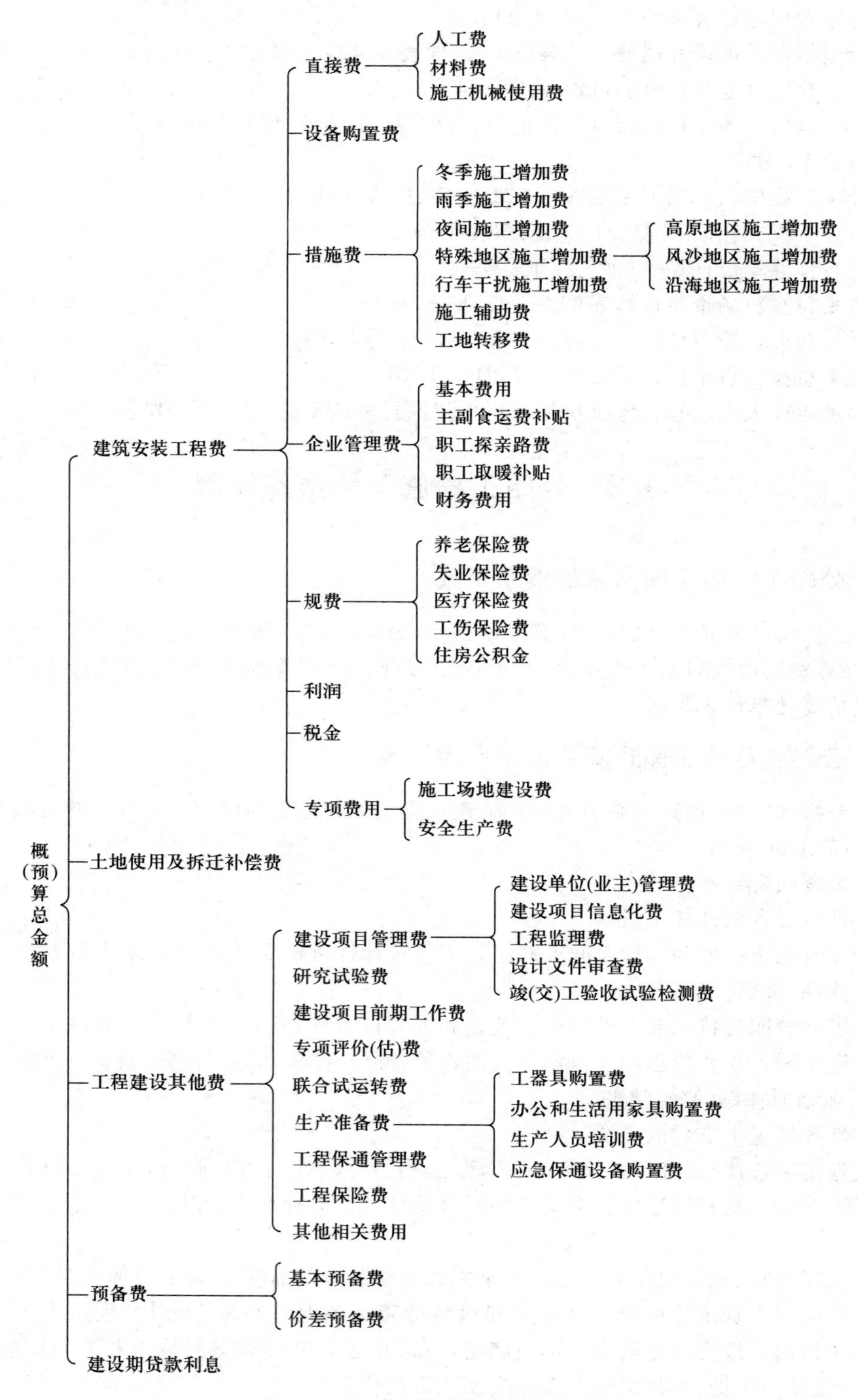

图4-1 公路工程建设费用的构成

2. 人工费金额

某工程细目的人工费金额可根据该工程细目的工程量和相应的定额工资单价按下式计算：

$$人工费 = 工程数量 \times 定额 \times 工资单价$$

式中的定额，当编制概算时采用概算定额，当编制预算时采用预算定额。人工费金额在编制概、预算时，是通过表格计算的，如编制分项工程概、预算时是在21-2表（表4-16）中计算各工程细目的人工费；在计算自采材料和机械台班单价时可在23-1表（表4-18）、23-2表（表4-19）和24表（表4-20）中计算出单位数量所需的人工费。

4.2.3 公路工程施工图预算的材料费用计算

材料费是直接费的组成部分。在工程造价中，材料费一般占有很大比重，材料费计算正确与否，对概、预算质量影响很大。

材料费指列入概、预算定额的工程细目所用的各种材料费用之和。这些材料可分为两类，一类是列入定额中的材料和周转性材料的摊销量，另一类是达不到周转次数的周转性材料的实际备料量（但最后要扣回应回收价值）。它不但与材料数量有关，而且与材料的价格有关，《编制办法》规定编制概算与编制预算所用材料价格是相同的，即都采用"材料预算价格"。相关内容见本书第1章。

材料预算价格由材料原价、运杂费、场外运输损耗、采购及仓库保管费组成。

$$材料预算价格 = (材料原价+运杂费)\times(1+场外运输损耗率)\times(1+采购及保管费率)-包装品回收价值$$

某工程细目的材料费金额可根据该工程细目的工程量和相应的定额、材料单价按下式计算：

$$材料费 = \sum 工程数量\times定额\times材料单价$$

式中的定额，当编制概算时采用概算定额，当编制预算时采用预算定额。材料费金额在编制概、预算时，是通过表格计算的，如编制分项工程概、预算时是在21-2表（表4-16）中计算各工程细目的材料费；在计算自采材料和机械台班单价时可在23-1表（表4-18）、23-2表（表4-19）和24表（表4-20）计算出单位数量所需的材料费。

例4-1 某沥青上拌下灌式路面，工程量为230 000 m^2，压实厚度为8 cm，使用的沥青为桶装沥青，其调查价为1 500元/t，无供销手续费，运价率为0.53元/(t·km)，运距为65 km，装卸费为1.4元/吨次，装卸一次，一个油桶的价格是45元，求沥青的预算材料费。

解： 工程量为230 000 m^2，定额：219-2-2-9-4，沥青：6.067 t/(1 000 m^2)

$$原价 = 出厂价+手续费+包装费 = 1\,500 元/t+0+45 元/t = 1\,545 元/t$$

$$运费 = (65\times0.53+0)\times1.17 元/t = 40.31 元/t$$

$$装卸费 = 1.4\times1.17 元/t = 1.64 元/t$$

$$运杂费 = 40.31 元/t+1.64 元/t+0 = 41.95 元/t$$

$$沥青预算单价 = (1\,545+41.95)\times(1+3\%)\times(1+2.5\%) 元/t = 1\,675.4 元/t$$

$$沥青预算材料费 = 工程量\times定额\times材料预算单价 = 230\times6.067\times1\,675.4 元 = 2\,337\,869.9 元$$

4.2.4 公路工程施工图预算的施工机械使用费用计算

在概预算中发生的施工机械使用费，包括按台班数量计算的机械使用费和不按台班数量计算的（小型）机械使用费两类。即施工机械使用费，指列入概、预算定额的施工机械台班数量按相应机械台班费用定额计算的施工机械使用费和小型机具使用费。见本书第1章相关内容。

1. 按台班数量计算的机械使用费

某工程细目的某种机械的机械使用费,可按下式计算:

工程细目中某机械使用费 = 工程细目的工程数量 × 概、预算定额值 × 机械台班单价

其中机械台班单价应按交通运输部颁布的《公路工程机械台班费用定额》通过24表(表4-20)分析计算。机械台班单价由不变费用和可变费用两部分组成。

(1) 不变费用

包括折旧费、大修理费、经常修理费、安装拆卸费及辅助设施费等。不变费用按《编制办法》规定,应直接套用。但《公路工程机械台班费用定额》说明五,规定青海、新疆、西藏除外。

(2) 可变费用

包括机上人员的人工费、动力燃料费;养路费及车船使用税。

① 人工工日数、动力燃料消耗量应以机械台班费用定额中的数值为准。

② 人工费的工日单价按生产工人工日单价计算。

③ 动力燃料费用则按材料费计算的有关规定计算。

④ 当工程用电为自发电时,电动机械每kW·h(度)电的单价可由下述近似公式计算:

$$A = 0.15k/P$$

式中:A——每kW·h电单价,元/(kW·h);

k——发电机组的台班单价,元;

P——发电机组的总功率,kW。

故

机械台班单价 = 不变费用 + 可变费用

2. 不按台班数量计算的机具使用费

这里是指某工程细目的小型机具使用费。它在概、预算定额中以“元”表示,而不是台班。某工程细目的小型机具使用费,可按下式计算:

工程细目的小型机具使用费 = 工程细目的工程数量 × 概、预算定额值

3. 机械使用费工程细目中的工程机械使用费

是把所有按台班数量计算的机械使用费相加,再加上不按台班数量计算的小型机具使用费。即

工程细目的机械使用费 = ∑工程细目中的某机械使用费+工程细目中的小型机具使用费

上述两类施工机械使用费,均在21-2表(表4-16)中计算。

例4-2 已知某单层厚1.5 cm的沥青表面处治路面工程,工程量为350 000 m^3,计算其预算机械使用费。

解: 工程量为350 000 m^3,定额:212-2-2-7-2,每1 000 m^2路面需12~15 t光轮压路机0.37台班,20~25 t轮胎式压路机0.14台班,8 000 L以内沥青洒布车0.08台班,小型机具使用费4.5元。

查机械台班费用定额11页,12~15 t光轮压路机预算单价为587.09元/台班。

查机械台班费用定额25页,20~25 t轮胎式压路机预算单价为953.74元/台班。

查机械台班费用定额23页,8 000 L以内沥青洒布车预算单价为833.88元/台班。

机械使用费 = 350×(0.37×587.09+0.14×953.74+0.08×833.88+4.5)元 = 147 685.06元。

4.2.5 公路工程施工图预算的措施费

措施费包括冬季施工增加费、雨季施工增加费、夜间施工增加费、特殊地区施工增加费、行车干扰施工增加费、施工辅助费、工地转移费七项。分别以定额人工费和定额施工机械使用费之和或定额直接费为基数按费率取费计算。公路工程中的水、电费及因场地狭小等特殊情况而发生的材料二次搬运等措施费已包括在概、预算定额中,不再另计。

措施费和后面的规费和企业管理费的取费费率需按工程类别来取,标准的工程类别划分、措施费费率的取用及费用的计算见第 1 章相关内容。

例 4-3 河北省秦皇岛市某基础垫板加筋土挡土墙工程,需用混凝土 1 000 m^3,钢筋 96.8 t。计算其冬季施工增加费。

解: 定额:131-1-4-20-1,混凝土:2 221 元/(10 m^3),钢筋 3 201 元/t。

定额直接费=(1 000×2 221÷10+96.8×3 201)元=531 956.8 元

挡土墙属附属工程,工程分类属构造物Ⅰ。

河北省秦皇岛市属于冬二区Ⅱ类。查第 1 章 1-4 表得冬季施工增加费费率为 1.438%。

冬季施工增加费=531 956.8 元×1.438%=7 649.5 元。

4.2.6 公路工程施工图预算的规费和企业管理费计算

规费和企业管理费的费率取用及费用的计算见本书第 1 章相关内容。

4.2.7 公路工程施工图预算其他费用的计算

利润、税金、设备购置费、专项费用、土地使用及拆迁补偿费、工程建设其他费用、预备费等费用的计算见第 1 章相关内容。

例 4-4 哈尔滨市某高级路面工程,直接费是 253 288 元,定额直接费是 249 446 元,措施费为 14 859 元,其中人工费为 21 818 元,主副食综合运输里程 8 km,规费综合费费率为 29.5%。计算项目的建筑安装工程费。

解: (1) 查表 1-13 得企业管理费的基本费用费率:2.427%;

查第 1 章表 1-14 得企业管理费的主副食运费补贴费率:0.119%;

查第 1 章表 1-15 得企业管理费的职工探亲路费费率:0.159%;

查第 1 章表 1-16 得企业管理费的职工取暖补贴费率:哈尔滨为冬五区,费率是 0.376%;

查第 1 章表 1-17 得企业管理费的财务费用费率:0.404%;

企业管理费综合费率:3.485%。

(2) 规费=人工费×规费综合费费率=21 818 元×29.5% =6 436.31 元

(3) 企业管理费=定额直接费×企业管理费综合费率=249 446 元×3.485% =8 693.19 元

(4) 利润=(定额直接费+措施费+企业管理费)×7.42%

=(249 446+14 859+8 693.19) 元×7.42%

=20 256.47 元

(5) 查第 1 章 1.3.2,应计入建筑安装工程造价的增值税销项税税率为 9%,则

税金=(直接费+设备购置费+措施费+企业管理费+规费+利润)×综合税率

=(253 288+0+14 859+8 693.19+6 436.31+20 256.47) 元×9%

=27 317.97 元

(6) 查第1章表1-18得施工场地建设费费率:5.338%,则

施工场地建设费=(定额直接费+设备购置费×40%+措施费+企业管理费+规费+利润+税金)×施工场地建设费累进费率

=(249 446+0+14 859+8 693.19+6 436.31+20 256.47+27 317.97)元×5.338%

=17 455.74元

(7) 安全生产费费率取最小的1.5%,则

安全生产费=建筑安装工程费(不含安全生产费本身)×1.5%

=(直接费+设备购置费+措施费+企业管理费+规费+利润+税金+施工场地建设费)×1.5%

=(253 288+0+14 859+8 693.19+6 436.31+20 256.47+27 317.97+17 455.74)元×1.5%

=348 306.68元×1.5%

=5 224.60元

(8) 专项费用=施工场地建设费+安全生产费

=(17 455.74+5 224.60)元

=22 680.34元

(9) 建筑安装工程费=直接费+设备购置费+措施费+企业管理费+规费+利润+税金+专项费用

=(253 288+0+14 859+8 693.19+6 436.31+20 256.47+27 317.97+22 680.34)元

=353 531.28元

例4-5 某一级公路工程,全长120 km,定额建筑安装工程费为175 823.1万元,计算其建设项目管理费。

解:(1) 查第1章1.5的数字资源“1-8 建设单位管理费”得:

建设单位管理费=2 257.515万元+(175 823.1-150 000)万元×0.826%

=2 470.814万元

(2) 查第1章1.5的数字资源“1-10 工程监理费”得:

工程监理费=2 698万元+(175 823.1-150 000)万元×1.64%

=3 121.499万元

(3) 查第1章1.5的数字资源“1-11 设计文件审查费”得:

设计文件审查费=97.45万元+(175 823.1-150 000)万元×0.059%

=112.686万元

(4) 查第1章1.5的数字资源“1-12 竣(交)工验收试验检测费”得:

竣(交)工验收试验检测费=1.700×120万元=204万元

(5) 建设项目管理费=(2 470.814+3 121.499+112.686+204)万元=5 908.999万元

例4-6 某工程不实行预算加系数包干时的预算总金额是18.6亿元,扣除固定资产投资方向调节税、建设期贷款利息后的第一、二、三部分费用之和是16.7亿元,直接费、企业管理费和规费之和为11.1亿元,已知预备费费率3%、包干费费率3%,问该工程实行施工图预算加系数包干时的总预算金额是多少?

解：预备费 = 16.7 亿元×3% = 0.501 亿元

包干费 = 11.1 亿元×3% = 0.333 亿元

实行施工图预算加系数包干时的预算总金额 = (18.6-0.501+0.333) 亿元 = 18.432 亿元

4.2.8 公路工程建设各项费用计算程序及方式

公路工程建设各项费用计算程序及方式见表 4-22。

表 4-22 公路工程建设各项费用计算程序及方式

序号	项目	说明及计算式
(一)	定额直接费	∑人工消耗量×人工基价+∑(材料消耗量×材料基价+机械台班消耗量×机械台班基价)
(二)	定额设备购置费	∑设备购置数量×设备基价
(三)	直接费	∑人工消耗量×人工单价+∑(材料消耗量×材料预算单价+机械台班消耗量×机械台班预算单价)
(四)	设备购置费	∑设备购置数量×预算单价
(五)	措施费	(一)×施工辅助费费率+定额人工费和定额施工机械使用费之和×其余措施费综合费率
(六)	企业管理费	(一)×企业管理费综合费率
(七)	规费	各类工程人工费(含施工机械人工费)×规费综合费率
(八)	利润	[(一)+(五)+(六)]×利润率
(九)	税金	[(三)+(四)+(五)+(六)+(七)+(八)]×10%
(十)	专项费用	
	施工场地建设费	[(一)+(二×40%)+(五)+(六)+(七)+(八)+(九)]×累进费率
	安全生产费	建筑安装工程费(不含安全生产费本身)×(≥1.5%)
(十一)	定额建筑安装工程费	(一)+(二×40%)+(五)+(六)+(七)+(八)+(九)+(十)
(十二)	建筑安装工程费	(三)+(四)+(五)+(六)+(七)+(八)+(九)+(十)
(十三)	土地使用及拆迁补偿费	按规定计算
(十四)	工程建设其他费	
	建设项目管理费	
	建设单位(业主)管理费	(十一)×累进费率

续表

序号	项目	说明及计算式
	建设项目信息化费	(十一)×累进费率
	工程监理费	(十一)×累进费率
	设计文件审查费	(十一)×累进费率
	竣(交)工验收试验检测费	按规定计算
	研究试验费	
	建设项目前期工作费	(十一)×累进费率
	专项评价(估)费	按规定计算
	联合试运转费	(十一)×费率
	生产准备费	
	工具器购置费	按规定计算
	办公和生活用家具购置费	按规定计算
	生产人员培训费	按规定计算
	应急保通设备购置费	
	工程保通管理费	按规定计算
	工程保险费	[(十二)-(四)]×费率
	其他相关费用	
(十五)	预备费	
	基本预备费	[(十二)+(十三)+(十四)]×费率
	价差预备费	(十二)×费率
(十六)	建设期贷款利息	按实际贷款额度及利率计算
(十七)	公路基本造价	(十二)+(十三)+(十四)+(十五)+(十六)

4.2.9 施工图预算的编制程序

1. 收集资料

收集资料是指收集与编制施工图预算有关的资料,如:会审通过的施工图设计资料,初步设计概算,修正概算,施工组织设计,现行与本工程相一致的预算定额、各类费用取费标准,人工、材料、机械价格资料,主管部门对该预算编制的意见或会议记录,施工地区的水文、地质情况资料。

2. 熟悉施工图设计资料

全面熟悉施工图设计资料、了解设计意图、掌握工程全貌是准确、迅速地编制施工图预算的关键,一般可按以下顺序进行。

(1) 清理图纸

由设计单位提供的施工图设计资料一般都附有全套图纸的目录,根据该目录检查和核对图纸是否齐全,并装订成册,以免在使用过程中丢失。

(2) 阅读图纸

为了准确地划分计算项目、正确地套用定额和正确地计算工程量,在阅读图纸时,应注意各种图纸与图纸之间,图纸与说明之间有无矛盾和错误,各分项工程(或结构构件)的构造、尺寸和规定的材料、品种、规格以及它们之间的关系是否正确,拟划分的计算项目内容与相应定额的工程内容是否一致,新材料、新工艺、新结构采用的情况是否需要补充定额等,都应在阅读图纸时记录下来,与设计部门取得联系,共同研究解决。

3. 熟悉施工组织设计

施工组织设计是指导拟建工程施工准备、正式施工各现场空间布置的技术文件,同时施工组织设计亦是设计文件的组成部分之一。根据施工组织设计提供的施工现场平面布置、料场、堆场、仓库位置、资源供应以及运输方式、施工进度计划、施工方案等资料才能准确地计算人工、材料、机械单价以及工程数量,正确地选用相应的定额项目,从而确定反映客观实际的工程造价。

4. 了解施工现场情况

施工现场情况主要包括:施工现场的工程地质和水文地质情况;现场内需拆除和清理的构造物或构筑物情况;水、电、路等情况;施工现场的平面位置;各种材料、生活资源的供应等情况。这些资料对于准确、完整地编制施工图预算有着重要的作用。

5. 计算工程量

工程量的计算是编制施工图预算的重要环节之一。

(1) 工程量计算规则

工程量的计算是一项既简单又繁杂,并且十分关键的工作。简单是指计算时所需的数学运算简单,如加、减、乘、除等;繁杂是指所有项目应无一遗漏地包括进去。由于建筑实体的多样性和预算定额条件的相对固定性,为了在各种条件下保证定额的正确性,各专业、各分部分项工程都视定额制定条件的不同,对其相应项目的工程量计算作了具体规定,称为工程量计算规则。在计算工程量时,必须严格按工程量计算规则执行。

① 工程量单位的确定　工程量是以自然计量单位或物理计量单位来表示各分项工程或结构构件的数量。自然计量单位是指以物体自身为计量单位表示工程完成的数量,如块、个、件、套等。物理计量单位是指物体的物理属性,一般以公制单位为计量单位,表示完成的工程数量,如:m^2、m^3 等。在计算工程量时,为了计算出的项目能直接使用相应的定额项目,因此,在选取工程计量单位时,应与定额项目的计量单位相一致。

② 项目的划分及系数的采用　在工程量计算时,工程量项目的划分应与定额项目的划分相一致,即各个项目所包含的工作内容、施工方法、工艺要求与定额中该项目的要求相同或符合定额说明中所规定的范围,不允许重算、多算或漏算、少算工程量,应严格按计算规则采用工程量系数。

(2) 工程量计算的一般方法

工程量计算方法,是指计算工程量时的顺序,一般有以下几种:

① 按施工的先后顺序计算。

② 按定额手册上所列的定额项目的先后顺序计算。

③ 同一张图纸的各个构件或部位,按先上后下、先左后右、先横后直的顺序计算。

④ 按图纸的编号顺序或构件的编号顺序计算。

以上各种方法是就一般情况提出来的,在设计工作中,应视具体情况灵活运用。一般可选用其中一种方法进行计算,再选另外一两种方法进行复核。

(3) 工程量计算中的注意事项

① 工程量是按每一分部分项工程，根据设计图纸进行计算的，因此首先应熟悉施工图纸，了解工程内容，严格按预算定额规定和工程量计算规则以施工图尺寸为依据进行计算，不能任意加大或缩小构件尺寸。

② 每一项计算必须部位清楚，说明（或名称）准确，统一格式，计算正确，单位明确。一般采用表格进行计算，计算完后应编号装订成册，以便复核。

③ 数字要准确。工程量数据应计算正确且按定额的规定保留小数位数。

④ 工程量的单位应与定额单位相一致，以减少返工或换算的工作时间。

⑤ 为了在计算中不遗漏或重算项目，应按照事先拟定的计算顺序逐项计算。

⑥ 为了减少重复劳动，提高编制预算工作的效率，应尽量利用设计图纸资料提供的工程数量计算。

⑦ 工程量计算完成后应认真复核、准确无误后才能用于编制施工图预算。

（4）工程量汇总

工程量计算完后，应根据预算定额项目的划分情况，对工程量进行合并、汇总，最后列出预算工程数量一览表。

6. 明确预算项目划分

公路工程概、预算的编制必须严格按预算项目表的序列及内容进行，见表4-23及本章数字资源中的路基工程、路面工程、涵洞工程、桥梁工程和隧道工程等项目分表，如实际出现的工程和费用与项目表内容不完全相符时，“第一、二、三部分”和“项”的序号应保留不变，“目”“节”依次排列，不保留缺少的“目”“节”的序号。如“第二部分 土地使用及拆迁补偿费”在某工程中不发生时，“第三部分 工程建设其他费”仍为第三部分，而不能改为第二部分。同样，第一部分第五项为隧道工程，第六项为交叉工程，若路线中无隧道工程项目，但其序号仍保留，交叉工程仍为第六项。但如“目”“节”发生这样的情况时，可依次递补改变序号。路线建设项目中的互通式立体交叉、辅道、支线，如工程规模较大时，也可按概、预算表单独编制建筑安装工程，然后将其概、预算建安工程总金额列入路线的总概预算表中相应的项目内。

4-1 概算预算项目表

4-2 路基工程项目分表（LJ）

4-3 路面工程项目分表（LM）

4-4 涵洞工程项目分表（HD）

4-5 桥梁工程项目分表（QL）

4-6 隧道工程项目分表（SD）

4-7 交通安全设施工程项目分表（JA）

4-8 隧道机电工程项目分表（SJ）

4-9 绿化及环境保护工程项目分表（LH）

表 4-23 概、预算项目表

分项编号	工程或费用名称	单位	主要工作内容	备注
1	第一部分 建筑安装工程费	公路公里		建设项目路线总长度(主线长度)
101	临时工程	公路公里		
10101	临时道路	km		新建施工便道与利用原有道路的总长
1010101	临时便道(修建、拆除与维护)	km		新建施工便道长度
1010102	原有道路的维护与恢复	km		利用原有道路长度
1010103	保通便道	km		
101010301	保通便道(修建、拆除与维护)	km		修建、拆除与维护
101010302	保通临时安全设施	km		临时安全设施修建、拆除与维护
	……			
102	路基工程	km		扣除主线桥梁、隧道和互通立交的主线长度,独立桥梁或隧道为引道或接线长度。下挂路基工程项目分表
	……			
103	路面工程	km		扣除主线桥梁、隧道和互通立交的主线长度,独立桥梁或隧道为引道或接线长度。下挂路面工程项目分表
	……			
104	桥梁涵洞工程	km		指桥梁长度
10401	涵洞工程	m/道		下挂涵洞工程项目分表
	……			
10402	小桥工程	m/座		
	……			
10403	中桥工程	m/座		

续表

分项编号	工程或费用名称	单位	主要工作内容	备注
	……			
10404	大桥工程	m/座		
1040401	×××桥(桥型、跨径)	m^2/m		下挂桥梁工程项目分表
	……			
10405	特大桥工程	m/座		
1040501	××特大桥工程	m^2/m		按桥名分级;技术复杂大桥先按主桥和引桥分级再按工程部位分级
104050101	引桥工程(桥型、跨径)	m^2/m	不含桥面铺装及附属工程内容	标注跨径、桥型,下挂桥梁工程项目分表
104050102	主桥工程(桥型、跨径)	m^2/m	不含桥面铺装及附属工程内容	标注跨径、桥型,下挂桥梁工程项目分表
104050103	桥面铺装	m^3		下挂桥梁工程项目分表相应部分
104050104	附属工程	m		下挂桥梁工程项目分表相应部分
10406	桥梁维修加固工程	m^2/m		下挂桥梁工程项目分表相应部分
	……			
105	隧道工程	km/座		按隧道名称分级,并注明其形式
	……			
106	交叉工程	处		按不同的交叉形式分目
	……			
107	交通工程	公路公里		
10701	交通安全设施	公路公里		下挂交通安全设施工程项目分表
	……			
10702	收费系统	车道/处		收费车道数/收费站数
1070201	收费中心设备安装与土建	收费车道		按不同的设备分级
1070202	收费中心设备费	收费车道		按不同的设备分级

续表

分项编号	工程或费用名称	单位	主要工作内容	备注
1070203	收费站设备安装与土建	收费车道		按不同的设备分级
1070204	收费站设备费	收费车道		按不同的设备分级
1070205	收费车道设备安装与土建	收费车道		按不同的设备分级
1070206	收费车道设备费	收费车道		按不同的设备分级
1070207	收费系统配电工程	收费车道		按不同的设备分级
	……			
	……			
108	绿化及环境保护工程	公路公里		
	……			
109	其他工程	公路公里		
	……			
110	专项费用	元		
11001	施工场地建设费	元		
11002	安全生产费	元		
	……			
2	第二部分 土地使用及拆迁补偿费	公路公里		
201	土地使用费	亩		
20101	永久征用土地	亩		按土地类别属性分类
20102	临时用地	亩		按使用性质分类
202	拆迁补偿费	公路公里		
203	其他补偿费	公路公里		
	……			
3	第三部分 工程建设其他费	公路公里		
301	建设项目管理费	公路公里		
30101	建设单位(业主)管理费	公路公里		
30102	建设项目信息化费	公路公里		
30103	工程监理费	公路公里		
30104	设计文件审查费	公路公里		
30105	竣(交)工验收试验检测费	公路公里		
302	研究试验费	公路公里		
303	建设项目前期工作费	公路公里		
304	专项评价(估)费	公路公里		
305	联合试运转费	公路公里		
306	生产准备费	公路公里		

7. 明确预算文件中各表格之间的顺序

公路工程项目施工预算应以《公路工程预算定额》为依据进行编制，其中材料预算单价、机械台班预算单价及各项费用的计算都应通过规定的表格反映。各种表格的计算顺序和相互关系见图4-2。

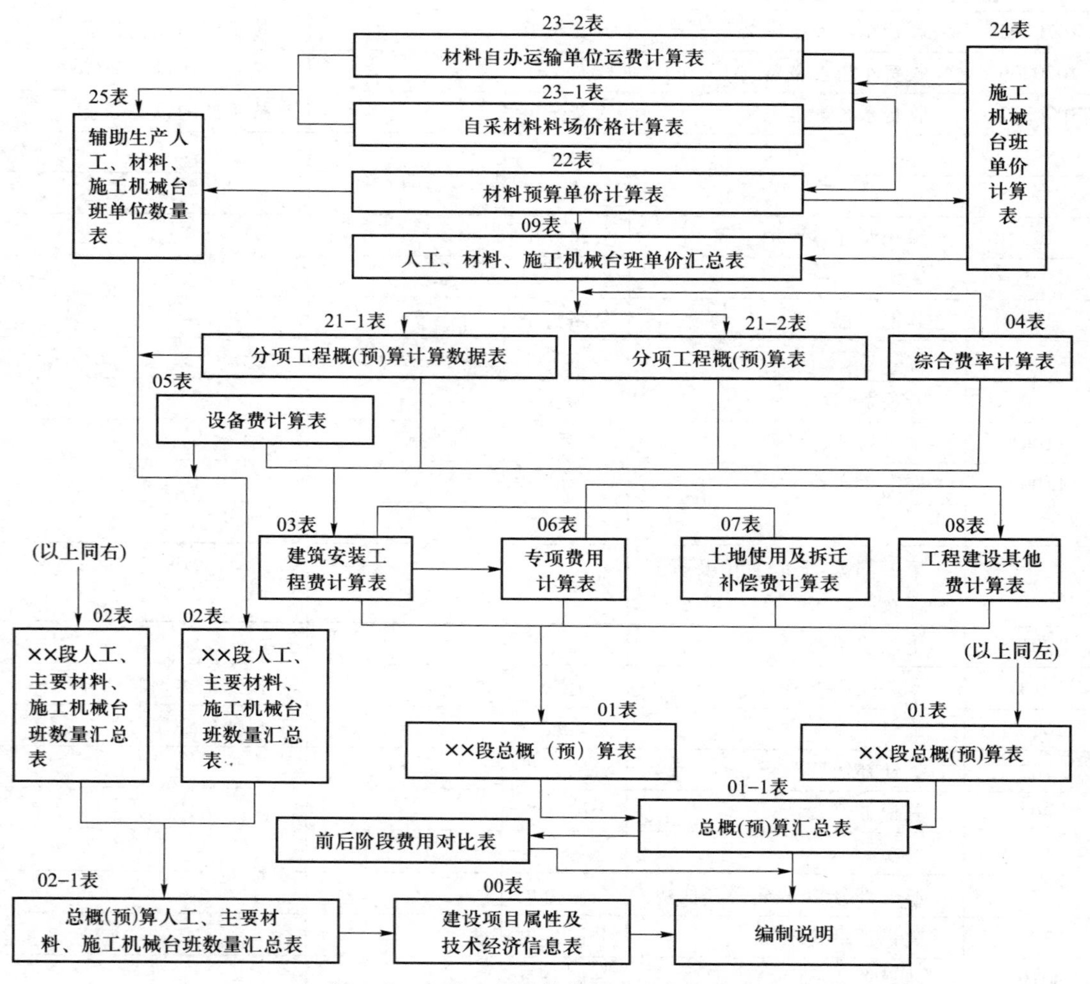

图4-2 各种表格的计算顺序和相互关系

8. 明确预算文件的计算顺序

(1) 计算工、料、机预算价格

人工预算单价，按《编制办法》的标准及规定计算，并在“编制说明”中加以说明。

材料预算单价的计算分为自采材料及外购材料。自采材料先编制“自采材料料场价格计算表”(23-1表，即表4-18)，再编制“材料预算单价计算表”(22表，即表4-17)；外购材料仅编制“材料预算单价计算表”(22表，即表4-17)。自采材料、自办运输的材料还应编制“辅助生产人工、材料、施工机械台班单位数量表”(25表，即表4-21)。

机械台班单价的计算应根据《公路工程机械台班费用定额》进行，并填入“施工机械台班单价计算表”(24表，即表4-20)。

将人工、材料、机械台班单价汇总填入“人工、材料、施工机械台班单价汇总表”(09表,即表4-14)。

(2) 计算综合费率

根据工程所在地的地理位置、气候条件、工程特征、施工企业等级等资料,按《公路工程建设项目概算预算编制办法》及工程所在地交通厅(局)的规定、取费办法、费用标准查出冬季施工增加费、雨季施工增加费、夜间施工增加费、特殊地区施工增加费、行车干扰施工增加费、施工辅助费、工地转移费等措施费的综合费率以及养老保险费、失业保险费、医疗保险费、工伤保险费、住房公积金等规费的综合费率和基本费用、主副食运费补贴、职工探亲路费、职工取暖补贴和财务费用等企业管理费综合费率,编制04表(表4-8)。

(3) 编制分项工程预算表

根据工程量汇总表,《公路工程预算定额》,人工、材料、施工机械台班单价汇总结果(09表,即表4-14),措施费、规费和企业管理费费率计算表(04表,即表4-8),以及施工组织设计,编制“分项工程预算表”(21-2表,即表4-16)。其填表方法如下。

“编制范围”栏:填入本预算的编制范围。

“分项编号”栏:根据“预算项目表”(即表4-23,下同),填入本表项目的分项编号。

“工程名称”栏:根据“预算项目表”,填入分项编号对应的工程名称;或根据工程实际情况,填入分项工程名称。

“工程项目”栏:填入预算定额中套用的该分项工程“定额节”的名称。

“工程细目”栏:填入预算定额中套用的“定额子目”的名称或说明。

“定额单位”栏:填入所查定额子目的单位。

“工程数量”栏:填入换算成定额单位后的该分项工程的工程数量(即定额单位的倍数)。

“定额表号”栏:填入所套用定额的代号,其表示式为:章-节-栏;如:第一章、第一节、第一栏的定额为路基工程,伐树、挖根、除草、清除表土、人工伐树及挖根,其代号表示1-1-1。

“代号”栏:按顺序填写。

“工、料、机名称”栏:按所套用的定额填入“人工”“材料”“机械”的名称、“基价”,再填入“直接费”“措施费”“企业管理费”“规费”“利润”“税金”“金额合计”等费用名称。

“单位”栏:按所套用定额子目的工、料、机单位填写,各项费用的单位均为“元”。

“单价”栏:按已计算出的人工、材料、机械台班单价汇总结果(09表)填入。

“定额”栏:按所套用定额子目计算出的工、料、机定额值及基价填写,各项费用的“定额”填写其计算基数(因直接费没有所谓计算基数,故直接费此栏为空白)。

“数量”栏:用“定额”栏的数据乘以“工程数量”栏的数据后填入本栏,各项费用的“数量”填写其计算费率。

“金额”栏:用本项目“数量”栏的数据分别乘以相应的单价后填入本栏,各项费用的“金额”填写其计算基数乘以计算费率的值。直接费的“金额”填写其上面人材机金额之和。

“合计数量”栏:以与“分项编号”或“工程名称”所包括的分项工程为单位,将各个分项工程的工、料、机数量及基价分别合计后,填入本栏。

“合计金额”栏:以同“分项编号”或同“工程名称”所包括的分项工程为单位,将各个分项工程的工、料、机费用及其他费用分别合计后,填入本栏。

(4) 编制“建筑安装工程费用计算表”

在“分项工程预算表”(21-2表,即表4-16)编制完成后,即可编制“建筑安装工程费计算表”(03 表,即表 4-7)。其填表方法如下。

“建设项目名称”栏:填入本预算所承担的基本建设项目的名称。

“编制范围”栏:填入本预算的编制范围。

“序号”栏:按顺序填写。

“分项编号”栏:根据“预算项目表”和“分项工程预算表”中的“分项编号”栏填写。

“工程名称”栏:根据“预算项目表”和“分项工程预算表”中的“工程名称”栏填写。

“单位”栏:按“分项工程预算表”中该“节”的单位填写或按工程实际情况填写。

“工程量”栏:将属于本“工程名称”栏所包括的各个分项工程的工程数量按所要求的单位合计后的数量填入。

“定额直接费”栏:将“分项工程预算表”中“基价合计金额”-“定额设备购置费(设备购置基价合计金额)”的数据填入。

“定额设备购置费”:将“设备费计算表”(05 表,即表 4-10)中对应的“定额设备购置费”合计的数据填入。

“人工费”栏:将“分项工程预算表”中“人工费”栏的数据填入。

“材料费”栏:将“分项工程预算表”中“材料费”栏的数据填入。

“机械费”栏:将“分项工程预算表”中“机械费”栏的数据填入。

直接费“合计”栏:将“分项工程预算表”中“直接费”栏的数据合计后填入。

“设备购置费”:将“设备费计算表”(05 表,即表 4-10)中对应的“设备购置费”合计的数据填入。

“措施费”栏:将“分项工程预算表”中“措施费”中“金额合计”栏的数据填入。

“企业管理费”栏:将“分项工程预算表”中“企业管理费”中“金额合计”栏的数据填入。

“规费”栏:将“分项工程预算表”中“规费”中“金额合计”栏的数据填入。

“利润”栏:用本表“直接费”栏的数据加“企业管理费”栏的数据后乘以利润率,将所得数据填入本栏。

“税金”栏:用本表“直接费”栏加“规费”栏和“企业管理费”栏的数据,再加“利润”栏的数据后乘以综合税率,将所得数据填入本栏。

“金额合计”中“合计”栏:将本表的“直接费合计”栏、“设备购置费”栏、“规费”栏、“企业管理费”栏、“利润”栏、“税金”栏等六栏数据合计后填入本栏。

“金额合计”中“单价”栏:将本表“建筑安装工程费单价”栏的数据除以“工程量”栏的数据后填入本栏。

(5) 编制“人工、主要材料、施工机械台班数量汇总表”

根据“分项工程预算表”(21-2 表,即表 4-16),编制“人工、主要材料、施工机械台班数量汇总表”(02 表,即表 4-6)的方法如下。

“建设项目名称”栏:填入本预算所承担的基本建设项目的名称。

“编制范围”栏:填入本预算的编制范围。

“代号”栏:填写工料机代号。

“规格名称”栏:根据“分项工程预算表”(21-2 表,即表 4-16)的工、料、机的名称及规格或型号填写本表。

“单位”栏:根据“分项工程预算表”(21-2 表,即表 4-16)中对应的工、料、机的单位填写。

“分项统计”栏:根据本预算包括的工程内容情况,按“预算项目表”中“项”的划分分别填入相应名称,路线分别有临时工程、路基、路面、桥梁涵洞、隧道、交叉工程、交通工程、绿化及环境保护工程、其他工程等工程项目;独立桥梁工程分别有基础工程、下部构造、上部构造、桥面铺装、桥梁附属设施、其他工程、临时工程等项目。然后再根据各工程项目所包括的工程内容,从“分项工程预算表”中分别汇总工、料、机的数量,填入本工程项目栏中的相应位置。

“场外运输损耗%”栏:根据所对应的材料名称从《编制办法》附录内“材料场外运输损耗率表”中查出相应损耗率,填入本栏。

“场外运输损耗数量”栏:用本表“分项统计”栏的合计数据乘以材料的场外运输损耗率,将所得数据填入本栏。

“总数量”栏:将本表“分项统计”栏的合计数据与“场外运输损耗数量”栏的数据合计后填入本栏。

(6) 编制“工程建设其他费计算表”

根据测设调查资料及工程所在地人民政府关于土地、青苗及其他设施的征购、补偿安置费用标准,以及 03 表(表 4-7)资料、《公路工程建设项目概算预算编制办法》的规定,编制“工程建设其他费计算表”(08 表,即表 4-13)。其填表方法如下。

“建设项目名称”栏:填入本预算所承担的基本建设项目的名称。

“编制范围”栏:填入本预算的编制范围。

“序号”栏:根据“预算项目表”中“第三部分工程建设其他费用”的“项”“目”的代号填写。

“费用名称及项目”栏:根据工程建设其他费用的划分及调查资料填入相应费用名称。

“说明及计算式”栏:填入各项费用及回收金额的计算式或简要说明。

“金额”栏:将说明及计算式栏的计算结果填入本栏。

(7) 编制“设备费计算表”

根据设计部门、建设单位及上级有关部门列出的计划购置清单,编制“设备费计算表”(05 表,即表 4-10)。

(8) 编制“总预算表”

根据“预算项目表”“建筑安装工程费”“分项工程预算表”“设备购置费计算表”“工程建设其他费计算表”及《编制办法》,编制“总预算表”(01 表,即表 4-5)。填表方法如下。

“建设项目名称”栏:填入本预算所承担的基本建设项目的名称。

“编制范围”栏:填入本预算的编制范围。

“项”栏:根据“预算项目表”中“项”的代号及规定填写。

“目”栏:根据“预算项目表”中“目”的代号及规定填写。

“节”栏:根据“预算项目表”中“节”的代号及规定填写。

“工程或费用名称”栏:根据“项”“目”“节”所对应的工程或费用名称以及实际工程项目填写但各工程或费用名称及内容应与其他各表工程或费用的名称及内容相一致。

“单位”栏:根据“预算项目表”的单位及实际情况填写。

“数量”栏:根据设计资料及所对应的单位填写。

“金额”栏:根据“建筑安装工程费计算表”“设备购置费计算表”“工程建设其他费计算表”的数据填写,其中第一部分建筑安装工程中各“节”的“金额”应将各“分项工程预算表”中“直接费与规费、企业管理费合计金额”的数据填入,各“目”的“金额”为本“目”下各“节”的“金额”的合计,“项”的“金额”为本“项”下各“目”的“金额”的合计。

“技术经济指标”栏:用本表“金额”栏的数据除以“数量”栏的数据后填入本栏。

“各项费用比例”栏：用本表“第一、二、三部分工程或费用”“项”“预备费”“建设期贷款利息”等费用的“金额”栏的数据分别除以预算总金额，取百分数后填入本栏各项费用所对应的位置。

(9) 编制“总概(预)算人工、主要材料、施工机械台班数量汇总表”及“总概(预)算汇总表”

预算应按一个建设项目(如一条路线或一座独立大、中桥)进行编制。当一个建设项目需分段或分部编制时，应根据需要分别编制，但必须汇总编制“总概(预)算人工、主要材料、施工机械台班数量汇总表”(02-1表，即表4-4)及“总概(预)算汇总表”(01-1表，即表4-3)。不需汇总的项目，不编制汇总表。

“总概(预)算人工、主要材料、施工机械台班数量汇总表”(02-1表，即表4-4)填写方法如下。

“建设项目名称”栏：填入本预算所承担的基本建设项目的名称。

“规格名称”栏：按“人工、主要材料、施工机械台班数量汇总表”填写。

“单位”栏：按“人工、主要材料、施工机械台班数量汇总表”填写。

“编制范围”栏：逐项填入需汇总各个预算“编制范围”栏的内容，并在各栏下再填入该预算相应的“人工、主要材料、施工机械台班数量汇总表”中的“总数量”栏的数据。

“总概(预)算汇总表”(01-1表，即表4-3)填写方法如下。

“建设项目名称”栏：填入本预算所承担的基本建设项目的名称。

“分项编号”栏：按顺序填入“总预算表”中的除“节”以外的其他代号。

“工程或费用名称”栏：填入“分项编号”栏所对应的“总预算表”中的“工程或费用名称”栏的内容。

“单位”栏：填入“工程或费用名称”栏所对应的“总预算表”中的“单位”栏的内容。

“总数量”栏：将“总预算表”中相应项次“数量”栏的数据合计后填入本栏。

“总金额”栏：将各个“总预算表”中的“金额”栏的数据分别填入本栏下的各个分栏，再将这些数据合计后填入“总金额”栏。

“技术经济指标”栏：将本表“总金额”栏的数据除以“总数量”栏的数据后填入。

“各项费用比例”栏：将本表“项”的“总金额”除以本表最终的“公路基本造价总金额”后填本栏。

(10) 写编制说明、编目录及封面设计

预算表格编制完成后应写出编制说明，按预算文件的装订顺序编写目录，并按封面格式的规定设计制作封面，最后装订成册，作为设计文件组成部分之一装入设计文件中。

4.3 公路工程施工图预算实例

现以河北省某一级公路1.2 km路面面层为例编制预算。

① 该路面面层为中粒式沥青混凝土，施工内容包括沥青混凝土的拌和、运输及铺筑。

② 工程所在地属于冬一区Ⅱ类，雨季期2个月，雨量为二区。

③ 主副食运距按10 km计。

④ 工地转移按100 km计。

⑤ 不考虑第二部分设备、工具、器具购置。

⑥ 不计预留费用。

⑦ 该工程所在地不属于高原、沿海地区。

4-10 河北石家庄某一级公路1.2 km路面面层预算

⑧ 本工程无夜间施工。

详细计算见本章数字资源。

4.4 公路工程施工图预算的审查

4.4.1 施工图预算审查的意义

施工图预算编完之后,需要认真进行审查。加强施工图预算的审查,对于提高预算的准确性,降低工程造价具有重要的现实意义。

① 审查施工图预算,有利于控制工程造价,克服和防止预算超概算。

② 审查施工图预算,有利于加强固定资产投资管理,节约建设资金。

③ 审查施工图预算,有利于施工承包合同价的合理确定和控制。因为,施工图预算对于施工图招标工程,是编制标底的依据;对于不宜招标工程,是合同价款结算的基础。

④ 审查施工图预算,有利于积累和分析各项技术经济指标,不断提高设计水平。通过审查工程预算,核实了预算价值,为积累和分析技术经济指标,提供了准确数据,进而通过有关指标的比较,找出设计中的薄弱环节,以便及时改进,不断提高设计水平。

4.4.2 施工图预算审查的程序

① 做好审查前的准备工作。

a. 熟悉施工图。施工图是编审预算分项数量的重要依据,必须全面熟悉了解,核对所有图纸,清点无误后,依次识读。

b. 了解预算包括的范围。根据预算编制说明,了解预算包括的工程内容。

② 选择合适的审查方法,按相应内容审查。由于工程规模、繁简程度不同,施工方法和施工企业情况不一样,所编工程预算繁简和质量也不同,因此需选择适当的审查方法进行审查。

③ 综合整理审查资料,并与编制单位交换意见,定案后,需要进行增加或核减的,经与编制单位协商,统一意见后,进行相应的修正。

4.4.3 施工图预算审查的内容

审查时,首先从总体上看工程与定额是否一致。若符合条件,审查时应把重点放在乙组文件上,即有关基础计算的表格,下面就审核的一些顺序、要点作简要介绍。

1. 首先要看所列项目是否重漏

项目重漏在工程实践中往往是影响概预算编制质量的主要因素之一。主要原因是编制人员对施工工艺流程不清,不熟悉施工,对定额中某工程细目的内容不了解。例如,路基工程这一项的土方常出现重项或漏项。重项原因是对同一路段的土方数量重复计算或重复列项,这主要反映在 21-2 表(表 4-16)里;又如对同一路段(三级公路),包括填方和挖方,填方应考虑土源、数量、运距;挖方包括本桩利用、远运利用、废方处理等。所以就土方而言,它必须考虑整个土方该填的应填好,该挖运的要挖运,直至把断面填筑至设计的断面要求为止,在此期间发生的各个环节的费用均要计算,这样才不至于有漏项。其他工程首先要对所编制的构造物的构造、施工流程、实地情况、定额细目、工程内容了解清楚并熟练掌握才能准确立项。

2. 审核各分项细目的工程量

工程量审核是审查的又一重要环节。作为审核人员应熟悉各项工程量计算规则,特别要熟练掌握各定额的总说明和各章的分说明。例如,路基土方数量,同时还应结合施工组织设计,提出有关数量。例如,路基填方段,清除表土或零填方地段的基底压实、耕地填前压实后,回填至原地面标高所需的土、石方数量等。又例如,在预算定额之桥梁工程中,构件体积均为实际体积,不包括空心部分,钢筋混凝土构件中钢筋搭接长度未计入定额,在编制时应按实需长度计算等。

3. 定额套用的审查

定额套用时应执行干什么工程套用什么定额的规定,在套用定额时要重点审查所列项目与施工组织设计是否相对应,同时还要审查定额中各种机械配套使用问题。所以通过定额套用的审查,反过来检查施工组织设计的合理性,使施工组织设计得以优化。例如,路基土方中挖掘机与运输机械配套等,路面工程中搅拌站位置与混凝土运输距离等问题。

4. 材料预算单价的审核

材料预算单价是概预算审核的重要环节,因为是计算直接费和其他费用的基础,数据的审核主要从以下几方面着手:

① 材料的供应价(原价),若为市场调查价,应附有关调查资料;若为省内统一规定价,看是否执行有关规定;若为自采材料的料场价,看计算是否正确。

② 运距,根据施工组织设计要求确定,并按有关规则计算。

③ 运杂费,审核有关参数的取值依据,是否符合当地主管部门的有关规定,或是否与实际相符。

5. 机械台班预算单价和人工预算单价的审核

审核其是否符合《编制办法》的规定和当地有关文件的规定。

6. 其他费用计算的审核

认真审核其他各种费用的计算基数和取用的有关费率是否符合《编制办法》的要求和有关文件规定。

7. 对有关补充定额使用的审查

在施工中采用的新工艺、新方法,现行定额中无法查阅而采用其他定额,应认真审查所采用定额的使用范围,看定额与施工工艺方法是否相适应。常用的方法有两种:

① 若工程项目是完全新的,定额中不能查阅时,由编制概预算设计的单位自拟补充定额,报上一级定额管理单位批准后使用。

② 若新工程项目与定额中工程项目其中某些工序用材料与使用设备不同,则增加(减少)这些材料,抽换某些机械设备调整原定额后暂时使用。应严格执行干什么工程执行什么定额的要求,维护使用定额的严肃性。同时,还要检查计算有无错误,计量单位是否正确,是否符合国家法定标准。

4.4.4 施工图预算审查的方法

审查施工图预算的方法较多,主要有全面审查法、标准预算审查法、对比审查法、重点抽查法、分解对比审查法等。

1. 全面审查法

全面审查又叫逐项审查法,就是按预算定额顺序或施工的先后顺序,逐一地全部进行审查的方法。其具体计算方法和审查过程与编制施工图预算基本相同。此方法的优点是全面、细致,经审查的工程预算差错比较少,质量比较高,缺点是工作量大。对于一些工程量比较小、工艺比较简单的工程,编制工程预算的技术力量又比较薄弱,可采用全面审查法。

2. 标准预算审查法

标准预算审查法即对于利用标准图纸或通用图纸施工的工程,先集中力量,编制标准预算,以此为标准审查预算的方法。这种方法的优点是时间短、效果好、好定案,缺点是只适用按标准图纸设计的工程,适用范围小。

3. 对比审查法

是用已建成工程的预算或虽未建成但已审查修正的工程预算对比审查拟建的类似工程预算的一种方法。

4. 重点抽查法

是抓住工程预算中的重点进行审查的方法。审查的重点一般是工程量大或造价较高、工程结构复杂的工程计取的各项费用(计费基础、取费标准等)。

重点抽查法的优点是重点突出,审查时间短,效果好。

5. 分解对比审查法

一个单位工程,按直接费与间接费进行分解,然后再把直接费按工种和分部工程进行分解,分别与审定的标准预算进行对比分析的方法,叫分解对比审查法。

第 5 章

土木工程设计概算的编制与审查

学习重点：土木工程设计概算的主要内容、编制步骤和方法；设计概算的审查内容、审查步骤、审查方法。

学习目标：通过本章的学习，了解设计概算的基本概念、作用、编制依据和概算文件组成，掌握设计概算的主要内容、编制步骤和方法。熟悉设计概算的审查内容、审查步骤及其基本方法。

公路工程概算的编制方法与预算的编制方法基本相同，只是在查定额时需查《公路工程概算定额》，因此本章仅介绍建筑工程概算的相关内容。

5.1 设计概算的作用和编制方法

5.1.1 设计概算的概念与作用

1. 设计概算的含义

设计概算是设计文件的重要组成部分，是在投资估算的控制下由设计单位根据初步设计（或扩大初步设计）图纸及说明、概算定额（或概算指标）、各项费用定额或取费标准（指标）、设备和材料预算价格等资料，编制和确定的建设项目从筹建至竣工交付使用所需全部费用的文件。采用两阶段设计的建设项目，初步设计阶段必须编制设计概算；采用三阶段设计的，技术设计阶段必须编制修正概算。设计概算的编制应包括编制期价格、费率、利率、汇率等确定静态投资和编制期到竣工验收前的工程和价格变化等多种因素的动态投资两部分。静态投资作为考核工程设计和施工图预算的依据；动态投资作为筹措、供应和控制资金使用的限额。

5-1 限额设计

2. 设计概算的作用

设计概算的主要作用可归纳为如下几点：

① 设计概算是编制建设项目投资计划、确定和控制建设项目投资的依据。国家规定，编制年度固定资产投资计划，确定计划投资总额及其构成数额，要以批准的初步设计概算为依据，没有批准的初步设计及其概算的建设工程不能列入年度固定资产投资计划。

5-2 概算调整

经批准的建设项目设计总概算的投资额，是该工程建设投资的最高限额。在工程建设过程中，年度固定资产投资计划安排、银行拨款或贷款、施工图设计及其预算和竣工决算等，未经按规定的程序批准，都不能突破这一限额，以确保国家固定资产投资计划的严格执行和有效控制。

② 设计概算是签订建设工程合同和贷款合同的依据。《中华人民共和国合同法》明确规定，建设工程合同是承包人进行工程建设，发包人支付价款的合同。合同价款的多少是以设计概预算为依据的，而且总承包合同不得超过设计总概算的投资额。

设计概算是银行拨款或签订贷款合同的最高限额，建设项目的全部拨款或贷款以及各单项工程的拨款或贷款的累计总额，不能超过设计概算。如果项目的投资计划所列投资额或拨款与贷款突破设计概算时，必须查明原因后由建设单位报请上级主管部门调整或追加设计概算总投资额，凡未批准之前，银行对其超支部分拒不拨付。

③ 设计概算是控制施工图设计和施工图预算的依据。经批准的设计概算是建设项目投资的最高限额，设计单位必须按照批准的初步设计和总概算进行施工图设计，施工图预算不得突破设计概算。如确需突破总概算时，应按规定程序报批。

④ 设计概算是衡量设计方案技术经济合理性和选择最佳设计方案的依据。设计概算是设计方案技术经济合理性的综合反映，据此可以用来对不同的设计方案进行技术与经济合理性的比较，以便选择最佳的设计方案。

⑤ 设计概算是工程造价管理及编制招标标底和投标报价的依据。设计总概算一经批准，就作为工程造价管理的最高限额，并据此对工程造价进行严格的控制。以设计概算进行招投标的工程，招标单位编制标底是以设计概算造价为依据的，并以此作为评标定标的依据。承包单位为了在投标竞争中取胜，也以设计概算为依据，编制出合适的投标报价。

⑥ 设计概算是考核建设项目投资效果的依据。通过设计概算与竣工决算对比，可以分析和考核投资效果的好坏，同时还可以验证设计概算的准确性，有利于加强设计概算管理和建设项目的造价管理工作。

5.1.2 设计概算的编制依据

1. 设计概算的编制原则

为提高建设项目设计概算编制质量，科学合理地确定建设项目投资，设计概算编制应坚持以下原则：

① 严格执行国家的建设方针和经济政策的原则。设计概算是一项重要的技术经济工作，要严格按照党和国家的方针、政策办事，坚决执行勤俭节约的方针，严格执行规定的设计标准。

② 要完整、准确地反映设计内容的原则。编制设计概算时，要认真了解设计意图，根据设计文件、图纸准确计算工程量，避免重算和漏算。设计修改后，要及时修正概算。

③ 要坚持结合拟建工程的实际，反映工程所在地当时价格水平的原则。为提高设计概算的准确性，要求实事求是地对工程所在地的建设条件、可能影响造价的各种因素进行认真的调查研究。在此基础上正确使用定额、指标、费率和价格等各项编制依据，按照现行工程造价的构成，根据有关部门发布的价格信息及价格调整指数，考虑建设期的价格变化因素，使概算尽可能地反映设计内容、施工条件和实际价格。

2. 设计概算的编制依据

① 国家发布的有关法律、法规、规章、规程等。

② 批准的可行性研究报告及投资估算、设计图纸等有关资料。

③ 有关部门颁布的现行概算定额、概算指标、费用定额等和建设项目设计概算编制办法。

④ 有关部门发布的人工、设备材料价格、造价指数等。

⑤ 有关合同、协议等。

⑥ 其他有关资料。

5.1.3 设计概算的分类

依据设计概算的内容，设计概算可分为单位工程概算、单项工程综合概算和建设项目总概算三级。各级概算之间的相互关系如图5-1所示。

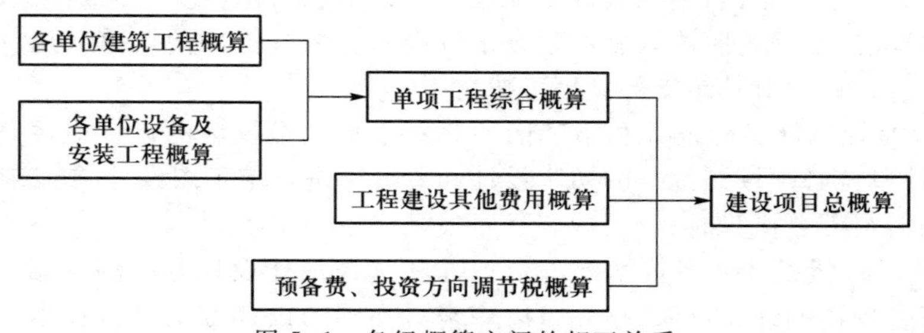

图5-1 各级概算之间的相互关系

1. 单位工程概算

单位工程概算是确定各单位工程建设费用的文件，是编制单项工程综合概算的依据，是单项工程综合概算的组成部分。单位工程概算按其工程性质分为建筑工程概算和设备及安装工程概算两大类。建筑工程概算包括土建工程概算，给水排水、采暖工程概算，通风、空调工程概算，电气、照明工程概算，弱电工程概算，特殊构筑物工程概算等；设备及安装工程概算包括机械设备及安装工程概算，电气设备及安装工程概算，以及工具、器具及生产用家具购置费用概算等。

2. 单项工程综合概算

单项工程综合概算是确定一个单项工程所需建设费用的文件，它是由单项工程中的各单位工程概算汇总编制而成的，是建设项目总概算的组成部分。单项工程综合概算的组成内容如图5-2所示。

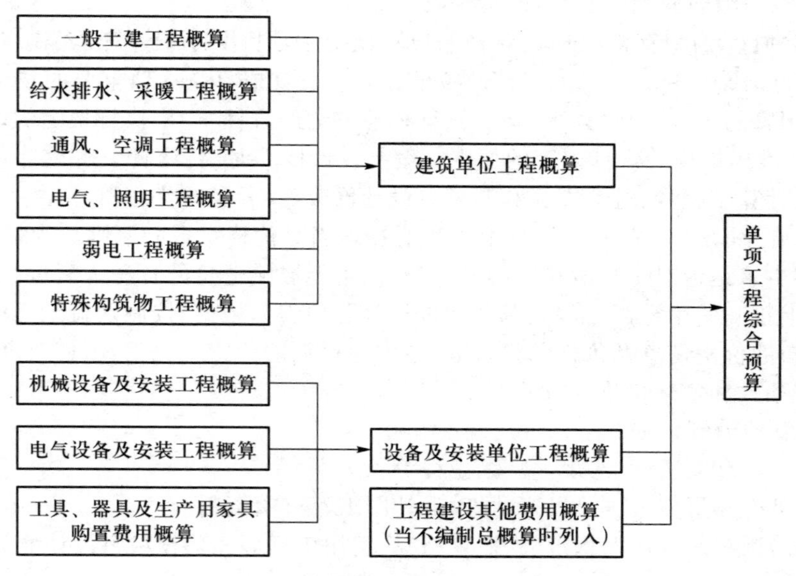

图5-2 单项工程综合概算的组成

说明：

不编制总概算时，将工程建设其他费用列入单项工程概算，编制总概算时，将工程建设其他费用单列。

3. 建设项目总概算

建设项目总概算是确定整个建设项目从筹建到竣工验收所需全部费用的文件，它是由工程费用概算（包括各单项工程综合概算，如主要生产工程项目综合概算、辅助工程项目综合概算等）、工程建设其他费用概算、预备费概算和投资方向调节税概算等汇总编制而成的，如图 5-3 所示。

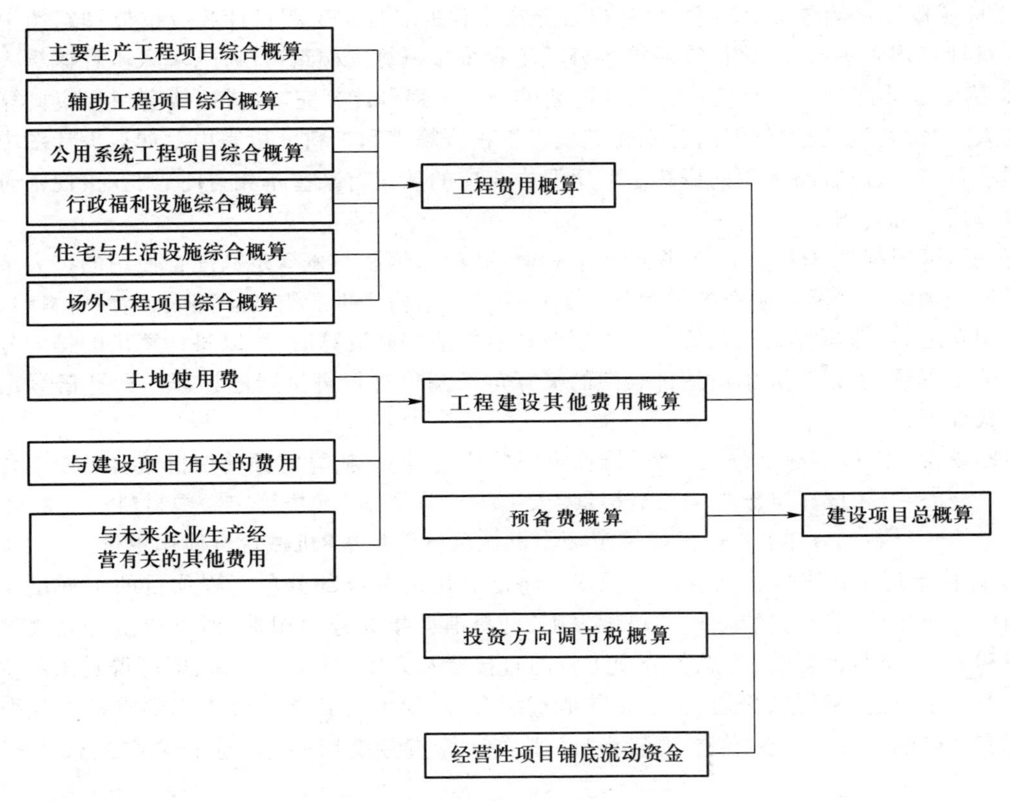

图 5-3 建设项目总概算组成

5.1.4 单位工程概算的编制方法

单位工程是单项工程的组成部分，是指具有单独设计、可以独立组织施工、但不能独立发挥生产能力或使用效益的工程。单位工程概算由建筑安装工程中的直接工程费、间接费、计划利润和税金组成。

单位工程概算分建筑工程概算和设备及安装工程概算两大类。建筑工程概算的编制方法有概算定额法、概算指标法、类似工程预算法等；设备及安装工程概算的编制方法有：预算单价法、扩大单价法、设备价值百分比法和综合吨位指标法等。

5-3 单位工程概算表

1. 建筑工程概算的编制方法

(1) 概算定额法

概算定额法又叫扩大单价法或扩大结构定额法。利用概算定额编制单位建筑工程设计概算的方法，与利用预算定额编制单位建筑工程施工图预算的方法基本相同，不同之处在于其编制概算所采用的依据是概算定额，所采用的工程量计算规则是概算工程量计算规则。该方法要求在初步设计达到一定深度、建筑结构比较明确时采用，因其编制精度高，所以是编制设计概算的常用方法。

利用概算定额法编制设计概算的具体步骤如下。

① 按照概算定额分部分项顺序，列出各分项工程的名称。工程量计算应按概算定额中规定的工程量计算规则进行，并将计算所得各分项工程量按概算定额编号顺序，填入工程概算表内。

② 确定各分部分项工程项目的概算定额单价。工程量计算完毕后，逐项套用相应概算定额单价和人工、材料消耗指标，然后分别将其填入工程概算表和工料分析表中。如遇设计图中的分项工程项目名称、内容与采用的概算定额手册中相应的项目有某些不相符时，则在按规定对定额进行换算后方可套用。

有些地区根据地区人工工资、物价水平和概算定额，编制与概算定额配合使用的扩大单位估价表。该表确定了概算定额中各扩大分项工程或扩大结构构件所需的全部人工费、材料费、机械台班使用费之和，即概算定额基价。在采用概算定额法编制概算时，可以将计算出的扩大分部分项工程的工程量，乘以扩大单位估价表中的概算定额基价进行直接费的计算。计算概算定额单价的公式如下：

概算定额单价=概算定额单位人工费+概算定额单位材料费+概算定额单位机械台班使用费
=∑(概算定额中人工消耗量×人工工日单价)+∑(概算定额中材料消耗量×材料预算单价)+∑(概算定额中机械台班消耗量×机械台班使用单价)

③ 计算单位工程直接费和直接工程费。将已算出的各分部分项工程项目的工程量及在概算定额中已查出的相应定额单价，和单位人工、材料消耗指标分别相乘，即可得出各分项工程的直接费和人工、材料消耗量；汇总各分项工程的直接费及人工、材料消耗量，即可得到该单位工程的直接费和工料总消耗量；最后，再汇总其他直接费等，即可得到该单位工程的直接工程费。如果规定有地区的人工 、材料价差调整指标，则在计算直接费时，按规定的调整系数进行调整计算。

④ 根据直接工程费、其他各项取费标准，分别计算间接费和利润、税金等费用。

⑤ 计算单位工程概算造价：

单位工程概算造价=直接工程费+间接费+利润+税金

(2) 概算指标法

概算指标法是将拟建厂房、住宅的建筑面积或体积乘以技术条件相同或基本相同的概算指标而编制概算的方法，适用于初步设计深度不够，不能准确地计算工程量，但工程设计是采用技术比较成熟而又有类似工程概算指标可以利用的情况。其计算精度较低，只是一种对工程造价估算的方法，但由于其编制速度快，故有一定的实用价值。

① 拟建项目结构特征与概算指标相同时的计算。

在使用概算指标法时，如果拟建项目在建设地点、结构特征、地质及自然条件、建筑面积等方面与概算指标相同或相近，就可直接套用概算指标来编制概算。在直接套用概算指标时，拟建工程应符合以下条件：

a. 拟建工程的建设地点与概算指标中的工程建设地点相同；

b. 拟建工程的工程特征和结构特征与概算指标中的工程特征、结构特征基本相同；

c. 拟建工程的建筑面积与概算指标中工程的建筑面积相差不大。

根据选用的概算指标的内容，可选用以下两种套算方法。

a. 以指标中所规定的工程每 m^2、每 m^3 的造价，乘以拟建单位工程建筑面积或体积，得出单位工程的直接费，再取费，即可求出单位工程的概算造价。定额直接费计算公式如下：

定额直接费＝概算指标每 m^2(m^3) 工程造价×拟建项目建筑面积(或体积)

这种简化方法的计算结果参照的是概算指标编制时期的价值标准，未考虑拟建项目建设时期与概算指标编制时期的价差，所以在计算定额直接费后还应用物价指数另行调整。

b. 以概算指标中规定的每 100 m^2 建筑物面积(或 1 000 m^3 建筑体积)所耗人工工日数、主要材料数量为依据，首先计算拟建工程人工、主要材料消耗量，再计算直接费并取费。在概算指标中，一般规定了 100 m^2 建筑物面积(或 1 000 m^3 建筑体积)所耗人工工日数、主要材料数量，通过套用拟建地区当时的人工费单价和主材预算单价，便可得到每 100 m^2(或 1 000 m^3)建筑物的人工费和主材费，无需再作价差调整。计算公式如下：

100 m^2 建筑物面积的人工费＝指标规定的人工工日数×本地区日工资单价

100 m^2 建筑物面积的主要材料费＝$\sum$(指标规定的主要材料数量×相应的地区材料预算单价)

100 m^2 建筑物面积的其他材料费＝主要材料费×其他材料费占主要材料费的百分比

100 m^2 建筑物面积的机械使用费＝(人工费＋主要材料费＋其他材料费)×机械使用费所占百分比

每 m^2 建筑面积的直接工程费＝(人工费＋主要材料费＋其他材料费＋机械使用费)÷100×(1＋其他直接费率＋现场经费费率)

每 m^2 建筑面积的概算单价＝每 m^2 建筑面积的直接工程费×(1＋间接费率)×(1＋利润率)×(1＋税率)

单位工程概算造价＝拟建单位工程的建筑面积×概算单价

例 5-1 某砖混结构住宅建筑面积为 4 000 m^2，其工程特征与在同一地区的概算指标中表 5-1、表 5-2 的内容基本相同。试根据概算指标，编制土建工程概算。

表 5-1 某地区砖混结构住宅概算指标

工程名称	××住宅	结构类型	砖混结构	建筑层数	6层
建筑面积	5 412.28 m^2	施工地点	××市	竣工日期	××××年××月
工程概况	基础	墙体	楼面结构	楼地面装饰	
	长螺旋钻孔灌注桩	页岩烧结多孔砖	现浇混凝土板	阳台及卫生间为 300 mm×300 mm 防滑地砖，其他为 600 mm×600 mm 地面砖	

续表

	屋面	门窗	内外墙天棚装饰	电照工程	给水排水工程	消防工程
工程概况	40 mm厚C20细石混凝土保护层、二层3 mm厚高聚物SBS改性沥青防水卷材、60 mm厚岩棉板、20 mm厚1：2.5水泥砂浆找平层	铝合金门窗,窗玻璃为白色中空玻璃	混合砂浆抹内墙面刷白色墙漆、瓷砖墙裙,外墙彩色弹涂面,天棚混合砂浆面刷白色墙漆	电气配管PVC+BV线、普通灯具	给水塑料管PP-R,排水UPVC管、蹲式大便器	消火栓系统+消防报警系统

表5-2 工程造价及费用构成

项目		平方米指标/(元/m^2)	其中各项费用占总造价百分比/%								
			其中			措施项目费	其他项目费	管理费	利润	规费	税金
			人工费	材料费	机械费						
工程总造价		2 021.86	19.53	50.81	1.59	9.33	4.36	3.36	2.45	5.01	3.35
其中	土建工程	902.52	15.13	44.24	2.53	18.70	4.36	4.26	2.37	5.06	3.35
	装饰工程	846.55	24.03	55.57	0.58	2.15	4.35	2.61	2.35	5.28	3.35
	给水排水工程	127.13	22.66	52.29	2.79	2.74	4.36	3.45	3.55	5.01	3.35
	电照工程	131.83	18.61	60.87	0.62	2.30	4.40	2.86	2.93	4.20	3.35
	消防工程	13.83	23.26	50.12	3.91	2.69	4.36	3.54	3.64	5.13	3.35

解：计算步骤及结果详见表5-3。

表5-3 某住宅土建工程概算造价计算表

序号	项目内容	计算式	金额/元
1	土建工程造价	4 000 m^2×902.52 元/m^2 = 3 610 080 元	3 610 080
2	人工费	3 610 080 元×15.13% = 546 205 元	546 205
	材料费	3 610 080 元×44.24% = 1 597 099 元	1 597 099
	机械费	3 610 080 元×2.53% = 91 335 元	91 335
3	措施项目费	3 610 080 元×18.70% = 675 085 元	675 085
4	其他项目费	3 610 080 元×4.36% = 157 399 元	157 399
5	管理费	3 610 080 元×4.26% = 153 789 元	153 789
6	利润	3 610 080 元×2.37% = 85 559 元	85 559
7	规费	3 610 080 元×5.06% = 182 670 元	182 670
8	税金	3 610 080 元×3.35% = 120 938 元	120 938

② 拟建项目结构特征与概算指标有局部差异时的调整。

在实际工作中，经常会遇到拟建对象的结构特征与概算指标中规定的结构特征有局部不同的情况，因此必须在对概算指标进行调整后方可套用，调整方法如下。

a. 调整概算指标中的每 m^2(m^3)造价。这种调整方法是将原概算指标中的单位造价进行调整，扣除每 m^2(m^3)原概算指标中与拟建项目结构不同部分的造价，增加每 m^2(m^3)拟建项目与概算指标结构不同部分的造价，使其成为与拟建项目结构相同的工程单位造价，计算公式如下：

$$结构变化修正概算指标(元/m^2)=J+Q_1P_1-Q_2P_2$$

式中：J——原概算指标；

Q_1——概算指标中换入结构的工程量；

Q_2——概算指标中换出结构的工程量；

P_1——换入结构的概算单价；

P_2——换出结构的概算单价。

拟建项目造价为

$$定额直接费=修正后的概算指标\times拟建项目建筑面积(体积)$$

b. 调整概算指标中的工、料、机数量。这种方法是将原概算指标中每 100 m^2(1 000 m^3)建筑面积(体积)中的工、料、机数量进行调整，扣除原概算指标中与拟建项目结构不同部分的工、料、机消耗量，增加拟建项目与概算指标结构不同部分的工、料、机消耗量，使其成为与拟建项目结构相同的每 100 m^2(1 000 m^3)建筑面积(体积)工、料、机数量。计算公式如下：

结构变化修正概算指标的工、料、机数量=原概算指标的工、料、机数量+换入结构构件工程量×相应定额工、料、机消耗量-换出结构构件工程量×相应定额工、料、机消耗量

以上两种方法，前者是直接修正结构件指标单价，后者是修正结构件指标工料机数量。修正之后，方可按上述方法分别套用。

例 5-2 拟新建单身宿舍一座，其建筑面积为 3 500 m^2，按概算指标和地区材料预算价格等算出单位造价为 1 820.00 元/m^2。其中：一般土建工程 850.00 元/m^2，装饰工程 550.00 元/m^2，采暖工程 120.00 元/m^2，给水排水工程 150.00 元/m^2，照明工程 150.00 元/m^2。新建单身宿舍设计资料与概算指标相比较，其结构构件有部分变更。设计资料表明，外墙为 1.5 砖外墙，概算指标中外墙为 1 砖外墙。根据当地土建工程预算定额，外墙带形毛石基础的预算单价为 330.29 元/m^3，1 砖外墙的预算单价为 490.10 元 /m^3，1.5 砖外墙的预算单价为 490.86 元/m^3；概算指标中每 100 m^2建筑面积中含外墙带形毛石基础为 18 m^3，1 砖外墙为 46.5 m^3。新建工程设计资料表明，每 100 m^2中含外墙带形毛石基础为 19.6 m^3，1.5 砖外墙为 61.2 m^3，请计算调整后的概算单价和新建宿舍的概算造价。

解：对土建工程中结构构件的变更和单价调整过程如表 5-4 所示。

其余单位指标造价不变，因此，经过调整后的概算单价为

$$(927.79+550.00+120.00+150.00+150.00)元/m^2=1\ 897.79 元/m^2$$

新建宿舍楼概算造价为

$$1\ 897.79 元/m^2\times3\ 500\ m^2=6\ 641\ 425 元$$

(3) 类似工程预算法

类似工程预算法是利用技术条件与设计对象相类似的已完工程或在建工程的工程造价资料来编制拟建工程设计概算的方法。

表 5-4 土建工程概算指标调整表

序号	结构名称	单位	数量(每 100 m^2 含量)	单价/(元/m^3)	合价/元
一	一般土建工程单位面积造价				850.00
二	换出部分				
1	外墙带形毛石基础	m^3	18	330.29	5 945.22
2	1 砖外墙	m^3	46.5	490.10	22 789.65
3	合计	元			28 734.87
三	换入部分:				
1	外墙带形毛石基础	m^3	19.6	330.29	6 473.68
2	1.5 砖外墙	m^3	61.2	490.86	30 040.63
3	合计	元			36 514.31
四	单位造价修正	(850.00-28 734.87/100+36 514.31/100)元=927.79 元			

类似工程预算法适用于拟建工程初步设计与已完工程或在建工程的设计相类似又没有可用的概算指标时,但必须对建筑结构差异和价差进行调整。建筑结构差异的调整方法与概算指标法的调整方法相同,类似工程造价的价差调整常有两种方法:一是类似工程造价资料有具体的人工、材料、机械台班的用量时,可按类似工程造价资料中的主要材料用量、工日数量、机械台班用量乘以拟建工程所在地的主要材料预算价格、人工单价、机械台班单价,计算出直接费,再乘以当地的综合费率,即可得出所需的造价指标;另一类是类似工程造价资料只有人工、材料、机械台班费用和其他直接费、现场经费、间接费时,可按下面公式调整:

$$D = AK$$

式中:K——综合调整系数,$K=a\%K_1+b\%K_2+c\%K_3+d\%K_4+e\%K_5+f\%K_6$;

D——拟建工程单方概算造价;

A——类似工程单方预算造价;

$a\%$、$b\%$、$c\%$、$d\%$、$e\%$、$f\%$——类似工程预算的人工费、材料费、机械台班费(简称机械费)、其他直接费、现场经费、间接费占预算造价的比重,$a\%$=类似工程人工费(或工资标准)/类似工程预算造价×100%,$b\%$、$c\%$、$d\%$、$e\%$、$f\%$类同;

K_1、K_2、K_3、K_4、K_5、K_6——拟建工程地区与类似工程预算造价在人工费、材料费、机械台班费、其他直接费、现场经费和间接费之间的差异系数,K_1=拟建工程预算的人工费(或工资标准)/拟建工程概算人工费(或地区工资标准),K_2、K_3、K_4、K_5、K_6 类同。

例 5-3 拟建办公楼建筑面积为 3 000 m^2,类似工程的建筑面积为 2 800 m^2,预算造价 5 880 000 元。各种费用占预算造价的比重为:人工费 19%,材料费 52%,机械台班费 5%,措施项目费 9%,管理费 4%,利润 2.5%,规费 5%,税金 3.5%。试用类似工程预算法编制概算。(已知:运用前面的公式计算出各种修正系数为:人工费 K_1=1.02,材料费 K_2=1.05,机械台班费

$K_3=0.99$,措施项目费 $K_4=1.04$,管理费 $K_5=0.95$。)

解:预算造价综合调整系数

$$K=19\%\times1.02+52\%\times1.05+5\%\times0.99+9\%\times1.04+4\%\times0.95+2.5\%\times1+5\%\times1+3.5\%\times1=1.0309$$

修正后的类似工程预算造价 = 5 880 000×1.030 9 元 = 6 061 692 元

修正后的类似工程预算单方造价 = (6 061 692/2 800)元/m^2 = 2 164.89 元/m^2

由此可得

拟建办公楼概算造价 = 2 164.89×3 000 元 = 6 494 670 元

例 5-4 拟建砖混结构住宅工程 3 420 m^2,结构形式与已建成的某工程相同,只有外墙保温贴面不同,其他部分均较为接近。类似工程外墙面为珍珠岩板保温、水泥砂浆抹面,每 m^2 建筑面积消耗量分别为 0.044 m^3 和 0.022 m^3,珍珠岩板 590 元/m^3,水泥砂浆 375 元/m^3;拟建工程外墙为加气混凝土保温、外贴面砖,每 m^2 建筑面积消耗量分别为 0.08 m^3 和 0.82 m^2,加气混凝土 300 元/m^3,面砖 90 元/m^2。类似工程单方造价为 1 588 元/m^2,其中人工费、材料费、机械费、措施项目费、管理费、利润、规费和税金占单方造价比例分别为 18%、55%、4%、8%、4%、2.5%、5% 和 3.5%,拟建工程与类似工程预算造价在这几方面的差异系数分别为 1.00、1.06、1.02、1.02、1.01、1.00、1.00 和 1.00。

问题:

(1) 应用类似工程预算法,确定拟建工程的单位工程概算造价。

(2) 若类似工程预算中,每 m^2 建筑面积主要资源消耗为:人工消耗 4.23 工日,钢材 25.8 kg,水泥 205 kg,混凝土 0.20 m^3,砖 144 块,木材 0.13 m^3,铝合金门窗 0.24 m^2,其他材料费为主材费的 45%,机械费占定额直接费的 6%;拟建工程主要资源的现行预算价格分别为:人工 80 元/工日,钢材 4.8 元/kg,水泥 0.41 元/kg,混凝土 400 元/m^3,砖 0.5 元/块,原木 1 400 元/m^3,铝合金门窗平均 350 元/m^2,拟建工程综合费率为 25%。应用概算指标法,确定拟建工程的单位工程概算造价。

解:问题(1),首先,根据类似工程背景材料,进行价差调整,则拟建工程的概算指标为

拟建工程概算指标 = 类似工程单方造价×综合调整系数

$$\text{综合调整系数}=a\%K_1+b\%K_2+c\%K_3+d\%K_4+e\%K_5+f\%K_6$$

$$K=18\%\times1+55\%\times1.06+4\%\times1.02+8\%\times1.02+4\%\times1.01+2.5\%\times1+5\%\times1+3.5\%\times1=1.036$$

拟建工程概算指标 = 1 588×1.036 元/m^2 = 1 645.17 元/m^2

其次,进行结构差异调整,按照所给综合费率,计算拟建单位工程概算指标、修正概算指标和概算造价,有

修正概算指标 = 拟建工程概算指标+换入结构指标-换出结构指标

= [1 645.17+0.08×300+0.82×90-(0.044×590+0.022×375)]元/m^2

= 1 708.76 元/m^2

拟建工程概算造价 = 拟建工程修正概算指标×拟建工程建筑面积

= 1 708.76×3 420 元 = 5 843 959.20 元

问题(2),首先,根据类似工程预算中每 m^2 建筑面积的主要资源消耗和现行预算价格,计算拟建工程单位建筑面积的人工费、材料费、机械费。

人工费 = 每 m^2 建筑面积人工消耗指标×现行人工工日单价 = 4.23×80 元 = 338.40 元/m^2

材料费 = ∑(每 m^2 建筑面积材料消耗指标×相应材料预算价格)

$= (25.8\times4.8+205\times0.41+0.20\times400+144\times0.5+0.13\times1\,400+0.24\times350)(1+45\%)$ 元/m^2

$=907.54$ 元/m^2

机械费 = 定额直接费×机械费占定额直接费的比率

= 定额直接费×6%

定额直接费 = 338.40+907.54+定额直接费×6%

$= [(338.40+907.54)/(1-6\%)]$ 元/m^2 $=1\,325.47$ 元/m^2

其次，进行结构差异调整，按照所给综合费率，计算拟建单位工程概算指标、修正概算指标和概算造价。

单位工程概算指标 = (人工费+材料费+机械费)×(1+综合费率)

$=1\,325.47\times(1+25\%)$ 元/m^2 $=1\,656.84$ 元/m^2

单位工程修正概算指标 = 拟建工程概算指标+换入结构指标−换出结构指标

$=[1\,656.84+0.08\times300+0.82\times90-(0.044\times590+0.022\times375)]$ 元/m^2

$=1\,720.43$ 元/m^2

拟建工程概算造价 = 拟建工程修正概算指标×拟建工程建筑面积

$=1\,720.43\times3\,420$ 元 $=5\,883\,871$ 元

2. 设备及安装工程概算的编制方法

(1) 设备购置费概算

设备购置费由设备原价和运杂费两项组成。

国产标准设备原价可根据设备型号、规格、性能、材质、数量及附带的配件，向制造厂家询价或向设备、材料信息部门查询或按主管部门规定的现行价格逐项计算。非主要标准设备和工器具、生产用家具的原价可按主要标准设备原价的百分比计算，百分比指标按主管部门或地区有关规定执行。

国产非标准设备原价在设计概算时可按下列两种方法确定。

① 非标设备台(件)估价指标法　根据非标设备的类别、质量、性能、材质等情况，以每台设备规定的估价指标计算，即

非标准设备原价 = 设备台数×每台设备估价指标(元/台)

② 非标设备吨重估价指标法　根据非标设备的类别、性能、质量、材质等情况，以某类设备所规定吨重估价指标计算，即

非标准设备原价 = 设备吨重×每吨重设备估价指标(元/吨)

设备运杂费按有关规定的运杂费率计算，即

设备运杂费 = 设备原价×运杂费率(%)

(2) 设备及安装工程概算的编制方法

① 预算单价法　当初步设计较深，有详细的设备清单时，可直接按安装工程预算定额单价编制设备安装工程概算，概算程序基本与安装工程施工图预算相同。

② 扩大单价法　当初步设计深度不够，设备清单不完备，只有主体设备或仅有成套设备质量时，可采用主体设备、成套设备的综合扩大安装单价来编制概算。

③ 设备价值百分比法　又叫安装设备百分比法，当初步设计深度不够，只有设备出厂价而

无详细规格、质量时,安装费可按占设备费的百分比计算。其百分比值(即安装费率)由主管部门制定或由设计单位根据已完类似工程确定。该法常用于价格波动不大的定型产品和通用设备产品。其数学表达式为

$$设备安装费=设备原价×安装费率(\%)$$

④ 综合吨位指标法　当初步设计提供的设备清单有规格和设备质量时,可采用综合吨位指标编制概算,其综合吨位指标由主管部门或由设计院根据已完类似工程资料确定。该法常用于设备价格波动较大的非标准设备和引进设备的安装工程概算。其数学表达式为

$$设备安装费=设备吨重×每吨设备安装费指标(元/t)$$

5.1.5 单项工程综合概算的编制

单项工程综合概算是以其所辖的建筑工程概算表和设备安装概算表为基础汇总编制的。

当建设项目只有一个单项工程时,单项工程综合概算(实为总概算)还应包括工程建设其他费用(含建设期贷款利息)、预备费和固定资产投资方向调节税的概算。

单项工程综合概算文件一般包括编制说明(不编制总概算时列入)和综合概算表。

1. 编制说明

主要内容包括:编制依据、编制方法、主要设备和材料的数量,以及其他有关问题。

5-4 单项工程综合概算表

2. 综合概算表

综合概算表是根据单项工程所辖范围内的各单位工程概算等基础资料,按照国家或部委所规定的统一表格进行编制的。

5.1.6 建设项目总概算的编制

建设项目总概算是设计文件的重要组成部分,是确定整个建设项目从筹建到竣工交付使用所预计花费的全部费用的文件。它是由各单项工程综合概算、工程建设其他费用(含建设期贷款利息)、预备费、固定资产投资方向调节税和经营性项目的铺底流动资金,按照主管部门规定的统一表格进行编制而成的。

设计概算文件一般应包括:封面、签署页及目录、编制说明、总概算表、工程建设其他费用概算表、单项工程综合概算表、建筑安装单位工程概算表、工程量计算表、分年度投资汇总表与分年度资金流量汇总表及主要材料汇总表与工日数量表等。现将有关主要问题说明如下:

5-5 建设项目总概算表

① 封面、签署页及目录。

② 编制说明　编制说明应包括下列内容：

a. 工程概况　简述建设项目性质、特点、生产规模、建设周期、建设地点等主要情况。引进项目要说明引进内容及与国内配套工程等主要情况。

b. 资金来源及投资方式

c. 编制依据及编制原则

d. 编制方法　说明设计概算是采用概算定额法,还是采用概算指标法等。

e. 投资分析　主要分析各项投资的比重、各专业投资的比重等经济指标。

f. 其他需要说明的问题

③ 总概算表　应反映静态投资和动态投资两个部分。静态投资是按设计概算编制期价格、费率、利率、汇率等确定的投资;动态投资是指概算编制期到竣工验收前的工程和价格变化等多种因素所需的投资。

④ 工程建设其他费用概算表　工程建设其他费用概算按国家或地区或部委所规定的项目和标准确定,并按统一表格编制。

⑤ 单项工程综合概算表和建筑安装单位工程概算表。

⑥ 工程量计算表和工、料数量汇总表。

⑦ 分年度投资汇总表和分年度资金流量汇总表。

5.2 设计概算的审查

5.2.1 设计概算审查的意义

审查设计概算,有利于合理分配投资资金、加强投资计划管理,有利于合理确定和有效控制工程造价。设计概算偏高或偏低,不仅影响工程造价的控制,也会影响投资计划的真实性,影响投资资金的合理分配。

审查设计概算,可以促进概算编制单位严格执行国家有关概算的编制规定和费用标准,从而提高概算的编制质量。

审查设计概算,有助于促进设计的技术先进性与经济合理性。概算中的技术经济指标,是概算的综合反映,与同类工程对比,便可看出它的先进与合理程度。

审查设计概算,有利于核定建设项目的投资规模,可以使建设项目总投资更准确、完整,防止任意扩大投资规模或出现漏项,从而减少投资缺口、缩小概算与预算之间的差距,避免故意压低概算投资,搞钓鱼项目,最后导致实际造价大幅度地突破概算。

5-6 中央预算内直接投资项目概算管理暂行办法

经审查的概算,为建设项目投资的落实提供了可靠的依据。打足投资,不留缺口,有利于提高建设项目的投资效益。

5.2.2 设计概算审查的主要内容

1. 审查设计概算的编制依据

① 审查编制依据的合法性　采用的各种编制依据必须经过国家和授权机关的批准,符合国家的编制规定,未经批准的不能采用。也不能强调情况特殊,擅自提高概算定额、指标或费用标准。

② 审查编制依据的时效性　各种依据,如定额、指标、价格、取费标准等,都应根据国家有关部门的现行规定进行,注意有无调整和新的规定,如有,应按新的调整办法和规定执行。

③ 审查编制依据的适用范围　各种编制依据都有规定的适用范围,如各主管部门规定的各种专业定额及其取费标准,只适用于该部门的专业工程;各地区规定的各种定额及其取费标准,只适用于该地区范围内,特别是地区的材料预算价格区域性更强,如某市有该市区的材料预算价

格,又编制了郊区内一个矿区的材料预算价格,在编制该矿区某工程概算时,应采用该矿区的材料预算价格。

2. 审查概算编制深度

① 审查编制说明　可以检查概算的编制方法、深度和编制依据等重大原则问题,若编制说明有差错,具体概算必有差错。

② 审查概算编制深度　一般大中型项目的设计概算,应有完整的编制说明和"三级概算"(即总概算表、单项工程综合概算表、单位工程概算表),并按有关规定的深度进行编制。审查是否有符合规定的"三级概算",各级概算的编制、校对、审核是否按规定签署,有无随意简化,有无把"三级概算"简化为"二级概算",甚至"一级概算"。

③ 审查概算的编制范围　审查概算编制范围及具体内容是否与主管部门批准的建设项目范围及具体工程内容一致;审查分期建设项目的建筑范围及具体工程内容有无重复交叉,是否重复计算或漏算;审查其他费用应列的项目是否符合规定,静态投资、动态投资和经营性、项目铺底流动资金是否分别列出等。

3. 审查建设规模、标准

审查概算的投资规模、生产能力、设计标准、建设用地、建筑面积、主要设备、配套工程、设计定员等是否符合原批准可行性研究报告或立项批文的标准。

如超过,投资可能增加;如概算总投资超过原批准投资估算 10%,应进一步审查超估算的原因。

4. 审查设备规格、数量和配置

工业建设项目设备投资比重大,一般占总投资的 0%~50%,要认真审查。审查所选用的设备规格、台数是否与生产规模一致,材质、自动化程度有无提高标准,引进设备是否配套、合理,备用设备台数是否适当,消防、环保设备是否计算等。还要重点审查设备价格是否合理、是否符合有关规定,如国产设备应按当时询价资料或有关部门发布的出厂价、信息价,引进设备应依据询报价或合同价编制概算。

5. 审查工程费

建筑安装工程投资是随工程量增加而增加的,要认真审查。要根据初步设计图纸、概算定额及工程量计算规划、专业设备材料表、建(构)筑物和总图运输一览表进行审查,有无多算、重算、漏算。

6. 审查计价指标

审查建筑工程采用工程所在地区的计价定额、费用定额、价格指数和有关人工、材料、机械台班单价是否符合现行规定;审查安装工程所采用的专业部门或地区定额是否符合工程所在地区的市场价格水平,概算指标调整系数、主材价格、人工、机械台班和辅材调整系数是否按当时最新规定执行;审查引进设备安装费率或计取标准、部分行业专业设备安装费率是否按有关规定计算等。

7. 审查其他费用

工程建设其他费用投资约占项目总投资 25%以上,必须认真逐项审查。审查费用项目是否按国家统一规定计列,具体费率或计取标准是否按国家、行业或有关部门规定计算,有无随意列项、多列、交叉计列和漏项等。

5.2.3 设计概算审查的步骤

1. 准备工作

① 熟悉送审的工程概算。

② 搜集并熟悉设计资料，核对与工程概算有关的图样和标准图。

③ 了解施工现场情况，熟悉施工组织或技术措施方案，掌握与编制概算有关的设计变更等情况。

2. 审查计算

根据工程性审查时间和质量要求、审查力量等情况合理确定审查方法，然后按照选定的审查方法进行具体审查。在审查过程中，应将审查的问题做出详细的记录。

3. 交换审查意见

审查单位将审查记录中的疑点、错误、重复计算和遗漏项目等问题与工程概算编制单位和建设单位交换意见，做进一步核对，以便更正。

4. 审查定案

根据交换意见确定结果，将更正后的项目进行计算并汇总填表。由编制及审查单位负责人签字并加盖单位公章。

5.2.4 设计概算审查的方法

采用适当方法审查设计概算，是确保审查质量、提高审查效率的关键。较常用的方法有：

1. 对比分析法

对比分析法能较快较好地判别设计概算的偏差程度和准确性。通过建设规模、标准与立项批文对比，工程数量与设计图纸对比，综合范围、内容与编制方法、规定对比，各项取费与规定标准对比，材料、人工单价与统一信息对比，引进投资与报价要求对比，技术经济指标与同类工程对比等，容易发现设计概算存在的主要问题和偏差。

2. 主要问题复核法

复核法对审查中发现的主要问题，偏差大的工程进行复核，对重要、关键设备和生产装置或投资较大的项目进行复查。复核时应尽量按照编制规定或对照图纸进行详细核算，慎重、公正地纠正概算偏差。

3. 查询核实法

查询核实法是对一些关键设备和设施、重要装置、引进工程图纸不全、难以核算的较大投资进行多方查询核对，逐项落实的方法。主要设备的市场价向设备供应部门或招标公司查询核实；重要生产装置、设施向同类企业（工程）查询了解；引进设备价格及有关费税向进出口公司调查落实；复杂的建安工程向同类工程的建设、承包、施工单位征求意见；深度不够或不清楚的问题直接向原概算编制人员、设计者询问清楚。

4. 分类整理法

对审查中发现的问题和偏差，依照单项、单位工程的顺序目录，先按设备费、安装费、建筑费和工程建设其他费用分类整理。然后按照静态投资、动态投资和铺底流动资金三大类，汇总核增或核减的项目及其投资额。最后将具体审核数据，按照“原编概算”“审核结果”“增减投资”“增减幅度”四栏列表，并照原总概算表汇总顺序，将增减项目逐一列出，相应调整所属项目投资合计，再依次汇总审核后的总投资及增减投资额。

5. 联合会审法

联合会审前，可先采取多种形式联合审查，包括设计单位自审，主管、建设、承包单位初审，工程造价咨询公司评审，邀请同行专家预审，审批部门复审等，经层层审查把关后，由有关单位和专家进行会审。在会审大会上，由设计单位介绍概算编制情况及有关问题，各有关单位、专家汇报初审、预审意见。然后进行认真分析、讨论，结合对各专业技术方案的审查意见所产生的投资增减，逐一核实原概算出现的问题。经过充分协商，认真听取设计单位意见后，实事求是地处理、调整。对于差错较多、问题较大或不能满足要求的，责成按会审意见修改返工后，重新报批；对于无重大原则问题，深度基本满足要求，投资增减不多的，当场核定概算投资额，并提交审批部门复核后，正式下达审批概算。

第 6 章

土木工程结算与竣工决算

学习重点:工程备料款、工程进度款的结算,质量保证金的概念、预留、返还及管理,竣工结算的主要内容、编制方法及相关量价的调整。

学习目标:通过本章的学习,了解工程结算和工程竣工决算的概念及分类,熟悉工程备料款、工程进度款的结算,熟悉质量保证金的概念、预留、返还及管理,掌握竣工结算的主要内容、编制方法及相关量价的调整。

6.1 工 程 结 算

6.1.1 工程结算的依据

1. 工程结算的含义

工程结算即工程价款结算,是指承包商在工程实施过程中,依据承包合同中关于付款条件的规定和已经完成的工程量,按照规定的程序向发包人(业主)收取工程价款的一项经济活动,包括工程预付款、工程进度款、工程竣工价款(即竣工结算)、工程尾款结算的活动。

工程结算活动应当遵循合法、平等、公平和诚实信用的原则,并严格遵循国家相关法律、法规、政策规定及承包合同的约定。《基本建设财务规则》(财政部令第 81 号)第二十七条、第二十八条规定:工程价款结算是指依据基本建设工程发承包合同等进行工程预付款、进度款、竣工价款结算的活动;项目建设单位应当严格按照合同约定和工程价款结算程序支付工程款。

6-1 基本建设财务规则

2. 工程结算的作用

工程结算对发包人和承包商都是一项十分重要的工作,主要表现在:

① 工程结算是反映工程进度的主要指标。在施工过程中,工程结算的依据之一就是按照已完的工程进行结算,根据累计已结算的工程价款占合同总价款的比例,能近似反映出工程进度情况。

② 工程结算是加速资金周转的重要环节。承包商尽快尽早地结算工程款,有利于偿还债务和资金回笼,降低内部运营成本。通过加速资金周转,提高资金的使用效率。

③ 工程结算是考核经济效益的重要指标。对于承包商来说,只有工程款如数结清才意味着避免了经营风险并获得相应利润,进而达到良好的经济效益。

3. 工程结算的编制依据

工程竣工结算的编制是一项政策性较强,反映技术经济综合能力的工作,既要做到正确地反映建筑安装工程的价值，又要正确地贯彻执行国家有关部门的各项规定，因此，编制工程竣工结算必须提供如下依据：

① 施工企业与建设单位签订的合同协议书；

② 施工进度计划、月旬作业计划和施工工期；

③ 施工过程中现场实际情况记录和有关费用签证；

④ 施工图纸及有关资料、会审纪要、设计变更通知书和现场工程变更签证；

⑤ 概(预)算定额、材料预算价格表和各项费用取费标准；

⑥ 工程设计概算、施工图预算文件和年度建筑安装工程量；

⑦ 国家和当地主管部门的有关政策规定；

⑧ 招、投标工程的招标文件和标书。

6.1.2 工程结算的方式

我国现行工程价款结算根据不同情况，可采取多种方式。

1. 按月结算

实行旬末或月中预支，月终结算，竣工后清算的方法。跨年度竣工的工程，在年终进行工程盘点，办理年度结算。我国现行建筑安装工程价款结算中，相当一部分是实行这种按月结算。

2. 竣工后一次结算

建设项目或单项工程全部建筑安装工程建设期在 12 个月以内，或者工程承包合同价值在 100 万元以下的，可以实行工程价款每月月中预支，竣工后一次结算。

竣工结算是在工程竣工后，按照合同(协议)的规定，在原施工图预算的基础上，编制调整预算，向建设单位办理最后的工程价款结算。

在调整预算中，应把施工中发生的设计变更，费用签证等使工程价款发生增减变化的内容加以调整。

3. 分段结算

即当年开工，当年不能竣工的单项工程或单位工程按照工程形象进度，划分不同阶段进行结算。分段结算可以按月预支工程款。分段的划分标准，由各部门或省、自治区、直辖市、计划单列市规定。例如某地区规定，实行招标包干的工程，建设单位可按工程合同造价分段拨付工程款：

① 工程开工后，按工程合同造价拨付 25%作备料款；

② 工程基础完成后，拨付 15%；

③ 工程主体完成后，拨付 30%；

④ 装饰工程完成后，拨付 20%；

⑤ 工程竣工验收后，拨付 5%，留 5%作保修金。

4. 目标结款方式

即在工程合同中，将承包工程的内容分解成不同的控制界面，以业主验收控制界面作为支付工程价款的前提条件。也就是说，将合同中的工程内容分解成不同的验收单元，当承包商完成单元工程内容并经业主(或其委托人)验收后，业主支付构成单元工程内容的工程价款。

目标结款方式，承包商要想获得工程价款，必须按照合同约定的质量标准完成界面内的工程量；要想尽早获得工程价款，承包商必须充分发挥自己的组织实施能力，在保证质量前提下，加快施工进度。这意味着承包商拖延工期时,则业主推迟付款,增加承包商的财务费用、运营成本,降低承包商的收益,使承包商因延迟工期而遭受损失。

5. 结算双方约定的其他结算方式

承包商与业主办理的已完成工程价款结算,无论采取何种方式,在财务上都可以确认为已完工部分的工程收入实现。

6.1.3 工程预付款及其计算

1. 工程预付款

工程预付款是在开工前,发包人按照合同约定,预先支付给承包人用于购买合同工程施工所需的材料、工程设备及组织施工机械和人员进场等的款项。它是施工准备所需流动资金的主要来源,预付款必须专用于合同工程,国内习惯上又称为预付备料款。预付款的额度和预付办法在专用合同条款中约定。根据《建筑工程施工发包与承包计价管理办法》规定:发承包双方应当根据国务院住房和城乡建设主管部门和省、自治区、直辖市人民政府住房和城乡建设主管部门的规定,结合工程款、建设工期等情况在合同中约定预付工程款的具体事宜。

6-2 建筑工程施工发包与承包计价管理办法

工程预付款仅用于承包方支付施工开始时与本工程有关的动员费用。如承包方滥用此款,发包方有权立即收回。在承包方向发包方提交金额等于预付款数额的银行保函(发包方认可的银行开出)后,发包方按规定的金额和规定的时间向承包方支付预付款,在发包方全部扣回预付款之前,该银行保函将一直有效。当预付款被发包方扣回时,银行保函金额相应递减。《建设工程施工合同(示范文本)》(GF-2017-0201)约定:预付款的支付按照专用合同条款约定执行,但至迟应在开工通知载明的开工日期7 d前支付。除专用合同条款另有约定外,预付款在进度付款中同比例扣回,尚未扣完的预付款应与合同价款一并结算。

2. 工程预付款的计算

(1)预付备料款的限额

预付备料款限额由下列主要因素决定:主要材料(包括外购构件)占工程造价的比重;材料储备期;施工工期。

对于施工企业常年应备的备料款限额,可按下式计算:

备料款限额=年度承包工程总值×主要材料所占比重×材料储备天数/年度施工日历天数

一般建筑工程不应超过当年建筑工作量(包括水、电、暖)的30%,安装工程按年安装工作量的10%,材料占比重较多的安装工程按年计划产值的15%左右拨付。

在实际工作中,备料款的数额,要根据各工程类型、合同工期、承包方式和供应体制等不同条件而定。例如,工业项目中钢结构和管道安装占比重较大的工程,其主要材料所占比重比一般安装工程要高,因而备料款数额也要相应提高;工期短的工程比工期长的要高;材料由施工单位自购的比由建设单位供应主要材料的要高。

(2)备料款的扣回

发包单位拨付给承包单位的备料款属于预支性质,工程实施后,随着工程所需主要材料储备的逐步减少,应以抵充工程价款的方式陆续扣回。扣款的方法:

① 可以从未施工工程尚需的主要材料及构件的价值相当于备料款数额时起扣,从每次结算

工程价款中,按材料比重扣抵工程价款,竣工前全部扣清。其基本表达公式为

$$T = P - \frac{M}{N}$$

式中：T——起扣点,即预付备料款开始扣回时的累计完成工程量金额；

P——承包工程价款总额；

M——预付备料款限额；

N——主要材料所占比重。

② 扣款的方法也可以在承包方完成金额累计达到合同总价的一定比例后,由承包方开始向发包方还款,发包方从每次应付给承包方的金额中扣回工程预付款,发包方至少在合同规定的完工期前将工程预付款的总计金额逐次扣回。

在实际经济活动中,情况比较复杂,有些工程工期较短,就无需分期扣回。有些工程工期较长,如跨年度施工,预付备料款可以不扣或少扣,并于次年按应预付备料款调整,多退少补。具体地说,跨年度工程,预计次年承包工程价值大于或相当于当年承包工程的工程价值时,可以不扣回当年的预付备料款,如小于当年承包工程价值时,应按实际承包工程价值进行调整,在当年扣回部分预付备料款,并将未扣回部分,转入次年,直到竣工年度,再按上述办法扣回。

6.1.4 工程进度款的支付

施工企业在施工过程中,按逐月(或形象进度、或控制界面等)完成的工程数量计算各项费用,向建设单位(业主)办理工程进度款的支付。

以按月结算为例,现行的中间结算办法是,施工企业在旬末或月中向建设单位提出预支工程款账单,预支一旬或半月的工程款,月终要提出工程款结算账单和已被核算工程量月报表,收取当月工程价款,并通过银行进行结算。按月进行结算,要寻现场已施工完毕的工程逐一进行清点,资料提出后要交监理工程师和建设单位审查签证。为简化手续,多年来采用的办法是以施工企业提出的统计进度月报表为支取工程款的凭证,即通常所称的工程进度款。工程进度款的支付步骤如图 6-1 如示：

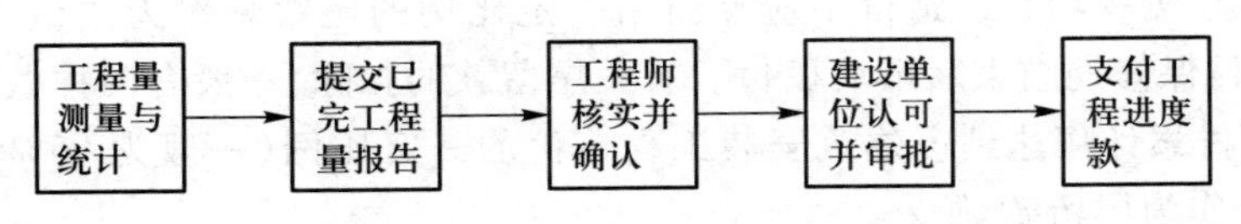

图 6-1 工程进度款支付步骤

工程进度款支付过程中,应遵循如下要求：

1. 工程量的确定

根据有关规定,工程量的确认应做到：

① 承包方应按约定时间,向监理工程师提交已完工程量的报告。工程师接到报告后 7 d 内按设计图纸核实已完工程,并在计量前 24 h 通知承包方,承包方应提供便利条件并派人参加。承包方不参加计量,发包方自行进行,计量结果有效,作为工程价款支付的依据。

② 工程师收到承包方报告后 7 d 内未进行计量,从第 8 d 起,承包方报告中开列的工程量即

视为已被确认,作为工程价款支付的依据。工程师不按约定时间通知承包方,使承包方不能参加计量,计量结果无效。

③ 工程师对承包方超出设计图范围和因自身原因造成返工的工程量,不予计量。

2. 合同收入的组成

财政部制定的《企业会计准则——建造合同》中对合同收入的组成内容进行了解释。合同收入包括两部分内容:

① 合同中规定的初始收入,即建造承包商与客户在双方签订的合同中最初商定的合同总金额,它构成了合同收入的基本内容。

② 因合同变更、索赔、奖励等构成的收入,这部分收入并不构成合同双方在签订合同时已在合同中商定的合同总金额,而是在执行合同过程中由于合同变更、索赔、奖励等原因而形成的追加收入。

3. 工程进度款支付

住建部、国家工商行政管理总局颁布的《建设工程施工合同(示范文本)》对工程进度款支付作了如下详细规定:

① 工程款(进度款)在双方确认计量结果后 14 d 内,发包方应向承包方支付工程款。按约定时间发包方应扣回的预付,与工程款同期结算。

② 符合规定范围的合同价款的调整,工程变更调整的合同价款及其他条款中约定的追加合同价款,应与工程款同期调整支付。

③ 发包方超过约定的支付时间不支付工程款,承包方可向发包方发出要求付款通知,发包方收到承包方通知后仍不能按要求付款,可与承包方协商签订延期付款协议,经承包方同意后可延期支付。协议须明确延期支付时间和从发包方计量结果确认后第 15 d 起计算应付款的贷款利息。

④ 发包方不按合同约定支付工程款,双方又未达成延期付款协议,导致施工无法进行,承包方可停止施工,发包方承担违约责任。

6.1.5 工程保修金的预算

按照有关规定,工程项目总造价中应预留出一定比例的尾留款作为质量保修费用(又称保留金),等工程项目保修期结束后最后拨付。有关尾留款的扣除,一般有两种做法:

① 当工程拨付累计额达到该建筑安装工程造价的一定比例(一般为 95%~97%)时停止支付,预留造价部分作为尾留款。

② 尾留款的扣除也可以从发包方向承包方第一次支付的工程进度款开始,在每次承包方应得的工程款中扣留投标书附录中规定金额作为保留金,直至保留金总额达到投标书附录中规定的限额为止。

6.1.6 工程索赔

1. 工程索赔的概念

工程索赔是在工程承包合同履行中,当事人一方由于另一方未履行合同所规定的义务或者出现了应当由对方承担的风险而遭受损失时,向另一方提出赔偿要求的行为。在实际工作中,索赔是双向的,我国《建设工程施工合同(示范文本)》中的索赔就是双向的,既包括承包人向发包人的索赔,也包括发包人向承包人的索赔。但在工程实践中,发包人索赔数量较小,而且处理方便,可以通过冲账、扣拨工程款、扣保证金等实现对承包人的索赔;而承包人对发包人的索赔则比较困难一些,通常情况下,索赔是指承包人(施工单位)在合同实施过程中,对非自身原因造成的工程延期、费用增加而要求发包人给予补偿损失的一种权利要求。

索赔有较广泛的含义,可以概括为如下3个方面:

① 一方违约使另一方蒙受损失,受损方向对方提出赔偿损失的要求;

② 发生应由业主承担责任的特殊风险或遇到不利自然条件等情况,使承包商蒙受较大损失而向业主提出赔偿损失的要求;

③ 承包商本人应当获得的正当利益,由于没能及时得到监理工程师的确认和业主应给予的支付,而以正式函件向业主索赔。

2. 索赔产生的原因

(1) 当事人违约

当事人违约常常表现为没有按照合同约定履行自己的义务。发包人违约常常表现为没有为承包人提供合同约定的施工条件、未按照合同约定的期限和数额付款等。工程师未能按照合同约定完成工作,如未能及时发出图纸、指令等也视为发包人违约。承包人违约的情况则主要是没有按照合同约定的质量、期限完成施工,或者由于不当行为给发包人造成其他损害。

(2) 不可抗力事件

不可抗力又可分为自然事件和社会事件。自然事件主要是不利的自然条件和客观障碍,如在施工过程中遇到了经现场调查无法发现、业主提供的资料中也未提到的、无法预料的情况,如地下水、地质断层等。社会事件则包括国家政策、法律、法令的变更,战争,罢工等。

(3) 合同缺陷

合同缺陷表现为合同文件规定不严谨甚至矛盾,合同中有遗漏或错误。在这些情况下,工程师应当给予解释,如果这种解释将导致成本增加或工期延长,发包人应当给予补偿。

(4) 合同变更

合同变更表现为设计变更,施工方法变更,追加或者取消某些工作,合同其他规定的变更。

(5) 工程师指令

工程师指令有时也会产生索赔,如工程师指令承包人加速施工、进行某项工作、更换某些材料、采取某些措施等。

(6) 其他第三方原因

其他第三方原因常表现为与工程有关的第三方的问题而引起的对本工程的不利影响。

3. 索赔的依据

提出索赔的依据主要有以下几个方面:

① 招标文件、施工合同文本及附件,其他各签约(如备忘录、修正案等),经认可的工程实施计划、各种工程图纸、技术规范等。这些索赔的依据可在索赔报告中直接引用。

② 双方的往来信件及各种会谈纪要。在合同履行过程中,业主、监理工程师和承包人定期或不定期的会谈所做出的决议或决定,是合同的补充,应作为合同的组成部分,但会谈纪要只有

经过各方签署后才可作为索赔的依据。

③ 进度计划和具体的进度以及项目现场的有关文件。进度计划、具体的进度安排和现场有关文件变更是索赔的重要证据。

④ 气象资料、工程检查验收报告和各种技术鉴定报告，工程中送停电、送停水、道路开通和封闭的记录和证明。

⑤ 国家有关法律、法令、政策文件，官方的物价指数、工资指数，各种会计核算资料，材料的采购、订货、运输、进场、使用方面的凭据。

4. 索赔费用的计算

(1) 可索赔的费用

在索赔中可索赔的费用一般包括以下几个方面：

① 人工费　包括增加工作内容的人工费、停工损失费和工作效率降低的损失费等累计，但不能简单地用计日工费计算。

② 设备费　可采用机械台班费、机械折旧费、设备租赁费等几种形式。

③ 材料费。

④ 保函手续费　工程延期时，保函手续费相应增加，反之，取消部分工程且发包人与承包人达成提前竣工协议时，承包人的保函金额相应折减，则计入合同价内的保函手续费也应相应扣减。

⑤ 贷款利息。

⑥ 保险费。

⑦ 利润。

⑧ 管理费　此项又可分为现场管理费和公司管理费两部分，由于两者的计算方法不一样，所以在审核过程中应区别对待。

在不同的索赔事件中可以索赔的费用是不同的。如在FIDIC(土木工程施工)合同条件中，不同的索赔事件导致的索赔内容不同，大致有以下区别，见表6-1。

表6-1 FIDIC合同中可索赔的费用表

序号	条款号	主要内容	可补偿内容		
			工期	费用	利润
1	1.9	延误发放图纸	√	√	√
2	2.1	延误移交施工现场	√	√	√
3	4.7	承包商依据工程师提供的错误数据导致放线错误	√	√	√
4	4.12	不可预见的外界条件	√	√	
5	4.24	施工中遇到文物和古迹	√	√	
6	7.4	非承包商原因检验导致施工的延误	√		

续表

序号	条款号	主要内容	可补偿内容		
			工期	费用	利润
7	8.4(a)	变更导致竣工时间的延长	√		
8	(c)	异常不利的气候条件	√		
9	(d)	由于传染病或其他政府行为导致工期的延误	√		
10	(e)	业主或其他承包商的干扰	√		
11	8.5	公共当局引起的延误	√		
12	10.2	业主提前占用工程		√	√
13	10.3	对竣工检验的干扰	√	√	√
14	13.7	后续法规引起的调整	√	√	
15	18.1	业主办理的保险未能从保险公司获得补偿部分		√	
16	19.4	不可抗力事件造成的损害	√	√	

(2) 索赔费用的计算

索赔费用的计算方法有实际费用法、修正总费用法等。

① 实际费用法　是按照每索赔事件所引起损失的费用项目分别计算索赔值,然后将各费用项目的索赔值汇总,即可得到总索赔费用值。这种方法以承包商为某项索赔工作所支付的实际开支为依据,但仅限于由于索赔事项引起的、超过原计划的费用,故也称额外成本法。在这种计算方法中,需要注意的是不要遗漏费用项目。

② 修正总费用法　是对总费用法的改进,即在总费用计算的基础上,去掉一些不确定的可能因素,对总费用法进行相应的修改和调整,使其更加合理。

6.1.7 竣工结算的编制及其审查

竣工结算是指工程项目完工并经竣工验收合格后,发承包双方按照施工合同的约定对所完成的工程项目进行的工程价款的计算、调整和确认,竣工结算价款是合同工程的最终造价。竣工结算应由承包人或受其委托具有相应资质的工程造价咨询人编制,并由发包人或受其委托具有相应资质的工程造价咨询人核对。

1. 一般工程结算的内容

一般建筑工程结算的内容主要包括:

① 按工程承包合同或协议办理预付工程备料款;

② 按照双方确定的结算方式开列月(或阶段)施工作业计划和工程价款预支单,同时办理工程预支款;

③ 月末(或阶段完成)呈报已完工程月(或阶段)报表和工程价款结算账单,同时按规定抵扣工程备料款和预付工程款,办理工程结算;

④ 年终已完成工程、未完工程盘点和年终结算;

⑤ 工程竣工时,编写工程竣工书,办理工程竣工结算。

2. 建筑工程竣工结算的编制方法

竣工结算一般是在施工图预算的基础上,根据施工中的变更签证的情况,进行调增或调减,其方法如下:

(1) 核实工程量

① 根据原施工图预算工程量进行复核,防止漏算、重算和错算。

② 根据因设计修改而变更的工程量进行调整。

③ 根据现场工程变更进行调整。这些变更包括:施工中预见不到的工程,如基础开挖后遇到古墓等;施工方法与原施工组织设计或施工方案不符,如土方施工由机械改为人工,钢筋混凝土构件由预制改为现浇等;这些调整必须根据建设单位和施工单位双方签证。

(2) 调整材料价差

由于客观原因发生的材料预算价格的差异,可在工程结算中进行调整。

3. 建筑工程竣工结算的审查

建筑工程竣工结算审查是竣工结算阶段的一项重要工作。经审查核定的工程竣工结算是核定建设工程造价的依据,也是建设项目验收后编制竣工决算和核定新增固定资产价值的依据。因此,建设单位、监理公司以及审计部门等,都十分关注竣工结算的审核把关。一般从以下几个方面入手:

① 核对合同条款 首先,应该核对竣工工程内容是否符合合同条件要求,工程是否竣工验收合格,只有按合同要求完成全部工程并验收合格后才能列入竣工结算。其次,应按合同约定的结算方法、计价定额、取费标准、主材价格和优惠条款等,对工程竣工结算进行审核,若发现合同开口或有漏洞,应请建设单位与施工单位认真研究,明确结算要求。

② 检查陷落验收记录 所有陷落工程均需进行验收,两人以上签证;实行工程监理的项目应经监理工程师签证确认。审核竣工结算时应该对隐蔽工程进行施工记录和验收签证,手续完整,工程量与竣工图一致方可列入结算。

③ 落实设计变更签证 设计修改变更应由原设计单位出具设计变更通知单和修改图纸,设计、校审人员签字并加盖公章,经建设单位和监理工程师审查同意并签证;重大设计变更应经原审批部门审批,否则不应列入结算。

④ 按图核实工程数量 竣工结算的工程量应依据竣工图、设计变更单和现场签证等进行核算,并按国家统一规定的计算规则计算工程量。

⑤ 认真核实单价 结算单价应按现行的计价原则和计价方法确定,不得违背。

⑥ 注意各项费用计取 建筑安装工程的取费标准应按合同要求或项目建设期间与计价定额配套使用的建筑安装工程费用定额及有关规定执行,先审核各项费率。要注意各项费用的计取基数,如安装工程间接费等是以人工费为基数,这个人工费是定额人工费与人工费调整部分之和。

防止各种计算误差。工程竣工结算子目多、篇幅大,往往有计算误差,应认真核算,防止因计算误差多计算或少计算。

6.1.8 工程价款结算实例

例 6-1 某项工程项目业主与承包商签订了工程施工承包合同。合同中估算工程量为 5 300 m^3,单价为 180 元/m^3。有关付款条款如下：

① 开工前业主应向承包商支付估算合同总价 20%的工程预付款；

② 业主自第一个月起,从承包商的工程款中,按 5%的比例扣留保修金；

③ 当累计实际完成工程量超过(或低于)估算工程量的 10%时,可进行调价,调价系数为 0.9(或 1.1)；

④ 每月签发付款最低金额为 15 万元；

⑤ 工程预付款从乙方获得累计工程款超过估算合同价的 30%以后的下一个月,至第 5 个月均匀扣除。

承包商每月实际完成并经签证确认的工程量见表 6-2。

表 6-2 每月实际完成工程量

月 份	1	2	3	4	5	6
完成工程量/m^3	800	1 000	1 200	1 200	1 200	500
累计完成工程量/m^3	800	1 800	3 000	4 200	5 400	5 900

问题：

1. 估算合同总价为多少？

2. 工程预付款为多少？工程预付款从哪个月起扣留？每月应扣工程预付款为多少？

3. 每月工程量价款为多少？应签证的工程款为多少？应签发的付款凭证金额为多少？

解：1. 估算合同总价为 5 300×180 万元/10 000=95.40 万元

2. 工程预付款金额为 95.4 万元×20%=19.08 万元

因为 1 800 m^3>5 300 m^3×30%=1 590 m^3

所以工程预付款应从第 3 个月起扣留。

每月应扣工程预付款为 19.08 万元/3=6.36 万元

3. 第 1 个月工程量价款为 800×180 万元/10 000=14.40 万元

应签证的工程款为 14.40 万元×95%=13.68 万元<15 万元

第 1 个月不予支付款。

第 2 个月工程量价款为 1 000×180 万元/10 000=18.00 万元

应签证的工程款为 18.00 万元×95%=17.10 万元

13.68 万元+17.10 万元=30.78 万元>15 万元

应签发的付款凭证金额为 30.78 万元。

第 3 个月工程量价款为 1 200×180 万元/10 000=21.60 万元

应签证的工程款为 21.60 万元×95%=20.52 万元

应扣工程预付款为 19.08 万元/3=6.36 万元

20.52 万元-6.36 万元=14.16 万元<15 万元

第3个月不予支付款。

第4个月工程量价款为 1 200×180 万元/10 000＝21.60 万元

应签证的工程款为 21.60 万元×95%＝20.52 万元

应扣工程预付款为6.36万元。

应签发的付款凭证金额为 14.16 万元+20.52 万元−6.36 万元＝28.32 万元

第5个月累计完成工程量为5 400 m^3，比原估算工程量超出100 m^3，但未超出估算工程量的10%，所以仍按原单价结算。工程量价款为

1 200×180 万元/10 000＝21.60 万元

应签证的工程款为 21.60 万元×95%＝20.52 万元

应扣工程预付款为6.36万元。

20.52 万元−6.36 万元＝14.16 万元<15 万元

第5个月不予支付款。

第6个月累计完成工程量为5 900 m^3，比原估算工程量超出600 m^3，已超出估算工程量的10%，对超出的部分应调整单价。调整后的单价结算的工程量为

$$5\ 900\ m^3-5\ 300(1+10\%)\ m^3=70\ m^3$$

第6个月工程量价款为 [70×180×0.9+(500−70)×180]万元/10 000＝8.87 万元

应签证的工程款为 8.87 万元×95%＝8.43 万元

应签发的付款凭证金额为 14.16 万元+8.43 万元＝22.59 万元

6.2 竣工决算

6.2.1 竣工验收

1. 竣工验收的概念

建设项目竣工验收是指由建设单位、施工单位和项目验收委员会，以项目批准的设计任务书和设计文件，以及国家或部门颁发的施工验收规范和质量检验标准为依据，按照一定的程序和手续，在项目建成并试生产合格后，对工程项目总体进行检验、综合评价和鉴定的活动。

竣工验收是建设工程的最后阶段，一个单位工程或一个建设项目在全部竣工后进行检查验收及交工，是建设、施工、生产准备工作进行检查评定的重要环节，也是对建设成果和投资效果的总检验。

2. 建设项目竣工验收的作用

① 全面考核建设成果，检查设计、工程质量是否符合要求，确保项目按设计要求的各项技术经济指标正常使用。

② 通过竣工验收办理固定资产使用手续，可以总结工程建设经验，为提高建设项目的经济效益和管理水平提供重要依据。

③ 建设项目竣工验收是项目施工阶段的最后一个程序，是建设成果转入生产使用的标志，是审查投资使用是否合理的重要环节。

④ 建设项目建成投产交付使用后，能否取得良好的宏观效益，需要经过国家权威管理部门

按照技术规范、技术标准组织验收确认，因此，竣工验收是建设项目转入投产使用的必要环节。

3. 竣工验收的任务

建设项目通过竣工验收后，由施工单位移交建设单位使用，并办理各种移交手续，这标志着建设项目全部结束，即建设资金转化为使用价值。建设项目竣工验收的主要任务有：

① 建设单位、勘察和设计单位、施工单位分别对建设项目的决策和论证、勘察和设计及施工的全过程进行最后的评价，对各自在建设项目进展过程的经验和教训进行客观的评价。

② 办理建设项目的验收和移交手续，并办理建设项目竣工结算和竣工决算，以及建设项目档案资料的移交和保修手续等。

4. 竣工验收的范围

国家颁布的建设法规规定，凡新建、扩建、改建的基本建设项目（工程）和技术改造项目，按批准的设计文件所规定的内容建成，符合验收标准的，必须及时组织验收，办理固定资产移交手续。

5. 竣工验收的依据

竣工验收的依据主要有：

① 上级主管部门对该项目批准的各种文件；

② 批准的可行性研究报告；

③ 施工图设计文件及设计变更洽商记录；

④ 国家颁布的各种标准和现行的施工验收规范；

⑤ 工程承包合同文件；

⑥ 技术设备说明书；

⑦ 建筑安装工程统一规定及主管部门关于工程竣工的规定；

⑧ 从国外引进的新技术和成套设备的项目，以及中外合资建设项目，要按照签订的合同和进口国提供的设计文件等进行验收；

⑨ 利用世界银行等国际金融机构贷款的建设项目，应按世界银行规定，按时编制《项目完成报告》。

6.2.2 竣工决算的概念及作用

1. 竣工决算的概念

建设项目竣工决算是指所有建设项目竣工后，建设单位按照国家有关规定在新建、改建和扩建工程建设项目竣工验收阶段编制的竣工决算报告。竣工决算是以实物数量和货币指标为计量单位，综合反映竣工项目从筹建开始到项目竣工交付使用为止的全部建设费用、建设成果和财务情况的总结性文件，是竣工验收报告的重要组成部分，竣工决算是正确核定新增固定资产价值，考核分析投资效果，建立健全经济责任制的依据，是反映建设项目实际造价和投资效果的文件。

2. 竣工结算和竣工决算的区别

① 编制人不同。竣工结算是在工程竣工验收之后，由承包人编制，发包人确认。竣工决算由发包人编制，《基本建设财务规则》（财政部令第 81 号）第三十三条规定：项目建设单位在项目竣工后，应当及时编制项目竣工财务决算，并按照规定报送项目主管部门。

② 内容不同。竣工结算是发承包双方对建安工程费用实际金额的确认活动，其结算成果是

竣工决算的依据之一。竣工决算的内容包括从筹建开始到项目竣工交付使用为止全过程的全部实际费用,即包括建筑工程费、安装工程费、设备及工器具购置费、工程建设其他费用、建设期利息等。

③ 性质不同。竣工结算确定建筑安装工程发承包的实际造价,确定的是承包人完成合同工程的工程收入,发包人对合同工程的工程支出。竣工决算是建设单位确定建设项目从筹建到竣工投产全过程的全部实际费用,是建设工程经济效益的全面反映,是核定各类新增资产价值、办理其交付使用的依据。

3. 竣工决算的作用

及时、正确编报竣工决算,对于总结分析建设过程的经验教训,提高工程造价管理水平及积累技术经济资料等,都具有重要意义,主要表现在:

① 建设项目竣工决算是综合、全面地反映竣工项目建设成果及财务情况的总结性文件,它采用货币指标、实物数量、建设工期和各种技术经济指标综合、全面地反映建设项目自开始建设到竣工为止的全部建设成果和财务状况。

② 建设项目竣工决算是国家为工程建设实行设计概算、施工图预算和竣工决算的"三算对比"提供依据。

③ 建设项目竣工决算是办理交付使用资产的依据,也是竣工验收报告的重要组成部分。建设单位与使用单位在办理交付资产的验收交接手续时,通过竣工决算反映了交付使用资产的全部价值,包括固定资产、流动资产、无形资产的价值。同时,它还详细提供了交付使用资产的名称、规格、数量、型号和价值等明细资料,是使用单位确定各项新增固定资产价值的依据。

④ 建设项目竣工决算是分析和检查设计概算的执行情况,考核投资效果的依据。

6.2.3 竣工决算的内容

建设项目竣工决算应包括从筹建到竣工投产全过程的全部实际支出费用,即建筑工程费用、安装工程费用、设备工器具购置费用和其他费用等。竣工决算报告由竣工决算报告说明书、竣工决算报表、工程造价比较分析、竣工工程平面示意图四部分组成。

1. 竣工决算报告说明书的内容

竣工决算报告说明书总结反映竣工工程建设成果和经验,是全面考核分析工程投资与造价的书面总结,是竣工决算报告的重要组成部分,其主要内容包括:

① 对工程总的评价　从工程的进度、质量、安全和造价四个方面进行说明,说明工期是提前了还是延期了,质量是否符合质量监督部门的验收评定等级,有无设备和人身伤亡事故发生,是节约了还是超支了。

② 各项财务和技术经济指标的分析　根据实际投资完成额与概算进行对比分析,分析各项经济指标完成情况和各项拨款的使用情况及分析建设成本和投资效果。

③ 工程建设的经验教训及有待解决的问题。

2. 竣工决算报表

大、中型建设项目竣工财务决算报表包括:建设项目竣工财务决算审批表,大、中型建设项目概况表,大、中型建设项目竣工财务决算表,大、中型建设项目支付使用资产总表,建设项目交付使用资产明细表。

① 建设项目竣工财务决算审批表，如表 6-3 所示。

表 6-3 建设项目竣工财务决算审批表

<table>
<tr><td>建设项目法人(建设单位)</td><td></td><td>建设性质</td><td></td></tr>
<tr><td>建设项目名称</td><td></td><td>主管部门</td><td></td></tr>
<tr><td colspan="4">开户银行意见：
盖章
年 月 日</td></tr>
<tr><td colspan="4">专员办审批意见：
盖章
年 月 日</td></tr>
<tr><td colspan="4">主管部门或地方财政部门审批意见：
盖章
年 月 日</td></tr>
</table>

② 大、中型建设项目概况表，如表 6-4 所示。

③ 大、中型建设项目竣工财务决算表，如表 6-5 所示。

④ 大、中型建设项目支付使用资产总表，如表 6-6 所示。

⑤ 建设项目交付使用资产明细表，如表 6-7 所示。

3. 工程造价比较分析

竣工决算是用来综合反映竣工建设项目或单项工程的建设成果和财务情况的总结性文件。在竣工决算报告中必须对控制工程造价所采取的措施、效果及其动态的变化进行认真的比较分析，总结经验教训。批准的概算是考核建设工程造价的依据，在分析时，可将决算报表中所提供的实际数据和相关资料与批准的概算、预算指标进行对比，以确定竣工项目总造价是节约了还是超支了，在对比的基础上，总结先进经验，找出落后原因，提出改进措施。

为考核概算执行情况，正确核实建设工程造价，财务部门首先必须积累概算动态变化资料(如材料价差、设备价差、人工价差、费率价差等)和设计方案变化，以及对工程造价有重大影响的设计变更资料；其次，考查竣工形成的实际工程造价节约或超支的数额，为了便于进行比较，可先对比整个项目的总概算，之后对比工程项目(或单项工程)的综合概算和其他工程费用概算，最后再对比单位工程概算，并分别将建筑安装工程、设备和工器具购置费及其他费用逐一与项目竣工决算编制的实际工程造价进行对比，找出节约或超支的具体环节，实际工作中，应主要分析以下内容：

① 主要实物工作量　概(预)算编制的主要实物工程数量，其增减变化必然使工程的概(预)算造价和实际工程造价随之变化，因此，对比分析中应审查项目的建设规模、结构、标准是否遵循设计文件的规定，其间的变更部分是否按照规定的程序办理，对造价的影响如何，对于实物工程量出入比较大的情况，必须查原因。

② 主要材料消耗量　在建筑安装工程投资中材料费用所占的比重往往很大，因此考核材料费用也是考核工程造价的重点。考核主要材料消耗量，要按照竣工决算表中所列明的三大材料实际超概算的消耗量，查清是在工程的哪一个环节超出量大，再进一步查明超耗的原因。

表6-4 大、中型建设项目概况表

<table>
<tr><td>建设项目（单项工程）名称</td><td colspan="2"></td><td colspan="5">建设地址</td><td colspan="2"></td><td rowspan="9">基础支出</td><td colspan="2">项目</td><td>概算</td><td>实际</td><td>主要指标</td></tr>
<tr><td>主要设计单位</td><td colspan="2"></td><td colspan="5">主要施工企业</td><td colspan="2"></td><td colspan="2">建筑安装工程</td><td></td><td></td><td rowspan="8"></td></tr>
<tr><td rowspan="3">占地面积/m²</td><td>计划</td><td>实际</td><td colspan="2" rowspan="3">总投资/万元</td><td colspan="3">设计</td><td colspan="2">实际</td><td colspan="2">设备、工具、器具</td><td></td><td></td></tr>
<tr><td colspan="2" rowspan="2"></td><td colspan="2">固定资产</td><td>流动资金</td><td>固定资产</td><td>流动资金</td><td colspan="2" rowspan="2">建设单位管理费</td><td rowspan="2"></td><td rowspan="2"></td></tr>
<tr><td colspan="2"></td><td></td><td></td><td></td></tr>
<tr><td rowspan="2">新增生产能力</td><td colspan="2">能力（效益）名称</td><td colspan="3">设计</td><td colspan="4">实际</td><td colspan="2">其他投资</td><td></td><td></td></tr>
<tr><td colspan="2"></td><td colspan="3"></td><td colspan="4"></td><td colspan="2">待核销基建支出</td><td></td><td></td></tr>
<tr><td rowspan="2">建设起止时间</td><td colspan="2">设计</td><td colspan="7">从　年　月开工至　年　月竣工</td><td colspan="2">非经营项目转出投资</td><td></td><td></td></tr>
<tr><td colspan="2">实际</td><td colspan="7">从　年　月开工至　年　月竣工</td><td colspan="2">合计</td><td></td><td></td></tr>
<tr><td>设计概算批准文号</td><td colspan="9"></td><td rowspan="4">主要材料消耗</td><td>名称</td><td>单位</td><td>概算</td><td>实际</td><td></td></tr>
<tr><td rowspan="3">完成主要工程量</td><td colspan="5">建筑面积/m²</td><td colspan="4">设备/（台、套、t）</td><td>钢材</td><td>t</td><td></td><td></td><td></td></tr>
<tr><td colspan="3">设计</td><td colspan="2">实际</td><td colspan="2">设计</td><td colspan="2">实际</td><td>木材</td><td>m³</td><td></td><td></td><td></td></tr>
<tr><td colspan="3"></td><td colspan="2"></td><td colspan="4"></td><td>水泥</td><td>t</td><td></td><td></td><td></td></tr>
<tr><td>收尾工程</td><td colspan="3">工程内容</td><td colspan="2">投资额</td><td colspan="4">完成时间</td><td>主要技术经济指标</td><td></td><td></td><td></td><td></td><td></td></tr>
</table>

表 6-5 大、中型建设项目竣工财务决算表

资金来源	金额	资金占用	金额	补充资料
一、基建拨款		一、基本建设支出		1. 基建投资借款期末余额
1. 预算拨款		1. 交付使用资产		
2. 基建基金拨款		2. 在建工程		2. 应收生产单位投资借款期末数
3. 进口设备转账拨款		3. 待核销基建支出		
4. 器材转账拨款		4. 非经营项目转出投资		3. 基建结余资金
5. 煤代油专用基金拨款		二、应收生产单位投资借款		
6. 自筹资金拨款		三、拨付所属投资借款		
7. 其他拨款		四、器材		
二、项目资本		其中:待处理器材损失		
1. 国家资本		五、货币资金		
2. 法人资本		六、预付及应收款		
3. 个人资本		七、有价证券		
三、项目资本公积金		八、固定资产		
四、基建借款		固定资产原值		
五、上级拨入投资借款		减:累计折旧		
六、企业债券资金		固定资产净值		
七、待冲基建支出		固定资产清理		
八、应付款		待处理固定资产损失		
九、未交款				
1. 未交税金				
2. 未交基建收入				
3. 未交基建包干节余				
4. 其他未交款				
十、上级拨入资金				
十一、留成收入				
合计		合计		

表6-6 大、中型建设项目支付使用资产总表

单项工程项目名称	总计	固定资产					流动资产	无形资产	递延资产
		建筑工程	安装工程	设备	其他	合计			
1	2	3	4	5	6	7	8	9	10

交付单位盖章 年 月 日 接收单位盖章 年 月 日

表6-7 建设项目交付使用资产明细表

单项工程项目名称	建筑工程			设备、工具、器具、家具						流动资产		无形资产		递延资产	
	结构	面积/m^2	价值/元	名称	规格型号	单位	数量	价值/元	设备安装费/元	名称	价值/元	名称	价值/元	名称	价值/元
合计															

交付单位盖章 年 月 日 接收单位盖章 年 月 日

③ 考核建设单位管理费、建筑及安装工程间接费的取费标准 概(预)算对建设单位管理费列有投资控制额,对其进行考核,要根据竣工决算报表中所列的建设单位管理费,与概(预)算所列的控制额比较,确定其节约或超支数额,并进一步查清节约或超支的原因。

以上考核内容,多是易于突破概算、增大工程造价的主要因素,因此要在对比分析中列为重点去考核。在对具体项目进行具体分析时,究竟选择哪些内容作为考核重点,则应依竣工项目的具体情况而定。

6.2.4 竣工决算的编制

1. 竣工决算的编制依据

① 经批准的可行性研究报告及其投资估算书;

② 经批准的初步设计或扩大初步设计及其概算或修正概算书;

③ 经批准的施工图设计及其施工图预算书；

④ 设计交底或图纸会审会议纪要；

⑤ 招投标的标底、承包合同、工程结算资料；

⑥ 施工记录或施工签证单及其他发生的费用记录，如索赔报告与记录、停（交）工报告等；

⑦ 竣工图及各种竣工验收资料；

⑧ 历年基建资料、历年财务决算及批复文件；

⑨ 设备、材料调价文件和调价记录；

⑩ 有关财务核算制度、办法和其他有关资料、文件等。

2. 竣工决算的编制步骤

① 收集、整理、分析原始资料。从工程开始就按编制依据的要求，收集、清点、整理有关资料，主要包括建设项目档案资料，如：设计文件、施工记录、上级批文、概（预）算文件、工程结算的归集整理，财务处理，财产物产的盘点核实及债权债务的清偿，做到账账、账证、账实、账表相符。对各种设备、材料、工具、器具等要逐项盘点并填列清单，妥善保管，或按照国家有关规定处理，不能任意侵占和挪用。

② 工程量对照、核实工程变动情况，重新核实各单位工程、单项工程造价。将竣工资料与原设计图纸进行查对、核实，必要时可实地测量，确认实际变更情况；根据经审定的施工单位结算等原始资料，按照有关规定对原概（预）算进行增减调整，重新核定工程造价。

③ 经审定的待摊投资、其他投资、待核销基建支出和非经营项目的转出投资，按照国家财政部印发的《基本建设财务规划》（财政部令第 81 号）的要求，严格划分和核定后，分别计入相应的基建支出（占用）栏目内。

④ 编制竣工财务决算说明书。按前面已述要求编制，力求内容全面、简明扼要、文字流畅、说明问题。

⑤ 认真填报竣工财务决算报表。

⑥ 认真做好工程造价对比分析。

⑦ 清理、装订好竣工图。

⑧ 按国家规定上报审批，存档。

6.3 保修费用的处理

6.3.1 土木工程项目保修

1. 建设项目保修的含义

6-3 建设工程质量保证金管理办法

① 缺陷责任期　是指承包人按照合同约定承担缺陷修复义务，且发包人预留质量保证金（已缴纳履约保证金的除外）的期限，自工程实际竣工日期起计算。《建设工程质量保证金管理办法》规定：缺陷责任期一般为 1 年，最长不超过 2 年，由发、承包双方在合同中约定。

② 保修期　是指承包人按照合同约定对工程承担保修责任的期限，从工程竣工验收合格之日起计算。在规定的保修期限内（按合同有关保修期的规定），

因勘察、设计、施工、材料等原因造成的质量缺陷,应由责任单位负责维修。

一般而言,保修期较缺陷责任期更长,因为取回保证金后,还是有保修义务的,承包人承担维修费用。而在缺陷责任期内,修复费用是从质量保证金中支取的。

2. 保修的范围和最低保修期限

(1) 保修范围

建筑工程的保修范围包括地基基础工程、主体结构工程、屋面防水工程和其他土建工程,以及电气管埋线、上下水管线的安装工程,供热、供冷系统工程等项目。

(2) 保修的期限

保修的期限应当按照保证建筑物在合理寿命期内正常使用,保证使用者合法权益的原则确定。具体的保修期限,按照国务院《建设工程质量管理条例》第四十条规定执行。

① 基础设施工程、房屋建筑的地基、基础工程和主体结构工程,为设计文件规定的该工程的合理使用年限;

② 屋面防水工程,有防水要求的卫生间、房间和外墙面的防渗漏为5年;

③ 供热与供冷系统为2个采暖期、供冷期;

④ 电气管理、给水排水管道、设备安装和装修工程为2年。

其他项目的保修期限由承发包双方在合同中规定。建设工程的保修期,自竣工验收合格之日算起。

建设工程在保修范围和保修期限内发生质量问题的,承包人应当履行保修义务,并对造成的损失承担赔偿责任。凡是由于用户使用不当而造成的建筑功能不良或损坏,不属于保修范围;凡属工业产品项目发生问题的,也不属保修范围。以上两种情况应由建设单位自行组织修理。

6.3.2 保修费用及其处理

1. 保修费用的含义

保修费用是指保修期间和保修范围内合情合理的维修、返工等各项费用支出。保修费用应按合同和相关规定合理确定和控制。《建设工程质量保证金管理办法》第七条规定:发包人应按照合同约定方式预留保证金,保证金总预留比例不得高于工程价款结算总额的3%。合同约定由承包人以银行保函替代预留保证金的,保函金额不得高于工程价款结算总额的3%。

2. 保修费用的处理

(1) 勘察、设计原因造成保修费用的处理

勘察、设计方面的原因造成的质量缺陷,由勘察、设计单位负责并承担经济责任,由施工单位负责维修或处理。《中华人民共和国民法典》第八百条规定:勘察、设计的质量不符合要求或者未按照期限提交勘察、设计文件拖延工期,造成发包人损失的,勘察人、设计人应当继续完善勘察、设计,减收或者免收勘察、设计费并赔偿损失。

(2) 施工原因造成的保修费用处理

施工单位未按国家有关规范、标准和设计要求施工,造成质量缺陷,由施工单位负责无偿返修并承担经济责任。

(3) 设备、材料、构配件不合格造成的保修费用处理

因设备、建筑材料、构配件质量不合格引起的质量缺陷,属于施工单位采购的或经其验收同

意的，由施工单位承担经济责任；属于建设单位采购的，由建设单位承担经济责任。至于施工单位、建设单位与设备、材料、构配件供应单位或部门之间的经济责任，应按其设备、材料、构配件的采购供应合同处理。

(4) 用户使用原因造成的保修费用处理

因用户使用不当造成的质量缺陷，由用户自行负责。

(5) 不可抗力原因造成的保修费用的处理

因地震、洪水、台风等不可抗力造成的质量问题，施工单位和设计单位都不承担经济责任，由建设单位负责处理。

3. 质量保证金的返还

合同约定的缺陷责任期终止后，承包人向发包人申请返还保证金。发包人在接到承包人返还保证金申请后，应于 14 天内会同承包人按照合同约定的内容进行核实，将剩余的质量保证金返还。缺陷责任期终止后，并不能免除承包人按照合同约定应承担的质量保修责任和应履行的质量保修义务。

第 7 章

建设工程清单计价

学习重点：工程量清单计价的构成；房屋建筑与装饰工程工程量清单计算规则；工程量清单的编制方法；招标控制价的编制方法；投标报价的编制方法。

学习目标：通过本章的学习，能够熟练运用建设工程工程量清单计价规范及定额，进行工程量清单、招标控制价及投标报价的编制。

国家标准《建设工程工程量清单计价规范》(GB 50500—2013)在 2008 年版的基础上修订，于 2012 年 12 月 25 日发布，于 2013 年 7 月 1 日起实施。规范规定全部使用国有资金投资或国有资金投资为主(二者简称国有资金投资)的建设工程施工发承包，必须采用工程量清单计价。此次修订将原来 1 本计价规范(包括正文和几个附录)，拆分成 1 本计价规范和 9 本工程量计算规范(简称“2013 计价规范和计算规范”)，更加清晰且便于管理。工程量清单计价体现我国工程造价管理由传统量价合一模式向量价分离的市场模式的重大转变，也在我国工程造价管理模式实现“政府宏观调控、企业自主报价、市场形成价格、监管行之有效”方面起到重要作用。

工程量清单(BOQ)是建设工程的分部分项工程项目、措施项目、其他项目、规费项目和税金项目的名称和相应数量等的明细清单。工程量清单依据设计文件、计价规范和计算规范、施工现场实际情况等进行编制，是编制招标控制价和投标报价的依据，也是支付工程进度款和办理工程结算、调整工程量及工程索赔的依据。工程量清单反映拟建工程的全部工程内容及为实现这些工程内容而进行的其他工作。

工程量清单计价是指在建设工程招标投标中，由招标人或委托具有资质的中介机构编制反映工程实体消耗和措施性消耗的工程量清单，并作为招标文件的一部分提供给投标人，投标人依据工程量清单自主报价的计价模式。招标工程量清单标明的工程量是投标人投标报价的共同基础，竣工结算的工程量按发、承包双方在合同中约定应予计量且实际完成的工程量确定。招标工程量清单必须作为招标文件的组成部分，其准确性和完整性由招标人负责。在这一全新的计价模式下，传统定额计价模式下的招投标模式已不能适应清单计价的需要，需要进行相应的改革和完善。

7.1 工程量清单计价的构成

规范规定，工程量清单计价应包括完成招标文件规定的工程量清单项目所需的全部费用，包括分部分项工程费、措施项目费、其他项目费和规费、税金。

7.1.1 分部分项工程项目费的构成

分部分项工程量清单是反映拟建工程的全部分项实体工程名称和相应数量的清单,分部分项工程量清单应根据相关工程现行国家计量规范规定的项目编码、项目名称、项目特征、计量单位和工程量计算规则进行编制,分部分项工程量清单应载明项目编码、项目名称、项目特征、计量单位和工程量。项目特征是构成分部分项工程量清单项目、措施项目自身价值的本质特征。

分部分项工程费是为完成分部分项工程量清单所包含所有工程内容而发生的费用。为了简化计价程序,实现与国际接轨,工程量清单计价采用综合单价计价,是有别于现行定额工料单价计价的另一种单价计价方式。综合单价是完成一个规定计量单位的分部分项工程和措施清单项目所需的人工费、材料和工程设备费、施工机具使用费和企业管理费、利润以及一定范围内的风险费用。

7.1.2 措施项目费的构成

措施项目清单应根据相关工程现行国家计量规范的规定编制,并根据拟建工程的实际情况列项。一般包括安全文明施工费,夜间施工费,二次搬运费,冬雨季施工费,大型机械设备进出场及安拆费,施工排水、降水,地上、地下设施及建筑物的临时保护设施,已完工程及设备保护,脚手架,模板及支架,垂直运输等项目。

措施项目费是为完成工程项目施工,发生于该工程施工前和施工过程中技术、生活、安全等方面的非工程实体项目的费用。措施项目清单中的安全文明施工费应按照国家或省级、行业建设主管部门的规定计价,不得作为竞争性费用。

7.1.3 其他项目费的构成

其他项目费包括暂列金额、暂估价(包括材料暂估单价、工程设备暂估单价、专业工程暂估价)、计日工、总承包服务费。暂列金额是招标人在工程量清单中暂定并包括在合同价款中的一笔款项。用于施工合同签订时尚未确定或者不可预见的所需材料、设备、服务的采购,施工中可能发生的工程变更、合同约定调整因素出现时的工程价款调整及发生的索赔、现场签证确认等的费用。暂估价是招标人在工程量清单中提供的用于支付必然发生但暂时不能确定价格的材料、工程设备的单价以及专业工程的金额。计日工是在施工过程中,承包人完成发包人提出的施工图纸以外的零星项目或工作,按合同中约定的综合单价计价的一种方式。总承包服务费是总承包人为配合协调发包人进行的专业工程分包,发包人自行采购的设备、材料等进行保管及施工现场管理、竣工资料汇总整理等服务所需的费用。

7.1.4 规费的组成

亦称地方规费,是税金之外由省级政府或省级有关权力部门规定施工企业必须缴纳的各种费用。一般包括工程排污费、社会保障费(包括养老保险费、失业保险费、医疗保险费、工伤保险费、生育保险费)、住房公积金、意外伤害保险,在计价时应按工程所在地的有关规定计算此项费用。

7.1.5 税金的组成

税金指国家税法规定应计入建筑安装工程造价的增值税销项税额。

规费和税金应按国家或省级、行业建设主管部门的规定计算，不得作为竞争性费用。

7-1 关于深化增值税改革有关政策的公告

7.2 工程量清单的计价依据

7-2 关于重新调整建设工程计价依据增值税税率的通知

投标人进行工程量清单计价的主要依据为招标文件中提供的工程量清单及设计文件、施工方案、企业定额、市场价格、计价规范和计算规范等。

设计图纸是确定工程范围、内容和技术要求的重要文件，也是投标人确定施工方法等施工计划的主要依据。企业定额是施工企业根据企业的施工技术和管理水平，以及有关工程造价资料制定的，并提供企业使用的人工、材料、机械台班消耗量，是投标人确定拟投标工程计划成本的重要依据。

工程量清单中的各分部分项工程量并不一定十分准确，此工程量仅作为投标报价的基础，并不作为工程结算的依据，工程结算是以经监理工程师审核的实际工程量为依据的。投标人要复核清单工程量，若发现误差太大，应要求业主澄清，但不得擅自改动工程量。工程量的多少，是选择施工方法、安排劳动力和施工机械以及备料必须考虑的因素，也直接影响投标人所报清单项目的综合单价。

计价规范和计算规范是工程量清单编制及清单计价的主要依据。2013计价规范由总则、术语、一般规定、招标工程量清单、招标控制价、投标报价、合同价款约定、工程计量、合同价款调整、合同价款中期支付、竣工结算与支付、合同解除的价款结算与支付、合同价款争议的解决、工程计价资料与档案、计价表格等15部分构成。与2013计价规范配套的9个计算规范包括房屋建筑与装饰工程、仿古建筑工程、通用安装工程、市政工程、园林绿化工程、矿山工程、构筑物工程、城市轨道交通工程、爆破工程工程量计算规范。下面简要介绍《房屋建筑与装饰工程工程量计算规范》(GB 50854—2013)中的主要工程量计算规则。

7.2.1 房屋建筑与装饰工程工程量清单计算规则简介

1. 土石方工程

(1) 土方工程(编码:010101)

① 平整场地　按设计图示尺寸以建筑物首层建筑面积计算。

② 挖一般土方　按设计图示尺寸以体积计算。

③ 挖沟槽土方、挖基坑土方　房屋建筑按设计图示尺寸，以基础垫层底面积乘以挖土深度计算。构筑物按最大水平投影面积乘以挖土深度(原地面平均标高至坑底高度)，以体积计算。

④ 冻土开挖　按设计图示尺寸开挖面积乘以厚度，以体积计算。

⑤ 挖淤泥、流砂　按设计图示位置、界限，以体积计算。

⑥ 管沟土方　以 m^2 计量，按设计图示以管道中心线长度计算。或以 m^3 计量，按设计图示管底垫层面积乘以挖土深度计算；无管底垫层按管外径的水平投影面积乘以挖土深度计算。不扣

除各类井的长度，井的土方并入。

注意：

① 挖土方平均厚度应按自然地面测量标高至设计地坪标高的平均厚度确定。基础土方开挖深度应按基础垫层底表面标高至交付施工场地标高确定，无交付施工场地标高时，应按自然地面标高确定。

② 建筑物场地厚度≤±300 mm 的挖、填、运、找平，应按本表中平整场地项目编码列项。厚度>±300 mm 的竖向布置挖土或山坡切土应按本表中挖一般土方项目编码列项。

③ 沟槽、基坑、一般土方的划分：底宽≤7 m，底长>3 倍底宽为沟槽；底长≤3 倍底宽且底面积≤150 m^2为基坑；超出上述范围则为一般土方。

④ 挖土方如需截桩头时，应按桩基工程相关项目编码列项。

⑤ 桩间挖土不扣除桩的体积，并在项目特征中加以描述。

⑥ 弃、取土运距可以不描述，但应注明由投标人根据施工现场实际情况自行考虑，决定报价。

⑦ 土壤的分类应按《房屋建筑与装饰工程工程量计算规范》（简称计算规范）中表 A.1-1 确定，如土壤类别不能准确划分时，招标人可注明为综合，由投标人根据地勘报告决定报价。

⑧ 土方体积应按挖掘前的天然密实体积计算。非天然密实土方应按计算规范中表 A.1-2 折算。

⑨ 挖沟槽、基坑、一般土方因工作面和放坡增加的工程量（管沟工作面增加的工程量），是否并入各土方工程量中，按各省、自治区、直辖市或行业建设主管部门的规定实施。如并入各土方工程量中，办理工程结算时，按经发包人认可的施工组织设计规定计算，编制工程量清单时，可按计算规范中表 A.1-3～表 A.1-5 规定计算。

⑩ 挖方出现流砂、淤泥时，如设计未明确，在编制工程量清单时，其工程数量可为暂估量，结算时应根据实际情况由发包人与承包人双方现场签证确认工程量。

⑪ 管沟土方项目适用于管道（给水排水、工业、电力、通信）、光（电）缆沟（包括人（手）孔、接口坑）及连接井（检查井）等。

(2) 石方工程（编码:010102）（略）

(3) 回填（编码:010103）

① 回填方　按设计图示尺寸以体积计算。场地回填按回填面积乘平均回填厚度计算；室内回填按主墙间面积乘回填厚度计算，不扣除间隔墙；基础回填按挖方清单项目工程量减去自然地坪以下埋设的基础体积（包括基础垫层及其他构筑物）计算。

② 余方弃置　按挖方清单项目工程量减利用回填方体积（正数）计算。

2. 基坑与边坡支护工程（略）

3. 桩基工程

(1) 打桩（编码:010301）

① 预制钢筋混凝土方桩、预制钢筋混凝土管桩　以米计量，按设计图示尺寸，以桩长（包括桩尖）计算。或以 m^3计量，按设计图示截面积乘以桩长（包括桩尖），以实体积计算。或以根计量，按设计图示数量计算。

② 钢管桩　以 t 计量，按设计图示尺寸以质量计算。或以根计量，按设计图示数量计算。

③ 截(凿)桩头　以 m^3 计量,按设计桩截面乘以桩头长度,以体积计算。或以根计量,按设计图示数量计算。

注意:

① 项目特征中的桩截面、混凝土强度等级、桩类型等可直接用标准图代号或设计桩型进行描述。

② 预制钢筋混凝土方桩、预制钢筋混凝土管桩项目以成品桩编制,应包括成品桩购置费,如果现场预制,应包括现场预制桩的所有费用。

(2) 灌注桩(编码:010302)

① 泥浆护壁成孔灌注桩、沉管灌注桩、干作业成孔灌注桩　以 m 计量,按设计图示尺寸,以桩长(包括桩尖)计算。或以 m^3 计量,按不同截面在桩上范围内,以体积计算。或以根计量,按设计图示数量计算。

② 挖孔桩土(石)方　按设计图示尺寸(含护壁)截面积乘以挖孔深度,以 m^3 计算。

③ 人工挖孔灌注桩　以 m^3 计量,按桩芯混凝土体积计算。或以根计量,按设计图示数量计算。

④ 灌注桩后压浆　以 m 计量,按设计图示尺寸以桩长计算。或以根计量,按设计图示数量计算。

⑤ 桩底注浆　按设计图示以注浆孔数计算。

注意:

① 项目特征中的桩长应包括桩尖,空桩长度=孔深-桩长,孔深为自然地面至设计桩底的深度。

② 项目特征中的桩截面(桩径)、混凝土强度等级、桩类型等可直接用标准图代号或设计桩型进行描述。

③ 泥浆护壁成孔灌注桩是指在泥浆护壁条件下成孔,采用水下灌注混凝土的桩。其成孔方法包括冲击钻成孔、冲抓锥成孔、回旋钻成孔、潜水钻成孔、泥浆护壁的旋挖成孔等。

④ 沉管灌注桩的沉管方法包括锤击沉管法、振动沉管法、振动冲击沉管法、内夯沉管法等。

⑤ 干作业成孔灌注桩是指不用泥浆护壁和套管护壁的情况下,用钻机成孔后,下钢筋笼,灌注混凝土的桩,适用于地下水位以上的土层使用。其成孔方法包括螺旋钻成孔、螺旋钻成孔扩底、干作业的旋挖成孔等。

4. 砌筑工程

(1) 砖砌体(编码:010401)

① 砖基础　按设计图示尺寸以体积计算。包括附墙垛基础宽出部分体积,扣除地梁(圈梁)、构造柱所占体积,不扣除基础大放脚T形接头处的重叠部分及嵌入基础内的钢筋、铁件、管道、基础砂浆防潮层和单个面积 $\leq 0.3\ m^2$ 的孔洞所占体积,靠墙暖气沟的挑檐不增加。

基础长度:外墙按外墙中心线,内墙按内墙净长线计算。

② 砖砌挖孔桩护壁　按设计图示尺寸以 m^3 计算。

③ 实心砖墙、多孔砖墙、空心砖墙　按设计图示尺寸以体积计算。扣除门窗、洞口、嵌入墙内的钢筋混凝土柱、梁、圈梁、挑梁、过梁及凹进墙内的壁龛、管槽、暖气槽、消火栓箱所占体积,不扣除梁头、板头、檩头、垫木、木楞头、沿缘木、木砖、门窗走头、砖墙内加固钢筋、木筋、铁件、钢管

及单个面积≤0.3 m^2 的孔洞所占的体积。凸出墙面的腰线、挑檐、压顶、窗台线、虎头砖、门窗套的体积亦不增加。凸出墙面的砖垛并入墙体体积内计算。

墙长度:外墙按中心线,内墙按净长计算。

外墙高度:斜(坡)屋面无檐口天棚者算至屋面板底;有屋架且室内外均有天棚者算至屋架下弦底另加 200 mm;无天棚者算至屋架下弦底另加 300 mm,出檐宽度超过 600 mm 时按实砌高度计算;与钢筋混凝土楼板隔层者算至板顶;平屋顶算至钢筋混凝土板底。

内墙高度:位于屋架下弦者,算至屋架下弦底;无屋架者算至天棚底另加 100 mm;有钢筋混凝土楼板隔层者算至楼板顶;有框架梁时算至梁底。

女儿墙高度:从屋面板上表面算至女儿墙顶面(如有混凝土压顶时算至压顶下表面)。

内、外山墙高度:按其平均高度计算。

框架间墙:不分内外墙按墙体净尺寸以体积计算。

围墙:高度算至压顶上表面(如有混凝土压顶时算至压顶下表面),围墙柱并入围墙体积内。

④ 空斗墙　按设计图示尺寸以空斗墙外形体积计算。墙角、内外墙交接处、门窗洞口立边、窗台砖、屋檐处的实砌部分体积并入空斗墙体积内。

⑤ 空花墙　按设计图示尺寸以空花部分外形体积计算,不扣除空洞部分体积。

⑥ 填充墙　按设计图示尺寸以填充墙外形体积计算。

⑦ 实心砖柱、多孔砖柱　按设计图示尺寸以体积计算。扣除混凝土及钢筋混凝土梁垫、梁头所占体积。

⑧ 砖检查井　按设计图示数量计算。

⑨ 零星砌砖　以 m^3 计量,按设计图示尺寸截面积乘以长度计算。或以 m^2 计量,按设计图示尺寸水平投影面积计算。或以 m 计量,按设计图示尺寸长度计算。或以个计量,按设计图示数量计算。

⑩ 砖散水、地坪　按设计图示尺寸以面积计算。

⑪ 砖地沟、明沟　以 m 计量,按设计图示以中心线长度计算。

注意:

①“砖基础”项目适用于各种类型砖基础:柱基础、墙基础、管道基础等。

② 基础与墙(柱)身使用同一种材料时,以设计室内地面为界(有地下室者,以地下室室内设计地面为界),以下为基础,以上为墙(柱)身。基础与墙身使用不同材料时,位于设计室内地面高度≤±300 mm 时,以不同材料为分界线,高度>±300 mm 时,以设计室内地面为分界线。

③ 砖围墙以设计室外地坪为界,以下为基础,以上为墙身。

④ 框架外表面的镶贴砖部分,按零星项目编码列项。

⑤ 附墙烟囱、通风道、垃圾道应按设计图示尺寸以体积(扣除孔洞所占体积)计算并入所依附的墙体体积内。

⑥ 空斗墙的窗间墙、窗台下、楼板下、梁头下等的实砌部分,按零星砌砖项目编码列项。

⑦“空花墙”项目适用于各种类型的空花墙,使用混凝土花格砌筑的空花墙,实砌墙体与混凝土花格应分别计算,混凝土花格按混凝土及钢筋混凝土中预制构件相关项目编码列项。

⑧ 台阶、台阶挡墙、梯带、锅台、炉灶、蹲台、池槽、池槽腿、砖胎模、花台、花池、楼梯栏板、阳台栏板、地垄墙、≤0.3 m 的孔洞填塞等,应按零星砌砖项目编码列项。砖砌锅台与炉灶可按外

形尺寸以个计算，砖砌台阶可按水平投影面积以 m^2 计算，小便槽、地垄墙可按长度计算，其他工程按 m^3 计算。

（2）砌块砌体（编码：010402）

① 砌块墙　按设计图示尺寸以体积计算。扣除门窗、洞口、嵌入墙内的钢筋混凝土柱、梁、圈梁、挑梁、过梁及凹进墙内的壁龛、管槽、暖气槽、消火栓箱所占体积，不扣除梁头、板头、檩头、垫木、木楞头、沿缘木、木砖、门窗走头、砌块墙内加固钢筋、木筋、铁件、钢管及单个面积≤0.3 m^2 的孔洞所占的体积。凸出墙面的腰线、挑檐、压顶、窗台线、虎头砖、门窗套的体积亦不增加。凸出墙面的砖垛并入墙体体积内计算。

墙长度：外墙按中心线，内墙按净长计算。

外墙高度：斜（坡）屋面无檐口天棚者算至屋面板底；有屋架且室内外均有天棚者算至屋架下弦底另加 200 mm；无天棚者算至屋架下弦底另加 300 mm，出檐宽度超过 600 mm 时按实砌高度计算；与钢筋混凝土楼板隔层者算至板顶；平屋面算至钢筋混凝土板底。

内墙高度：位于屋架下弦者，算至屋架下弦底；无屋架者算至天棚底另加 100 mm；有钢筋混凝土楼板隔层者算至楼板顶；有框架梁时算至梁底。

女儿墙高度：从屋面板上表面算至女儿墙顶面（如有混凝土压顶时算至压顶下表面）。

内、外山墙高度：按其平均高度计算。

框架间墙：不分内外墙按墙体净尺寸以体积计算。

围墙：高度算至压顶上表面（如有混凝土压顶时算至压顶下表面），围墙柱并入围墙体积内。

② 砌块柱　按设计图示尺寸以体积计算。扣除混凝土及钢筋混凝土梁垫、梁头、板头所占体积。

（3）石砌体（编码：010403）（略）

（4）垫层（编码：010404）

垫层（除混凝土垫层）　按设计图示尺寸以 m^3 计算。

5. 混凝土及钢筋混凝土工程

（1）现浇混凝土基础（编码：010501）

垫层、带形基础、独立基础、满堂基础、桩承台基础、设备基础　按设计图示尺寸以体积计算。不扣除伸入承台基础的桩头所占体积。

（2）现浇混凝土柱（编码：010502）

矩形柱、构造柱、异形柱　按设计图示尺寸以体积计算。

柱高：有梁板的柱高，应自柱基上表面（或楼板上表面）至上一层楼板上表面之间的高度计算；无梁板的柱高，应自柱基上表面（或楼板上表面）至柱帽下表面之间的高度计算；框架柱的柱高，应自柱基上表面至柱顶高度计算；构造柱按全高计算，嵌接墙体部分（马牙槎）并入柱身体积；依附柱上的牛腿和升板的柱帽，并入柱身体积计算。

（3）现浇混凝土梁（编码：010503）

① 基础梁、矩形梁、异形梁、圈梁、过梁　按设计图示尺寸以体积计算，伸入墙内的梁头、梁垫并入梁体积内。

梁长：梁与柱连接时，梁长算至柱侧面；主梁与次梁连接时，次梁长算至主梁侧面。

② 弧形、拱形梁　按设计图示尺寸以体积计算，伸入墙内的梁头、梁垫并入梁体积内。

梁长：梁与柱连接时，梁长算至柱侧面；主梁与次梁连接时，次梁长算至主梁侧面。

(4) 现浇混凝土墙(编码:010504)

直形墙、弧形墙、短肢剪力墙、挡土墙　按设计图示尺寸以体积计算,扣除门窗洞口及单个面积>0.3 m^2 的孔洞所占体积,墙垛及突出墙面部分并入墙体体积内计算。

注意:

短肢剪力墙是指截面厚度≤300 mm,各肢截面高度与厚度之比的最大值>4 但≤8 的剪力墙;各肢截面高度与厚度之比的最大值≤4 的剪力墙按柱项目编码列项。

(5) 现浇混凝土板(编码:010505)

① 有梁板、无梁板、平板、拱板、薄壳板、栏板　按设计图示尺寸以体积计算,不扣除单个面积≤0.3 m^2 的柱、垛及孔洞所占体积。

压形钢板混凝土楼板扣除构件内压形钢板所占体积。

有梁板(包括主、次梁与板)按梁、板体积之和计算,无梁板按板和柱帽体积之和计算,各类板伸入墙内的板头并入板体积内,薄壳板的肋、基梁并入薄壳体积内计算。

② 天沟(檐沟)、挑檐板　按设计图示尺寸以体积计算。

③ 雨篷、悬挑板、阳台板　按设计图示尺寸以墙外部分体积计算。包括伸出墙外的牛腿和雨篷反挑檐的体积。

④ 空心板　按设计图示尺寸以体积计算。空心板(GBF 高强薄壁蜂巢芯板等)应扣除空心部分体积。

⑤ 其他板　按设计图示尺寸以体积计算。

注意:

现浇挑檐、天沟板、雨篷、阳台与板(包括屋面板、楼板)连接时,以外墙外边线为分界线;与圈梁(包括其他梁)连接时,以梁外边线为分界线。外边线以外为挑檐、天沟、雨篷或阳台。

(6) 现浇混凝土楼梯(编码:010506)

直形楼梯、弧形楼梯　以 m^2 计量,按设计图示尺寸以水平投影面积计算。不扣除宽度≤500 mm 的楼梯井,伸入墙内部分不计算。或以 m^3 计量,按设计图示尺寸以体积计算。

注意:

整体楼梯(包括直形楼梯、弧形楼梯)水平投影面积包括休息平台、平台梁、斜梁和楼梯的连接梁。当整体楼梯与现浇楼板无梯梁连接时,以楼梯的最后一个踏步边缘加 300 mm 为界。

(7) 现浇混凝土其他构件(编码:010507)

① 散水、坡道、室外地坪　按设计图示尺寸水平投影面积计算,不扣除单个≤0.3 m^2 的孔洞所占面积。

② 电缆沟、地沟　按设计图示以中心线长计算。

③ 台阶　以 m^2 计量,按设计图示尺寸水平投影面积计算;或以 m^3 计量,按设计图示尺寸以体积计算。

④ 扶手、压顶　按设计图示的中心线延长米计算;或以 m^3 计量,按设计图示尺寸以体积计算。

⑤ 化粪池、检查井、其他构件　或以 m^3 计量,按设计图示尺寸以体积计算;或以座计量,按设计图示数量计算。

(8) 后浇带(编码:010508)

后浇带　按设计图示尺寸以体积计算。

(9) 预制混凝土柱(编码:010509)

矩形柱、异形柱　以 m^3 计量,按设计图示尺寸以体积计算;或以根计量,按设计图示尺寸以数量计算。

注意:

以根计量,必须描述单件体积。

(10) 预制混凝土梁(编码:010510)

矩形梁、异形梁、过梁、拱形梁、鱼腹式吊车梁、其他梁　以 m^3 计量,按设计图示尺寸以体积计算;或以根计量,按设计图示尺寸以数量计算。

注意:

以根计量,必须描述单件体积。

(11) 预制混凝土屋架(编码:010511)

折线型屋架、组合屋架、薄腹屋架、门式刚架、天窗架　以 m^3 计量,按设计图示尺寸以体积计算;或以榀计量,按设计图示尺寸以数量计算。

注意:

以榀计量,必须描述单件体积;三角形屋架按折线型屋架项目编码列项。

(12) 预制混凝土板(编码:010512)

① 平板、空心板、槽形板、网架板、折线板、带肋板、大型板　以 m^3 计量,按设计图示尺寸以体积计算,不扣除单个尺寸≤300 mm×300 mm 的孔洞所占体积,扣除空心板空洞体积;或以块计量,按设计图示尺寸以数量计算。

② 沟盖板、井盖板、井圈　以 m^3 计量,按设计图示尺寸以体积计算;或以块计量,按设计图示尺寸以数量计算。

注意:

① 以块、套计量,必须描述单件体积。

② 不带肋的预制遮阳板、雨篷板、挑檐板、栏板等,应按平板项目编码列项。

③ 预制 F 形板、双 T 形板、单肋板和带反挑檐的雨篷板、挑檐板、遮阳板等,应按带肋板项目编码列项。

④ 预制大型墙板、大型楼板、大型屋面板等,应按大型板项目编码列项。

(13) 预制混凝土楼梯(编码:010513)

楼梯:以 m^3 计量,按设计图示尺寸以体积计算,扣除空心踏步板空洞体积;或以段计量,按设计图示数量计算。

注意:

以段计量,必须描述单件体积。

(14) 其他预制构件(编码:010514)

垃圾道、通风道、烟道、其他构件　以 m^3 计量,按设计图示尺寸以体积计算,不扣除单个面积≤300 mm×300 mm 的孔洞所占体积,扣除烟道、垃圾道、通风道的孔洞所占体积;或以 m^2 计量,按设计图示尺寸以面积计算,不扣除单个面积≤300 mm×300 mm 的孔洞所占面积;或以根计量,按设计图示尺寸以数量计算。

注意：

以块、根计量，必须描述单件体积；预制钢筋混凝土小型池槽、压顶、扶手、垫块、隔热板、花格等，按其他构件项目编码列项。

(15) 钢筋工程（编码：010515）

① 现浇构件钢筋、预制构件钢筋、钢筋网片、钢筋笼　按设计图示钢筋（网）长度（面积）乘单位理论质量以 t 计算。

② 先张法预应力钢筋　按设计图示钢筋长度乘单位理论质量计算。

③ 后张法预应力钢筋、预应力钢丝、预应力钢绞线　按设计图示钢筋（丝束、绞线）长度乘单位理论质量计算。

低合金钢筋两端均采用螺杆锚具时，钢筋长度按孔道长度减 0.35 m 计算，螺杆另行计算；低合金钢筋一端采用镦头插片、另一端采用螺杆锚具时，钢筋长度按孔道长度计算，螺杆另行计算；低合金钢筋一端采用镦头插片、另一端采用帮条锚具时，钢筋长度按孔道长度增加 0.15 m 计算；两端均采用帮条锚具时，钢筋长度按孔道长度增加 0.3 m 计算；低合金钢筋采用后张混凝土自锚时，钢筋长度按孔道长度增加 0.35 m 计算；低合金钢筋（钢绞线）采用 JM、XM、QM 型锚具，孔道长度≤20 m 时，钢筋长度按孔道长度增加 1 m 计算，孔道长度>20 m 时，钢筋长度按孔道长度增加 1.8 m 计算；碳素钢丝采用锥形锚具，孔道长度≤20 m 时，钢丝束长度按孔道长度增加 1 m 计算，孔道长度>20 m 时，钢丝束长度按孔道长度增加 1.8 m 计算；碳素钢丝采用镦头锚具时，钢丝束长度按孔道长度增加 0.35 m 计算。

④ 支撑钢筋（铁马凳）　按钢筋长度乘单位理论质量计算。

⑤ 声测管　按设计图示尺寸以质量计算。

注意：

① 现浇构件中伸出构件的锚固钢筋应并入钢筋工程量内。除设计（包括规范规定）标明的搭接外，其他施工搭接不计算工程量，在综合单价中综合考虑。

② 现浇构件中固定位置的支撑钢筋、双层钢筋用的“铁马凳”在编制工程量清单时，如果设计未明确，其工程数量可为暂估量，结算时按现场签证数量计算。

(16) 螺栓、铁件（编码：010516）

① 螺栓、预埋铁件　按设计图示尺寸以质量计算。

② 机械连接　按数量计算。

6. 金属结构工程（略）

7. 木结构工程（略）

8. 门窗工程

(1) 木门（编码：010801）

① 木质门、木质门带套、木质连窗门、木质防火门　以樘计量，按设计图示数量计算；或以 m^2 计量，按设计图示洞口尺寸以面积计算。

② 木门框　以樘计量，按设计图示数量计算；或以 m 计量，按设计图示框的中心线以延长米计算。

③ 门锁安装　按设计图示数量计算。

(2) 金属门（编码：010802）

金属（塑钢）门、彩板门、钢质防火门、防盗门　以樘计量，按设计图示数量计算；或以 m^2 计量,按设计图示洞口尺寸以面积计算。

(3) 金属卷帘(闸)门(编码:010803),厂库房大门、特种门(编码:010804),其他门(编码:010805)(略)

(4) 木窗(编码:010806)

① 木质窗 以樘计量,按设计图示数量计算;或以 m^2 计量,按设计图示洞口尺寸以面积计算。

② 木橱窗、木飘(凸)窗 以樘计量,按设计图示数量计算;或以 m^2 计量,按设计图示尺寸以框外围展开面积计算。

③ 木纱窗 以樘计量,按设计图示数量计算;或以 m^2 计量,按框的外围尺寸以面积计算。

(5) 金属窗(编码:010807)

① 金属(塑钢、断桥)窗、金属防火窗、金属百叶窗、金属格栅窗 以樘计量,按设计图示数量计算;或以 m^2 计量,按设计图示洞口尺寸以面积计算。

② 金属纱窗 以樘计量,按设计图示数量计算;或以 m^2 计量,按框的外围尺寸以面积计算。

③ 金属(塑钢、断桥)橱窗、金属(塑钢、断桥)飘(凸)窗 以樘计量,按设计图示数量计算;或以 m^2 计量,按设计图示尺寸以框外围展开面积计算。

④ 彩板窗、复合材料窗 以樘计量,按设计图示数量计算;或以 m^2 计量,按设计图示洞口尺寸或框外围以面积计算。

(6) 门窗套(编码:010808)

① 木门窗套、木筒子板、饰面夹板筒子板、金属门窗套、石材门窗套 以樘计量,按设计图示数量计算;或以 m^2 计量,按设计图示尺寸以展开面积计算;或以 m 计量,按设计图示中心以延长米计算。

② 门窗木贴脸 以樘计量,按设计图示数量计算;或以 m 计量,按设计图示尺寸以延长米计算。

③ 成品木门窗套 以樘计量,按设计图示数量计算;或以 m^2 计量,按设计图示尺寸以展开面积计算;或以 m 计量,按设计图示中心以延长米计算。

(7) 窗台板(编码:010809)

木窗台板、铝塑窗台板、金属窗台板、石材窗台板 按设计图示尺寸以展开面积计算。

(8) 窗帘、窗帘盒、轨(编码:010810)

① 窗帘 以 m 计量,按设计图示尺寸以长度计算;或以 m^2 计量,按图示尺寸以展开面积计算。

② 木窗帘盒、饰面夹板、塑料窗帘盒、铝合金窗帘盒、窗帘轨 按设计图示尺寸以长度计算。

9. 屋面及防水工程

(1) 瓦、型材及其他屋面(编码:010901)

① 瓦屋面、型材屋面 按设计图示尺寸以斜面积计算。不扣除房上烟囱、风帽底座、风道、小气窗、斜沟等所占面积。小气窗的出檐部分不增加面积。

② 阳光板屋面、玻璃钢屋面 按设计图示尺寸以斜面积计算。不扣除屋面面积≤0.3 m^2 孔洞所占面积。

③ 膜结构屋面 按设计图示尺寸以需要覆盖的水平投影面积计算。

（2）屋面防水及其他（编码:010902）

① 屋面卷材防水、屋面涂膜防水　按设计图示尺寸以面积计算。斜屋顶（不包括平屋顶找坡）按斜面积计算，平屋顶按水平投影面积计算。不扣除房上烟囱、风帽底座、风道、屋面小气窗和斜沟所占面积。屋面的女儿墙、伸缩缝和天窗等处的弯起部分，并入屋面工程量内。

② 屋面刚性层　按设计图示尺寸以面积计算。不扣除房上烟囱、风帽底座、风道等所占面积。

③ 屋面排水管　按设计图示尺寸以长度计算。如设计未标注尺寸，以檐口至设计室外散水上表面垂直距离计算。

④ 屋面排（透）气管　按设计图示尺寸以长度计算。

⑤ 屋面（廊、阳台）泄（吐）水管　按设计图示数量计算。

⑥ 屋面天沟、檐沟　按设计图示尺寸以展开面积计算。

⑦ 屋面变形缝　按设计图示以长度计算。

注意：

屋面防水搭接及附加层用量不另行计算，在综合单价中考虑。

（3）墙面防水、防潮（编码:010903）

① 墙面卷材防水、墙面涂膜防水、墙面砂浆防水（防潮）　按设计图示尺寸以面积计算。

② 墙面变形缝　按设计图示以长度计算。

注意：

① 墙面防水搭接及附加层用量不另行计算，在综合单价中考虑。

② 墙面变形缝，若做双面，工程量乘系数 2。

（4）楼（地）面防水、防潮（编码:010904）

① 楼（地）面卷材防水、楼（地）面涂膜防水、楼（地）面砂浆防水（防潮）　按设计图示尺寸以面积计算。楼（地）面防水：按主墙间净空面积计算，扣除凸出地面的构筑物、设备基础等所占面积，不扣除间壁墙及单个面积≤0.3 m^2 柱、垛、烟囱和孔洞所占面积。楼（地）面防水反边高度≤300 mm 算作地面防水，反边高度>300 mm 算作墙面防水。

② 楼（地）面变形缝　按设计图示以长度计算。

10. 保温、隔热、防腐工程

（1）保温、隔热（编码:011001）

① 保温隔热屋面　按设计图示尺寸以面积计算。扣除面积>0.3 m^2孔洞及占位面积。

② 保温隔热天棚　按设计图示尺寸以面积计算。扣除面积>0.3 m^2上柱、垛、孔洞所占面积，与天棚相连的梁按展开面积，计算并入天棚工程量内。

③ 保温隔热墙面　按设计图示尺寸以面积计算。扣除门窗洞口以及面积>0.3 m^2梁、孔洞所占面积；门窗洞口侧壁需作保温时，并入保温墙体工程量内。

④ 保温柱、梁　按设计图示尺寸以面积计算。柱按设计图示柱断面保温层中心线展开长度乘保温层高度以面积计算，扣除面积>0.3 m^2梁所占面积；梁按设计图示梁断面保温层中心线展开长度乘保温层长度以面积计算。

⑤ 保温隔热楼地面　按设计图示尺寸以面积计算。扣除面积>0.3 m^2柱、垛、孔洞所占面积。

（2）防腐面层、其他防腐（编码:011003）（略）

11. 楼地面装饰工程

(1) 整体面层及找平层(编码:011101)

① 水泥砂浆楼地面、现浇水磨石楼地面、细石混凝土楼地面、菱苦土楼地面、自流坪楼地面　按设计图示尺寸以面积计算。扣除凸出地面构筑物、设备基础、室内管道、地沟等所占面积,不扣除间壁墙及≤0.3 m^2 柱、垛、附墙烟囱及孔洞所占面积。门洞、空圈、暖气包槽、壁龛的开口部分不增加面积。

② 平面砂浆找平层　按设计图示尺寸以面积计算。

注意:

① 平面砂浆找平层只适用于仅做找平层的平面抹灰。

② 间壁墙指墙厚≤120 mm 的墙。

(2) 块料面层(编码:011102)

石材楼地面、碎石材楼地面、块料楼地面　按设计图示尺寸以面积计算。门洞、空圈、暖气包槽、壁龛的开口部分并入相应的工程量内。

(3) 橡塑面层(编码:011103)

橡胶板楼地面、橡胶板卷材楼地面、塑料板楼地面、塑料卷材楼地面按设计图示尺寸以面积计算。门洞、空圈、暖气包槽、壁龛的开口部分并入相应的工程量内。

(4) 其他材料面层(编码:011104)

地毯楼地面、竹木(复合)地板、金属复合地板、防静电活动地板按设计图示尺寸以面积计算。门洞、空圈、暖气包槽、壁龛的开口部分并入相应的工程量内。

(5) 踢脚线(编码:011105)

水泥砂浆踢脚线、石材踢脚线、块料踢脚线、塑料板踢脚线、木质踢脚线、金属踢脚线、防静电踢脚线按设计图示长度乘高度以面积计算;或按延长米计算。

(6) 楼梯面层(编码:011106)

石材楼梯面层、块料楼梯面层、拼碎块料面层、水泥砂浆楼梯面层、现浇水磨石楼梯面层等按设计图示尺寸以楼梯(包括踏步、休息平台及≤500 mm 的楼梯井)水平投影面积计算。楼梯与楼地面相连时,算至梯口梁内侧边沿;无梯口梁者,算至最上一层踏步边沿加 300 mm。

(7) 台阶装饰(编码:011107)

石材台阶面、块料台阶面、拼碎块料台阶面、水泥砂浆台阶面、现浇水磨石台阶面、剁假石台阶面按设计图示尺寸以台阶(包括最上层踏步边沿加 300 mm)水平投影面积计算。

(8) 零星装饰项目(编码:011108)

石材零星项目、拼碎石材零星项目、块料零星项目、水泥砂浆零星项目按设计图示尺寸以面积计算。

12. 墙、柱面装饰与隔断、幕墙工程

(1) 墙面抹灰(编码:011201)

墙面一般抹灰、墙面装饰抹灰、墙面勾缝、立面砂浆找平层按设计图示尺寸以面积计算。扣除墙裙、门窗洞口及单个>0.3 m^2 的孔洞面积,不扣除踢脚线、挂镜线和墙与构件交接处的面积,门窗洞口和孔洞的侧壁及顶面不增加面积。附墙柱、梁、垛、烟囱侧壁并入相应的墙面面积内。外墙抹灰面积按外墙垂直投影面积计算。外墙裙抹灰面积按其长度乘以高度计算。内墙抹灰面积按主墙间的净长乘以高度计算,无墙裙的,高度按室内楼地面至天棚底面计算,有墙裙的,高度按墙裙顶至天棚底面计算。内墙裙抹灰面按内墙净长乘以高度计算。

注意:

① 立面砂浆找平项目适用于仅做找平层的立面抹灰。

② 抹石灰砂浆、水泥砂浆、混合砂浆、聚合物水泥砂浆、麻刀石灰浆、石膏灰浆等按墙面一般抹灰列项,水刷石、斩假石、干黏石、假面砖等按墙面装饰抹灰列项。

③ 飘窗凸出外墙面增加的抹灰不计算工程量,在综合单价中考虑。

(2) 柱(梁)面抹灰(编码:011202)

① 柱梁面一般抹灰、柱梁面装饰抹灰、柱梁面砂浆找平　柱面抹灰按设计图示柱断面周长乘高度以面积计算;梁面抹灰按设计图示梁断面周长乘长度以面积计算。

② 柱梁面勾缝　按设计图示柱断面周长乘高度以面积计算。

(3) 零星抹灰(编码:011203)

零星项目一般抹灰、零星项目装饰抹灰、零星项目砂浆找平按设计图示尺寸以面积计算。

注意:

墙、柱(梁)面$\leqslant 0.5\ m^2$的少量分散的抹灰按零星抹灰项目编码列项。

(4) 墙面块料面层(编码:011204)

① 石材墙面、拼碎石材墙面、块料墙面　按镶贴表面积计算。

② 干挂石材钢骨架　按设计图示以质量计算。

(5) 柱(梁)面镶贴块料(编码:011205)

石材柱面、块料柱面、拼碎块柱面、石材梁面、块料梁面按镶贴表面积计算。

(6) 镶贴零星块料(编码:011206)(略)

(7) 墙饰面(编码:011207)

① 墙面装饰板　按设计图示墙净长乘净高以面积计算。扣除门窗洞口及单个$>0.3m^2$的孔洞所占面积。

② 墙面装饰浮雕　按设计图示尺寸以面积计算。

(8) 柱(梁)饰面(编码:011208)

① 柱(梁)面装饰　按设计图示饰面外围尺寸以面积计算。柱帽、柱墩并入相应柱饰面工程量内。

② 成品装饰柱　以根计量,按设计数量计算;或以 m 计量,按设计长度计算。

(9) 幕墙工程(编码:011209)

① 带骨架幕墙　按设计图示框外围尺寸以面积计算。与幕墙同种材质的窗所占面积不扣除。

② 全玻(无框玻璃)幕墙　按设计图示尺寸以面积计算。带肋全玻幕墙按展开面积计算。

(10) 隔断(编码:011210)

① 木隔断、金属隔断、玻璃隔断、塑料隔断、其他隔断　按设计图示框外围尺寸以面积计算。不扣除单个$\leqslant 0.3\ m^2$的孔洞所占面积;浴厕门的材质与隔断相同时,门的面积并入隔断面积内。

② 成品隔断　按设计图示框外围尺寸以面积计算;或按设计间的数量以间计算。

13. 天棚工程

(1) 天棚抹灰(编码:011301)

天棚抹灰按设计图示尺寸以水平投影面积计算。不扣除间壁墙、垛、柱、附墙烟囱、检查口和管道所占的面积,带梁天棚、梁两侧抹灰面积并入天棚面积内,板式楼梯底面抹灰按斜面积计算,锯齿形楼梯底板抹灰按展开面积计算。

(2) 天棚吊顶(编码:011302)

① 吊顶天棚 按设计图示尺寸以水平投影面积计算。天棚面中的灯槽及跌级、锯齿形、吊挂式、藻井式天棚面积不展开计算。不扣除间壁墙、检查口、附墙烟囱、柱垛和管道所占面积,扣除单个>0.3 m^2 的孔洞、独立柱及与天棚相连的窗帘盒所占的面积。

② 格栅吊顶、吊筒吊顶、藤条造型悬挂吊顶、织物软雕吊顶、网架(装饰)吊顶 按设计图示尺寸以水平投影面积计算。

(3) 采光天棚工程(编码:011303)

采光天棚按框外围展开面积计算。

(4) 天棚其他装饰(编码:011304)

① 灯带(槽) 按设计图示尺寸以框外围面积计算。

② 送风口、回风口 按设计图示数量计算。

14. 油漆、涂料、裱糊工程

(1) 门油漆(编号:011401)

木门油漆、金属门油漆以樘计量,按设计图示数量计量;或以 m^2计量,按设计图示洞口尺寸以面积计算。

(2) 窗油漆(编号:011402)

木窗油漆、金属窗油漆以樘计量,按设计图示数量计量;或以 m^2计量,按设计图示洞口尺寸以面积计算。

(3) 木扶手及其他板条、线条油漆(编号:011403)

木扶手油漆、窗帘盒油漆、封檐板、顺水板油漆、挂衣板、黑板框油漆、挂镜线、窗帘棍、单独木线油漆按设计图示尺寸以长度计算。

(4) 木材面油漆(编号:011404)

① 木护墙、木墙裙油漆,窗台板、筒子板、盖板、门窗套、踢脚线油漆,清水板条天棚、檐口油漆,木方格吊顶天棚油漆,吸音板墙面、天棚面油漆,暖气罩油漆,其他木材面 按设计图示尺寸以面积计算。

② 木间壁、木隔断油漆,玻璃间壁露明墙筋油漆,木栅栏、木栏杆(带扶手)油漆 按设计图示尺寸以单面外围面积计算。

③ 衣柜、壁柜油漆,梁柱饰面油漆,零星木装修油漆 按设计图示尺寸以油漆部分展开面积计算。

④ 木地板油漆、木地板烫硬蜡面 按设计图示尺寸以面积计算。空洞、空圈、暖气包槽、壁龛的开口部分并入相应的工程量内。

(5) 金属面油漆(编号:011405)

金属面油漆以 t 计量,按设计图示尺寸以质量计算;或以 m^2计量,按设计展开面积计算。

(6) 抹灰面油漆(编号:011406)

① 抹灰面油漆、满刮腻子　按设计图示尺寸以面积计算。

② 抹灰线条油漆　按设计图示尺寸以长度计算。

(7) 喷刷涂料(编号:011407)

① 墙面喷刷涂料、天棚喷刷涂料　按设计图示尺寸以面积计算。

② 空花格、栏杆刷涂料　按设计图示尺寸以单面外围面积计算。

③ 线条刷涂料　按设计图示尺寸以长度计算。

④ 金属构件刷防火涂料　以 t 计量,按设计图示尺寸以质量计算;或以 m^2 计量,按设计展开面积计算。

⑤ 木材构件喷刷防火涂料　以 m^2 计量,按设计图示尺寸以面积计算。

(8) 裱糊(编号:011408)(略)

15. 其他装饰工程

(1) 柜类、货架(编号:011501)(略)

(2) 装饰线(编号:011502)

金属装饰线、木质装饰线、石材装饰线、石膏装饰线、镜面玻璃线、铝塑装饰线、塑料装饰线、GRC 装饰线条按设计图示尺寸以长度计算。

(3) 扶手、栏杆、栏板装饰(编码:011503)

金属扶手、栏杆、栏板,硬木扶手、栏杆、栏板,塑料扶手、栏杆、栏板,GRC 扶手、栏杆、栏板,金属靠墙扶手,硬木靠墙扶手,塑料靠墙扶手,玻璃栏板按设计图示以扶手中心线长度(包括弯头长度)计算。

(4) 暖气罩(编号:011504),浴厕配件(编号:011505),雨篷、旗杆(编号:011506),招牌、灯箱(编号:011507),美术字(编号:011508)(略)

16. 拆除工程(略)

17. 措施项目

(1) 脚手架工程(编码:011701)

① 综合脚手架　按建筑面积计算。

② 外脚手架、里脚手架、整体提升架、外装饰吊篮　按所服务对象的垂直投影面积计算。

③ 悬空脚手架　按搭设的水平投影面积计算。

④ 挑脚手架　按搭设长度乘以搭设层数以延长米计算。

⑤ 满堂脚手架　按搭设的水平投影面积计算。

注意:

① 使用综合脚手架时,不再使用外脚手架、里脚手架等单项脚手架;综合脚手架适用于能够按"建筑面积计算规则"计算建筑面积的建筑工程脚手架,不适用于房屋加层、构筑物及附属工程脚手架。

② 同一建筑物有不同檐高时,按建筑物竖向切面分别按不同檐高编列清单项目。

③ 整体提升架已包括 2 m 高的防护架体设施。

(2) 混凝土模板及支架(撑)(编码:011702)

① 垫层、带形基础、独立基础、满堂基础、设备基础、承台基础、矩形柱、构造柱、异形柱、基础

梁、矩形梁、异形梁、圈梁、过梁、弧形梁、拱形梁、直形墙、弧形墙、短肢剪力墙、电梯井壁、有梁板、无梁板、平板、拱板、薄壳板、栏板 按模板与现浇混凝土构件的接触面积计算。现浇钢筋混凝土墙、板单孔面积≤0.3 m^2的孔洞不予扣除,洞侧壁模板亦不增加;单孔面积>0.3 m^2时应予扣除,洞侧壁模板面积并入墙、板工程量内计算。现浇框架分别按梁、板、柱有关规定计算;附墙柱、暗梁、暗柱并入墙内工程量内计算。柱、梁、墙、板相互连接的重叠部分,均不计算模板面积。构造柱按图示外露部分计算模板面积。

② 天沟、檐沟 按模板与现浇混凝土构件的接触面积计算。

③ 雨篷、悬挑板、阳台板 按图示外挑部分尺寸的水平投影面积计算,挑出墙外的悬臂梁及板边不另计算。

④ 楼梯 按楼梯(包括休息平台、平台梁、斜梁和楼层板的连接梁)的水平投影面积计算,不扣除宽度≤500 mm 的楼梯井所占面积,楼梯踏步、踏步板、平台梁等侧面模板不另计算,伸入墙内部分亦不增加。

⑤ 电缆沟、地沟、扶手、散水、后浇带等 按模板与现浇混凝土构件的接触面积计算。

⑥ 台阶 按图示台阶水平投影面积计算,台阶端头两侧不另计算模板面积。架空式混凝土台阶,按现浇楼梯计算。

(3) 垂直运输 (编码:011703)

垂直运输按《建筑工程建筑面积计算规范》的规定计算建筑物的建筑面积。或按施工工期日历天数计算。

注意:

① 同一建筑物有不同檐高时,按建筑物的不同檐高做纵向分割,分别计算建筑面积,以不同檐高分别编码列项。

② 建筑物的檐口高度是指设计室外地坪至檐口滴水的高度(平屋顶系指屋面板底高度),突出主体建筑物屋顶的电梯机房、楼梯出口间、水箱间、瞭望塔、排烟机房等不计入檐口高度。

(4) 超高施工增加 (编码:011704)

超高施工增加按《建筑工程建筑面积计算规范》的规定计算建筑物超高部分的建筑面积。

注意:

① 单层建筑物檐口高度超过 20 m,多层建筑物超过 6 层时,可按超高部分的建筑面积计算超高施工增加。计算层数时,地下室不计入层数。

② 同一建筑物有不同檐高时,可按不同高度的建筑面积分别计算建筑面积,以不同檐高分别编码列项。

(5) 大型机械进出场及安拆 (编码:011705)

大型机械设备进出场包括施工机械整体或分体自停放场地运至施工现场,或由一个施工地点运至另一个施工地点,所发生的施工机械进出场运输及转移费用,由机械设备的装卸、运输及辅助材料费等构成。大型机械设备安拆费包括施工机械在施工现场进行安装、拆卸所需的人工费、材料费、机械费、试运转费和安装所需的辅助设施的费用。

(6) 施工排水、降水 (编码:011706)

施工排水包括排水沟槽开挖、砌筑、维修,排水管道的铺设、维修,排水的费用以及专人值守的费用等。施工降水包括成井、井管安装、排水管道安拆及摊销、降水设备的安拆及维护的费用,抽水的费用以及专人值守的费用等。

(7) 安全文明施工及其他措施项目(编码:011707)

主要包括安全文明施工(含环境保护、文明施工、安全施工、临时设施),夜间施工,非夜间施工照明,二次搬运,冬雨季施工,地上、地下设施、建筑物的临时保护设施,已完工程及设备保护等。

7.2.2 工程量清单计价下定额的应用

长期以来,我国承发包计价、定价是以预算定额为主要依据,即定额计价模式。1992 年,为了适应建设市场改革的要求,提出了"控制量、指导价、竞争费"的改革措施,进行量价分离,工程造价管理由原来的静态管理模式逐步转变为动态管理模式。现行的计价规范中贯彻了由政府宏观调控、市场竞争形成价格的指导思想,建立了清单计价模式,它与定额计价模式是有区别的。定额计价模式按照计划经济的要求制定,其中有许多方面不适应计价规范的编制指导思想,主要表现在:

① 预算定额子目以工序为原则进行项目划分;

② 施工工艺、施工方法根据大多数企业的施工方法综合取定;

③ 工、料、机消耗量根据社会平均水平综合测定;

④ 取费标准按不同地区平均测算。

按定额计价模式报价,就会表现为平均主义,企业不能结合项目具体情况、自身技术管理水平自主报价,不能充分调动企业加强管理的积极性,在评标中也很难实行合理低价中标。因此,我国于 2003 年颁布了《建设工程工程量清单计价规范》(GB 50500—2003),经过多年的工程实践,不断完善了工程造价管理,现行的计价规范为《建设工程工程量清单计价规范》(GB 50500—2013)。

由于定额计价模式是我国经过几十年长期实践总结出来的,有一定的科学性和实用性,从事工程造价管理工作的人员已经形成了运用预算定额计价的习惯。现行清单计价规范是以现行的全国统一工程预算定额为基础,特别是项目划分、计量单位、工程量计算规则等方面,尽可能与预算定额衔接。尚没有建立自身企业定额的企业,进行投标报价时,预算定额可作为重要的参考依据。但应注意,现行预算定额的子目一般是按施工工序进行设置的,工程内容一般是单一的,而工程量清单项目的划分,一般是以一个"综合实体"考虑的,一般包括多项工程内容,两者的工程量计算规则是有区别的。因此,在工程量清单计价时,综合单价分析中不能只套一个定额子目,而应根据清单项目的工作内容及包含范围确定,可能要套用多个定额子目。另外,要结合企业消耗水平及所掌握的当时当地的市场价格进行调差。

7.3 工程量清单编制及计价

7.3.1 工程量清单的编制

工程量清单是建设工程的分部分项工程项目、措施项目、其他项目、规费项目和税金项目的名称和相应数量等的明细清单。招标工程量清单是招标人依据国家标准、招标文件、设计文件以及施工现场实际情况编制的，随招标文件发布供投标报价的工程量清单，包括其说明和表格。

采用工程量清单招标的工程，工程量清单必须作为招标文件的组成部分，其准确性和完整性由招标人负责。工程量清单应由具有编制能力的招标人或受其委托、具有相应资质的工程造价咨询人编制。编制工程量清单时要做到五统一，即统一项目编码、项目名称、项目特征、计量单位、工程量计算规则。编制招标工程量清单的主要依据如下：

①《建设工程工程量清单计价规范》和相关工程的国家计量规范；

② 国家或省级、行业建设主管部门颁发的计价依据和办法；

③ 建设工程设计文件；

④ 与建设工程有关的标准、规范、技术资料；

⑤ 拟定的招标文件；

⑥ 施工现场情况、工程特点及常规施工方案；

⑦ 其他相关资料。

工程量清单包括分部分项工程量清单、措施项目清单、其他项目清单、规费和税金项目清单。分部分项工程量清单必须载明项目编码、项目名称、项目特征、计量单位和工程量。分部分项工程量清单必须根据相关工程现行国家计量规范规定的项目编码、项目名称、项目特征、计量单位和工程量计算规则进行编制。分部分项工程量清单的项目编码，应采用十二位阿拉伯数字表示，一至九位应按计量规范规定设置，十至十二位应根据拟建工程的工程量清单项目名称设置，同一招标工程的项目编码不得有重码。分部分项工程量清单项目名称的设置，应考虑三个因素：

① 计量规范中的项目名称；

② 计量规范中的项目特征；

③ 拟建工程的实际情况。

工程量清单编制时应以计量规范中的项目名称为主体，考虑该项目的规格、型号、材质等特征要求，结合拟建工程的实际情况，使其工程量清单项目名称具体化、细化，能够反映影响工程造价的主要因素。

工程计量时每一项目汇总的有效位数应遵守下列规定：

① 以“t”为单位，应保留小数点后三位数字，第四位小数四舍五入；

② 以“m、m^2、m^3、kg”为单位，应保留小数点后两位数字，第三位小数四舍五入；

③ 以“个、件、根、组、系统”为单位，应取整数。

随着技术的发展，不可避免地会出现计量规范中缺项的情况，编制人可作补充，并报省级或行业工程造价管理机构备案，省级或行业工程造价管理机构应汇总报住房和城乡建设部标准定额司。补充项目的编码由计量规范的代码 01 与 B 和三位阿拉伯数字组成，并应从 01B001 起顺序编制，同一招标工程的项目不得重码。补充的工程量清单需附有项目名称、项目特征、计量单位、工程量计算规则、工作内容。

工程量清单格式应由以下内容组成：

① 封面；

② 总说明；

③ 分部分项工程量清单表；

④ 措施项目清单表；

⑤ 其他项目清单表；

⑥ 规费、税金项目清单表。

在编制工程量清单时，要按照计价规范的要求，遵循一定的格式。具体格式见7.4的实例。

7.3.2 招标控制价的编制

招标控制价是招标人根据国家或省级、行业建设主管部门颁发的有关计价依据和办法，以及拟定的招标文件和招标工程量清单编制的招标工程的最高限价。国有资金投资的工程建设项目必须实行工程量清单招标，招标人应编制招标控制价。招标控制价超过批准的概算时，招标人应将其报原概算审批部门审核。投标人的投标报价高于招标控制价的，其投标应予以拒绝。招标控制价应由具有编制能力的招标人或受其委托、具有相应资质的工程造价咨询人编制和复核。招标控制价应在发布招标文件时公布，不应上调或下浮，招标人应将招标控制价及有关资料报送工程所在地工程造价管理机构（或有该工程管辖权的行政主管部门）备查。

招标控制价应根据下列依据编制与审核：

①《建设工程工程量清单计价规范》和相关工程的国家计量规范；

② 国家或省级、行业建设主管部门及工程造价管理机构颁发的消耗量标准和计价办法；

③ 建设工程设计文件及相关资料；

④ 拟定的招标文件及补充通知、答疑纪要、招标工程量清单；

⑤ 与建设工程有关的标准、规范、技术资料；

⑥ 施工现场情况、工程特点及常规施工方案；

⑦ 工程造价管理机构发布的工程造价信息，当工程造价信息没有发布时，参照市场价；

⑧ 其他相关资料。

7.3.3 投标报价的编制

投标价是投标人投标时报出的工程合同价，进行投标报价的编制时应遵循以下规定：

① 投标价应由投标人或受其委托、具有相应资质的工程造价咨询人编制。

② 投标人应依据《建设工程工程量清单计价规范》、相关工程的国家计量规范、企业定额、招标文件等资料自主确定投标报价。

③ 投标报价不得低于工程成本。

④ 投标人必须按招标工程量清单填报价格。项目编码、项目名称、项目特征、计量单位、工程量必须与招标工程量清单一致。

⑤ 投标人的投标报价高于招标控制价的应予废标。

投标报价应根据下列依据编制和复核：

①《建设工程工程量清单计价规范》和相关工程的国家计量规范；

② 国家或省级、行业建设主管部门及工程造价管理机构颁发的消耗量标准和计价办法；

③ 企业定额；

④ 招标文件、招标工程量清单及补充通知、答疑纪要；

⑤ 建设工程设计文件及相关资料；

⑥ 施工现场情况、工程特点及投标时拟定的施工组织设计或施工方案；

⑦ 与建设工程有关的标准、规范、技术资料；

⑧ 市场价格信息或工程造价管理机构发布的工程造价信息；

⑨ 其他相关资料。

投标报价格式应随招标文件发至投标人，采用统一格式，具体格式见7.4实例。

7.4 实　　例

本工程为长春市某住宅工程，招标范围为房屋建筑与装饰工程，工程概况及设计图见附图，招标文件略。

7-3 实例附图

7.4.1 编制工程量清单

以下是招标人依据招标文件规定、施工设计图纸、施工现场条件和全国统一《建设工程工程量清单计价规范》(GB 50500—2013)和《房屋建筑与装饰工程工程量计算规范》(GB 50854—2013)编制的完整的工程量清单，包括封面、总说明、分部分项工程量清单、措施项目清单、其他项目清单及规费、税金项目清单。另外，附上了分部分项工程量清单项目的工程量计算表及门窗洞口统计表、墙体埋件统计表，学习时可作为参考。

7-4 工程量清单计算实例

7.4.2 编制投标报价

数字资源7-5是某投标人依据招标文件中提供的工程量清单及设计文件、施工方案、计价规范、吉林省现行计价定额，结合企业和市场的具体情况而编制的投标报价文件，包括封面、单位工程投标报价汇总表、分部分项工程量清单计价表、措施项目清单计价表、其他项目清单计价表、规费税金项目计价表。

7-5 投标报价实例

该投标人在编制投标报价时，根据工程规模、复杂程度及公司当前综合实力和市场竞争情况，确定对该工程的企业管理费费率和利润率。企业管理费费率：建筑工程为人工费和机械费的16.51%，装饰工程为人工费的22.64%。利润率确定为人工费的20%。另外，根据吉林省建设工程费用定额规定税率取为9%，规费按照吉林省建设行政主管部门的有关标准、规定计取。

第 8 章

公路工程清单计价

学习重点：公路工程标准施工招标文件的构成；公路工程工程量清单计算规则与编制方法；招标控制价的编制方法；投标报价的编制方法。

学习目标：能够熟练运用公路工程工程量清单计价规范及定额，进行工程量清单、招标控制价及投标报价的编制。

8.1 《公路工程标准施工招标文件》简介

为加强公路工程施工招标管理，规范招标文件及资格预审文件编制工作，依照《中华人民共和国招标投标法》《中华人民共和国招标投标法实施条例》等法律法规，按照《公路工程建设项目招标投标管理办法》（交通运输部令 2015 年第 24 号），在国家发展和改革委员会牵头编制的《标准施工招标文件》及《标准施工招标资格预审文件》（以下简称《标准文件》）基础上，结合公路工程施工招标特点和管理需要，交通运输部组织制定了《公路工程标准施工招标文件》（2018 年版）及《公路工程标准施工招标资格预审文件》（2018 年版）（以下简称《公路工程标准文件》）。

8-1 招标公告（未进行资格预审）

《公路工程标准施工招标文件》适用于各等级公路和桥梁、隧道建设项目，且设计和施工不是由同一承包人承担的工程施工招标。

《公路工程标准施工招标文件》共计四卷分八章内容，第一卷包括第一章招标公告/投标邀请书、第二章投标人须知、第三章评标办法、第四章合同条款及格式和第五章工程量清单；第二卷包括第六章图纸；第三卷包括第七章技术规范；第四卷包括投标文件格式。

8-2 投标邀请书（适用于邀请招标）

8.1.1 《公路工程标准施工招标文件》第一卷

第一卷包括招标公告与投标邀请书、投标人须知、评标办法、合同条款及格式和工程量清单等内容。

1. 招标公告与投标邀请书

招标公告与投标邀请书必须按《公路工程标准施工招标文件》（2018 年版）的格式编制。

8-3 投标邀请书（代资格预审通过通知书）

2. 投标人须知

投标人须知是招标投标活动应遵循的程序规则和对编制、递交投标文件等投标活动的要求。投标人须知包括投标人须知前附表、正文和附表格式等内容。投标人须知正文是标准化条款,对它的任何修改、补充均应在投标人须知前附表中列明,对须知中的信息与数据,均应在投标人须知前附表中填写。

下面仅介绍投标人须知前附表及正文中的主要内容。

(1) 投标人须知前附表

8-4 投标人须知前附表

投标人须知前附表主要作用有两个方面,一是将投标人须知中的关键内容和数据摘要列表,起到强调和提醒作用,为投标人迅速掌握投标人须知内容提供方便,但必须与招标文件相关章节内容衔接一致;二是对投标人须知正文中交由前附表明确的内容给予具体约定。当正文与前附表内容不一致时,以前附表的规定为准。

投标人须知前附表为资格审查条件,包括7个附录,即资质最低要求、财务最低要求、业绩最低要求、信誉最低要求、项目经理和项目总工最低要求、其他管理和技术人员最低要求、主要机械设备和试验检测设备最低要求。

(2) 正文部分

8-5 前附表附录

投标人须知正文共10部分内容,包括总则、招标文件、投标文件、投标、开标、评标、合同授予、纪律和监督、是否采用电子招标投标、需要补充的其他内容。

1) 总则

投标人须知正文中的总则由以下内容组成:项目概况,资金来源和落实情况,招标范围、计划工期、质量要求和安全目标,投标人资格要求,费用承担,保密,语言文字,计量单位,踏勘现场,投标预备会,分包,响应和偏差,共12项。

① 投标人的资格要求 对已进行资格预审的投标人资格要求与对投标申请人的资格要求相同;对未进行资格预审的投标人的资格要求如下。

投标人应具备承担本标段施工的资质条件、能力和信誉。包括资质条件、财务要求、业绩要求、信誉要求、项目经理资格,其他要求详见投标人须知前附表。投标人须知前附表规定接受联合体投标的,除投标人应具备承担施工项目的资质条件、能力和信誉和投标人须知前附表的要求外,还应遵守以下规定:

a. 联合体各方应按招标文件提供的格式签订联合体协议书,明确联合体牵头人和各方权利义务,并承诺就中标项目向招标人承担连带责任。

b. 由同一专业的单位组成的联合体,按照资质等级较低的单位确定资质等级。

c. 联合体各方不得再以自己名义单独或参加其他联合体在同一标段中的投标。

d. 联合体各方应分别按照本招标文件的要求,填写投标文件中的相应表格,并由联合体牵头人负责对联合体各成员的资料进行统一汇总后一并提交给招标人;联合体牵头人所提交的投标文件应认为已代表了联合体各成员的真实情况。

e. 尽管委任了联合体牵头人,但联合体各成员在投标、签订合同与履行合同过程中,仍负有连带的和各自的法律责任。

投标人(包括联合体各成员)不得与本标段相关单位存在下列关联关系。

a. 为招标人不具有独立法人资格的附属机构(单位);

b. 与招标人存在利害关系且可能影响招标公正性;

c. 与本标段的其他投标人同为一个单位负责人；

d. 与本标段的其他投标人存在控股、管理关系；

e. 为本标段前期准备提供设计或咨询服务的法人或其任何附属机构(单位)；

f. 为本标段的监理人；

g. 为本标段的代建人；

h. 为本标段的招标代理机构；

i. 与本标段的监理人或代建人或招标代理机构同为一个法定代表人；

j. 与本标段的监理人或代建人或招标代理机构存在控股或参股关系；

k. 法律法规或投标人须知前附表规定的其他情形。

② 踏勘现场 “招标公告”或“投标邀请书”规定组织踏勘现场的，招标人按规定的时间、地点组织投标人踏勘项目现场。部分投标人未按时参加踏勘现场的，不影响踏勘现场的正常进行。招标人不得组织单个或部分投标人踏勘项目现场。

招标人提供的本合同工程的水文、地质、气象和料场分布、取土场、弃土场位置等参考资料，并不构成合同文件的组成部分，投标人应对自己就上述资料的解释、推论和应用负责，招标人不对投标人据此作出的判断和决策承担任何责任。

③ 投标预备会 “招标公告”或“投标邀请书”规定召开投标预备会的，招标人按规定的时间和地点召开投标预备会，澄清投标人提出的问题。投标人应按规定的时间和形式将提出的问题送达招标人，以便招标人在会议期间澄清。投标预备会后，招标人将对投标人所提问题的澄清，以规定的形式通知所有购买招标文件的投标人。该澄清内容为招标文件的组成部分。

④ 分包 投标人拟在中标后将中标项目的部分非主体、非关键性工作进行分包的，应符合以下规定：

a. 分包内容要求 允许分包的工程范围仅限于非关键性工程或适合专业化队伍施工的专项工程。招标人允许分包或不允许分包的专项工程(如有)应在投标人须知前附表中载明。

b. 接受分包的第三人资格要求 分包人的资格能力应与其分包工程的标准和规模相适应，且具备规定的资格条件。

c. 其他要求 投标人如有分包计划，应按“投标文件格式”的要求填写“拟分包项目情况表”，明确拟分包的工程及规模，且投标人中标后的分包应满足合同条款的相关要求。

中标人不得向他人转让中标项目，接受分包的人不得再次分包。中标人应就分包项目向招标人负责，接受分包的人就分包项目承担连带责任。

⑤ 响应和偏差 投标文件偏离招标文件某些要求，视为投标文件存在偏差。偏差包括重大偏差和细微偏差。

投标文件应对招标文件的实质性要求和条件作出满足性或更有利于招标人的响应，否则，视为投标文件存在重大偏差，投标人的投标将被否决。投标文件存在“评标办法”中所列任一否决投标情形的，均属于存在重大偏差。

投标文件中的下列偏差为细微偏差，评标委员会按规定进行相应处理。

a. 在按“评标办法”的规定对投标价进行算术性错误修正及其他错误修正后，最终投标报价未超过最高投标限价(如有)的情况下，出现“评标办法”规定的算术性错误和投标报价的其他错误。评标委员会按“评标办法”的规定予以修正并要求投标人进行澄清。

b. 施工组织设计（含关键工程技术方案）和项目管理机构不够完善。如果采用合理低价法或经评审的最低投标价法评标，应要求投标人对细微偏差进行澄清，只有投标人的澄清文件被评标委员会接受，投标人才能参加评标价的最终评比。如果采用技术评分最低标价法或综合评分法评标，可在相关评分因素的评分中酌情扣分。

c. 投标文件页码不连续、采用活页夹装订、个别文字有遗漏错误等不影响投标文件实质性内容的偏差。可要求投标人对细微偏差进行澄清。

2）招标文件

① 招标文件的组成。

招标文件包括：招标公告（或投标邀请书）、投标人须知、评标办法、合同条款及格式、工程量清单、图纸、技术规范、工程量清单计量规则、投标文件格式、投标人须知前附表规定的其他材料。

根据投标预备会和下述②③对招标文件所作的澄清、修改，构成招标文件的组成部分。当招标文件、招标文件的澄清或修改等在同一内容的表述不一致时，以最后发出的书面文件为准。

② 招标文件的澄清：

a. 投标人如发现缺页或附件不全，应及时向招标人提出，以便补齐。如有疑问，应按规定的时间和形式将提出的问题送达招标人，要求招标人对招标文件予以澄清。

8-6 问题澄清通知

b. 招标文件的澄清以规定的形式发给所有购买招标文件的投标人，但不指明澄清问题的来源。澄清发出的时间距投标截止时间不足15日，且澄清内容可能影响投标文件编制的，将相应延长投标截止时间。

c. 投标人在收到澄清后，应按投标人须知前附表规定的时间和形式通知招标人，确认已收到该澄清。

d. 除非招标人认为确有必要答复，否则，招标人有权拒绝回复投标人在规定的时间后提出的任何澄清要求。

③ 招标文件的修改：

a. 招标人以规定的形式修改招标文件，并通知所有已购买招标文件的投标人。修改招标文件的时间距规定的投标截止时间不足15日，且修改内容可能影响投标文件编制的，将相应延长投标截止时间。

b. 投标人收到修改内容后，应按规定的时间和形式通知招标人，确认已收到该修改。

8-7 澄清或修改确认通知

投标人或其他利害关系人对招标文件有异议的，应在投标截止时间10日前以书面形式提出。招标人将在收到异议之日起3日内作出答复；作出答复前，将暂停招标投标活动。

3）投标文件

① 投标文件的组成。

根据投标人须知前附表规定，分双信封形式和单信封形式，投标文件的组成应满足相应条款要求。

采用双信封形式的投标文件，第一个信封为商务及技术文件，包括：投标函及投标函附录、授权委托书或法定代表人身份证明、联合体协议书、投标保证金、施工组织设计、项目管理机构、拟分包项目情况表、资格审查资料、投标人须知前附表规定的其他资料;第二个信封为报价文件,包括:调价函及调价后的工程量清单(如有)、投标函、已标价工程量清单、合同用款估算表。

采用单信封形式的投标文件,包括:投标函及投标函附录、授权委托书或法定代表人身份证明、联合体协议书、投标保证金、已标价工程量清单、施工组织设计、项目管理机构、拟分包项目情况表、资格审查资料、调价函及调价后的工程量清单(如有)、投标人须知前附表规定的其他资料。

投标人在评标过程中作出的符合法律法规和招标文件规定的澄清确认,构成投标文件的组成部分。

② 投标报价。

a. 投标报价应包括国家规定的增值税税金,除另有规定外,增值税税金按一般计税方法计算。投标人应按要求在投标函中进行报价并填写工程量清单相应表格。工程量清单的填写分下列两种方式。

第一种形式为采用工程量固化清单方式。招标人在出售招标文件的同时向投标人提供工程量固化清单电子文件(光盘或 U 盘),或将工程量固化清单电子文件上传至投标人须知前附表载明的网站供投标人自行下载。投标人填写工程量清单中各子目的单价及总额价,即可完成投标工程量清单的编制,确定投标报价,并打印出投标工程量清单,编入投标文件。投标人未在工程量清单中填入单价或总额价的工程子目,将被认为已包含在工程量清单其他子目的单价和总额价中,招标人将不予支付。严禁投标人修改工程量固化清单电子文件中的数据、格式及运算定义。投标工程量清单中的投标报价和投标函大写金额报价应一致,如果报价金额出现差异,其投标将被否决。

第二种形式为招标由招标人提供书面工程量清单。投标人按照招标人提供的工程量清单填写本合同各工程子目的单价、合价和总额价。评标委员会将按照“评标办法”的规定对投标价进行算术性错误修正及其他错误修正。

b. 投标人在投标截止时间前修改投标函中的投标总报价,应同时修改投标文件“已标价工程量清单”中的相应报价。此修改须符合投标文件修改与撤回的有关要求。

c. 投标人如果发现工程量清单中的数量与图纸中的数量不一致时,应立即通知招标人核查,除非招标人以书面方式予以更正,否则,应以工程量清单中列出的数量为准。

d. 投标人应在投标总价中计入安全生产费用,安全生产费用应符合合同条款的规定。

e. 除另有规定外,招标人不接受调价函。若招标人接受调价函,则应在招标文件中给出调价函的格式。

f. 在合同实施期间,投标人填写的单价、合价和总额价是否由于物价波动进行价格调整按照合同条款的规定处理。如果按照合同条款的规定采用价格调整公式进行价格调整,由招标人根据项目实际情况测算确定价格调整公式中的变值权重范围,并在投标函附录价格指数和权重表中约定范围;投标人在此范围内填写各可调因子的权重,合同实施期间将按此权重进行调价。

g. 招标人设有最高投标限价的,投标人的投标报价不得超过最高投标限价,最高投标限价在投标人须知前附表中载明。

h. 投标报价的其他要求见投标人须知前附表的规定。

③ 投标有效期。

除另有规定外，投标有效期为90日。在投标有效期内，投标人撤销投标文件的，应承担招标文件和法律规定的责任。出现特殊情况需要延长投标有效期的，招标人以书面形式通知所有投标人延长投标有效期。投标人应予以书面答复，同意延长的，应相应延长其投标保证金的有效期，但不得要求或被允许修改其投标文件；投标人拒绝延长的，其投标失效，但投标人有权收回其投标保证金及以现金或支票形式递交的投标保证金的银行同期活期存款利息。

④ 投标保证金：

a. 投标人在递交投标文件的同时，应按规定的金额和“投标文件格式”规定的投标保证金格式递交投标保证金，并作为其投标文件的组成部分。联合体投标的，其投标保证金由牵头人递交，并应符合投标人须知前附表的规定。

投标保证金应采用现金、支票、银行保函或招标人在投标人须知前附表规定的其他形式。

b. 投标人不按要求提交投标保证金的，评标委员会将否决其投标。

c. 招标人最迟将在中标通知书发出后5日内向中标候选人以外的其他投标人退还投标保证金，与中标人签订合同后5日内向中标人和其他中标候选人退还投标保证金。投标保证金以现金或支票形式递交的，招标人应同时退还投标保证金的银行同期活期存款利息，且退还至投标人的基本账户。

d. 有下述情形之一的，投标保证金将不予退还。投标人在投标有效期内撤销投标文件；中标人在收到中标通知书后，无正当理由不与招标人订立合同，在签订合同时向招标人提出附加条件，或不按照招标文件要求提交履约保证金；发生投标人须知前附表规定的其他可以不予退还投标保证金的情形。

⑤ 资格审查资料(适用于已进行资格预审的)：

a. 投标人在递交投标文件前，发生可能影响其投标资格的新情况的，应在投标文件中更新或补充其在申请资格预审时提供的资料，以证实其各项资格条件仍能继续满足资格预审文件的要求，如财务状况方面的变化、投标人名称的变化等。

b. 如果投标人在投标阶段发生合并、分立、破产等重大变化，或发生重大安全或质量事故，或由于其他任何情况，导致投标人不再具备资格预审文件规定的各项资格条件或其投标影响招标公正性时，投标人必须在其投标文件中对上述情况进行如实说明，否则，将视为投标人弄虚作假，其投标将被否决。

c. 招标人有权核查投标人在资格预审申请文件和投标文件中提供的资料，在评标期间发现投标人提供了虚假资料，其投标将被否决；在签订合同前发现作为中标候选人的投标人提供了虚假资料，取消其中标资格；在合同实施期间发现投标人提供了虚假资料，招标人有权从工程支付款或履约保证金中扣除不超过10%签约合同价的金额作为违约金。同时将上述弄虚作假行为报省级交通运输主管部门，作为不良记录纳入公路建设市场信用信息管理系统。

⑥ 资格审查资料(适用于未进行资格预审的)。

除另有规定外，投标人应按下列规定提供资格审查资料，以证明其满足规定的资质、财务、业绩、信誉等要求。

a. “投标人基本情况表”应附企业法人营业执照副本和组织机构代码证副本(“三证合一”或“五证合一”的，可仅提供营业执照副本)、施工资质证书副本、安全生产许可证副本、基本账户开户许可证的复印件，投标人在交通运输部“全国公路建设市场信用信息管理系统”公路工程施工资质企业名录中的网页截图复印件，以及投标人在国家企业信用信息公示系统中基础信息（体现股东及出资详细信息）的网页截图或由法定的社会验资机构出具的验资报告或注册地工商部门出具的股东出资情况证明复印件。

企业法人营业执照副本和组织机构代码证副本、施工资质证书副本、安全生产许可证副本、基本账户开户许可证的复印件应提供全本（证书封面、封底、空白页除外），应包括投标人名称、投标人其他相关信息、颁发机构名称、投标人信息变更情况等关键页在内，并逐页加盖投标人单位章。

b.“财务状况表”应附经会计师事务所或审计机构审计的财务会计报表，包括资产负债表、现金流量表、利润表和财务情况说明书的复印件，具体年份要求见投标人须知前附表。投标人的成立时间少于投标人须知前附表规定年份的，应提供成立以来的财务状况表。

c.“近年完成的类似项目”应是已列入交通运输主管部门“公路建设市场信用信息管理系统”并公开的主包已建业绩或分包已建业绩，具体时间要求见投标人须知前附表。

d.“投标人的信誉情况表”应附投标人在国家企业信用信息公示系统中未被列入严重违法失信企业名单、在“信用中国”网站中未被列入失信被执行人名单的网页截图复印件，以及由项目所在地或投标人住所地检察机关职务犯罪预防部门出具的近三年内投标人及其法定代表人、拟委任的项目经理均无行贿犯罪行为的查询记录证明原件。

e.“拟委任的项目经理和项目总工资历表”应附项目经理和项目总工的身份证、职称资格证书及资格审查条件所要求的其他相关证书（如建造师注册证书、安全生产考核合格证书等）的复印件，建造师注册证书、安全生产考核合格证书在政府相关部门网站上公开信息的网页截图复印件，以及投标人所属社保机构出具的拟委任的项目经理和项目总工的社保缴费证明或其他能够证明拟委任的项目经理和项目总工参加社保的有效证明材料复印件。

如项目经理或项目总工目前仍在其他项目上任职，则投标人应提供由该项目发包人出具的、承诺上述人员能够从该项目撤离的书面证明材料原件。

f.“拟委任的其他管理和技术人员汇总表”（如有）应填报满足规定的其他人员的相关信息。相关人员应附身份证、职称资格证书及资格审查条件所要求的其他相关证书的复印件，相关业绩证明材料复印件，以及投标人所属社保机构出具的社保缴费证明或其他能够证明其参加社保的有效证明材料复印件。

g.“拟投入本标段的主要施工机械表”“拟配备本标段的主要材料试验、测量、质检仪器设备表”（如有）应填报满足规定的机械设备和试验检测设备。

h. 接受联合体投标的，应包括联合体各方相关情况。

i. 除合同条款约定的特殊情形外，投标人在投标文件中填报的项目经理和项目总工不允许更换。

j. 投标人在投标文件中填报的资质、业绩、主要人员资历和目前在岗情况、信用等级等信息，应与其在交通运输主管部门“公路建设市场信用信息管理系统”上填报并发布的相关信息一致。投标人应根据本单位实际情况及时完成相关信息的申报、录入和动态更新，并对相关信息的真实性、完整性和准确性负责。

k. 招标人有权核查投标人在资格预审申请文件和投标文件中提供的资料，若在评标期间发现投标人提供了虚假资料，其投标将被否决；若在签订合同前发现作为中标候选人的投标人提供了虚假资料，招标人有权取消其中标资格；若在合同实施期间发现投标人提供了虚假资料，招标人有权从工程支付款或履约保证金中扣除不超过10%签约合同价的金额作为违约金。同时招标人将投标人上述弄虚作假行为上报省级交通运输主管部门,作为不良记录纳入公路建设市场信用信息管理系统。

⑦ 备选投标方案。

除投标人须知前附表另有规定外,投标人不得递交备选投标方案。允许投标人递交备选投标方案的,只有中标人所递交的备选投标方案方可予以考虑。评标委员会认为中标人的备选投标方案优于其按照招标文件要求编制的投标方案的,招标人可以接受该备选投标方案。投标人提供两个或两个以上投标报价,或在投标文件中提供一个报价,但同时提供两个或两个以上施工组织设计的,视为提供备选方案。

⑧ 投标文件的编制:

a. 投标文件应按"投标文件格式"进行编写,如有必要,可以增加附页,作为投标文件的组成部分。其中,投标函附录在满足招标文件实质性要求的基础上,可以提出比招标文件要求更有利于招标人的承诺。

b. 投标文件应对招标文件有关工期、投标有效期、质量要求、安全目标、技术标准和要求、招标范围等实质性内容作出响应。

c. 投标文件应用不褪色的材料书写或打印。明确要求签字之处,必须由相关人员亲笔签名,不得使用印章、签名章或其他电子制版签名代替;明确要求加盖单位章之处,必须加盖单位章。

d. 投标文件正本一份,副本份数见投标人须知前附表,在封面右上角标记"正本"或"副本"字样,并按要求提供电子版文件。当副本和正本不一致或电子版文件和纸质正本文件不一致时,以纸质正本文件为准。

e. 投标文件的正本与副本应分别装订成册(A4纸幅),编制目录并逐页标注连续页码。

4)投标

① 投标文件的密封和标识。

投标文件的密封和标识必须符合规定,未按要求密封的投标文件,招标人将予以拒收。

a. 采用双信封形式 商务及技术文件的正、副本应密封在第一个信封的封套中。报价文件的正、副本及投标文件电子版文件(如需要)及填写完毕的工程量固化清单电子文件(如采用工程量固化清单形式)应密封在第二个信封的封套中。封套加贴封条,并在封口处加盖投标人单位章或由投标人的法定代表人或其委托代理人签字。采用银行保函形式提交投标保证金的,银行保函原件应密封在单独的封套中。信封及银行保函封套上应写明的内容见投标人须知前附表。

b. 采用单信封形式 投标文件的正、副本及投标文件电子版文件(如需要)及填写完毕的工程量固化清单电子文件(如采用工程量固化清单形式)应统一密封在一个封套中。封套加贴封条,并在封口处加盖投标人单位章或由投标人的法定代表人或其委托代理人签字。采用银行保函形式提交投标保证金的,银行保函原件应密封在单独的封套中。投标文件及银行保函封套上应写明的内容见投标人须知前附表。

② 投标文件的递交:

a. 投标人应在"招标公告"或"投标邀请书"规定的投标截止时间前递交投标文件。

b. 投标人递交投标文件的地点见“招标公告”或“投标邀请书”。

c. 除投标人须知前附表另有规定外,投标人所递交的投标文件不予退还。投标人少于3个的,投标文件当场退还给投标人。

d. 逾期送达的或未送达指定地点的投标文件,招标人将予以拒收。

③ 投标文件的修改与撤回:

a. 在规定的投标截止时间前,投标人可以修改或撤回已递交的投标文件,但应以书面形式通知招标人。

b. 投标人撤回投标文件的,招标人自收到投标人书面撤回通知之日起5日内退还已收取的投标保证金。

c. 修改的内容为投标文件的组成部分。修改的投标文件应按规定进行编制、密封、标记和递交,并标明“修改”字样。

5) 开标

8-8 公路工程标准施工招标——开标

① 开标时间和地点:

a. 采用双信封形式 招标人在规定的投标截止时间(开标时间)和规定的地点对收到的投标文件第一个信封(商务及技术文件)公开开标,并邀请所有投标人的法定代表人或其委托代理人准时参加。

招标人在投标人须知前附表规定的时间和地点对投标文件第二个信封(报价文件)公开开标,并邀请所有投标人的法定代表人或其委托代理人准时参加。

b. 采用单信封形式 招标人在规定的投标截止时间(开标时间)和投标人须知前附表规定的地点公开开标,并邀请所有投标人的法定代表人或其委托代理人准时参加。

c. 投标人若未派法定代表人或委托代理人出席开标活动,视为该投标人默认开标结果。

② 开标程序:

a. 采用双信封形式 分第一个信封开标和第二个信封开标。在第一个信封开标现场,第二个信封不予开封,由招标人密封保存。

第一个信封开标程序主要是:主持人宣布开标纪律;公布在投标截止时间前递交投标文件的投标人数量;宣布开标人、唱标人、记录人等有关人员姓名;投标人推选的代表检查投标文件的密封情况;当众开标、公布标段名称、投标人名称、投标保证金的递交情况、工期及其他内容,并记录在案;投标人代表、招标人代表、记录人等有关人员在开标记录上签字确认;开标结束。

第二个信封开标程序主要是:主持人宣布开标纪律;当众拆开第一个信封评审结果的密封袋,宣布通过评审的投标人名单;宣布开标人、唱标人、记录人等有关人员姓名;投标人推选的代表检查投标文件的密封情况;当众开标,开标人只拆封通过第一个信封评审的投标文件第二个信封,公布标段名称、投标人名称、投标报价及其他内容,并记录在案;计算并宣布评标基准价;将未通过第一个信封评审的投标文件第二个信封退还给投标人;投标人代表、招标人代表、记录人等有关人员在开标记录上签字确认;开标结束。

b. 采用单信封形式 主持人按下列程序进行开标:宣布开标纪律;公布在投标截止时间前递交投标文件的投标人数量;宣布开标人、唱标人、记录人等有关人员姓名;投标人推选的代表检查投标文件的密封情况;当众开标,公布标段名称、投标人名称、投标保证金的递交情况、投标报价、工期及其他内容,并记录在案;计算并宣布评标基准价;投标人代表、招标人代表、记录人等有关人员关人员在开标记录上签字确认;开标结束。

c. 若采用合理低价法或综合评分法,在投标文件第二个信封(报价文件)开标现场,招标人将按“评标办法”规定的原则计算并宣布评标基准价。

d. 招标人宣读的内容与投标文件不符,投标人有权在开标现场提出疑问,经招标人当场核查确认之后,可重新宣读其投标文件。若投标人现场未提出疑问,则认为投标人已确认招标人宣读的内容。

e. 若投标函或调价函中的投标价大小写金额不一致,应以大写金额为准。

8-9 开标记录表

f. 若招标人发现投标文件出现以下任一情况,其投标报价将不再参加评标基准价的计算:未在投标函上填写投标总价;投标报价或调价函中的报价超出招标人公布的最高投标限价(如有);投标报价或调价函中报价的大写金额无法确定具体数值;投标函上填写的标段号与投标文件封套上标记的标段号不一致。

③ 开标异议。

投标人对开标有异议的,应在开标现场提出,招标人当场作出答复,并制作记录,有异议的投标人代表、招标人代表、记录人等有关人员在记录上签字确认。

6)评标

① 评标委员会。

评标委员会应由招标人代表和有关方面的专家组成,人数为5人以上的单数,其中技术、经济专家人数应不少于成员总数的三分之二。评标专家依法从相应评标专家库中随机抽取。

a. 评标委员会成员有下列情形之一的,应主动提出回避:为负责招标项目监督管理的交通运输主管部门的工作人员;与投标人法定代表人或其委托代理人有近亲属关系;为投标人的工作人员或退休人员;与投标人有其他利害关系,可能影响评标活动公正性;在与招标投标有关的活动中有过违法违规行为、曾受过行政处罚或刑事处罚。

b. 评标过程中,招标人有权更换有回避事由、擅离职守或因健康等原因不能继续评标的评标委员会成员。被更换的评标委员会成员作出的评审结论无效,由更换后的评标委员会成员重新进行评审。

② 评标:

a. 评标委员会按照“评标办法”规定的方法、评审因素、标准和程序对投标文件进行评审。“评标办法”没有规定的方法、评审因素和标准,不作为评标依据。

b. 评标完成后,评标委员会应向招标人提交书面评标报告和中标候选人名单。评标委员会推荐中标候选人的人数见投标人须知前附表。

7)合同授予

① 中标候选人公示。

招标人在收到评标报告之日起3日内,按照投标人须知前附表规定的公示媒介和期限公示中标候选人,公示期不得少于3日。

② 评标结果异议。

投标人或其他利害关系人对评标结果有异议的,应在中标候选人公示期间提出。招标人将在收到异议之日起3日内作出答复;作出答复前,将暂停招标投标活动。

③ 中标候选人履约能力审查。

中标候选人的经营、财务状况发生较大变化或存在违法行为，招标人认为可能影响其履约能力的，在发出中标通知书前请原评标委员会按照招标文件规定的标准和方法进行审查确认。

④ 定标。

按照投标人须知前附表的规定，招标人或招标人授权的评标委员会依法确定中标人。

⑤ 中标通知。

在规定的投标有效期内，招标人以投标人须知前附表规定的形式向中标人发出中标通知书，同时将中标结果通知未中标的投标人。

8-10 中标通知书

⑥ 中标结果公告。

招标人在确定中标人之日起 3 日内，按照投标人须知前附表规定的公告媒介和期限公告中标结果，公告期不得少于 3 日。公告内容包括中标人名称、中标价。

⑦ 履约保证金。

除投标人须知前附表另有规定外，履约保证金为签约合同价的 10%。联合体中标的，其履约保证金以联合体各方或联合体中牵头人的名义提交。采用银行保函时，应由符合投标人须知前附表规定级别的银行开具，所需的费用由中标人承担，中标人应保证银行保函有效。

中标人不要求提交履约保证金的，视为放弃中标，其投标保证金不予退还，给招标人造成的损失超过投标保证金数额的，中标人还应对超过部分予以赔偿。

⑧ 签订合同。

招标人和中标人应在中标通知书发出之日起 30 日内，根据招标文件和中标人的投标文件订立书面合同。中标人无正当理由拒签合同，在签订合同时向招标人提出附加条件，或不按照招标文件要求提交履约保证金的，招标人取消其中标资格，其投标保证金不予退还；给招标人造成的损失超过投标保证金数额的，中标人还应对超过部分予以赔偿。

8）纪律和监督

招标人不得泄露招标投标活动中应保密的情况和资料，不得与投标人串通损害国家利益、社会公共利益或他人合法权益。

投标人不得相互串通投标或与招标人串通投标，不得向招标人或评标委员会成员行贿谋取中标，不得以他人名义投标或以其他方式弄虚作假骗取中标；投标人不得以任何方式干扰、影响评标工作。

评标委员会成员不得收受他人的财物或其他好处，不得向他人透露对投标文件的评审和比较、中标候选人的推荐情况及评标有关的其他情况。在评标活动中，评标委员会成员应客观、公正地履行职责，遵守职业道德，不得擅离职守，影响评标程序正常进行，不得使用没有规定的评审因素和标准进行评标。

与评标活动有关的工作人员不得收受他人的财物或其他好处，不得向他人透露对投标文件的评审和比较、中标候选人的推荐情况及评标有关的其他情况。在评标活动中，与评标活动有关的工作人员不得擅离职守，影响评标程序正常进行。

投标人或其他利害关系人认为招标投标活动不符合法律、行政法规规定的，可以自知道或应当知道之日起 10 日内向有关行政监督部门投诉。投诉应有明确的请求和必要的证明材料。

9）是否采用电子招标投标

招标项目是否采用电子招标投标方式，在投标人须知前附表中明确。

10）需要补充的其他内容

需要补充的其他内容在投标人须知前附表中明确。

3. 评标办法

《公路工程标准施工招标文件》规定了合理低价法、技术评分最低标价法、综合评分法和经评审的最低投标价法等四种评标办法。

1）合理低价法

① 评标方法。

评标委员会对满足招标文件实质性要求的投标文件，按照规定的评分标准进行打分，并按得分由高到低顺序推荐中标候选人，或根据招标人授权直接确定中标人，但投标报价低于其成本的除外。综合评分相等时，评标委员会应按照评标办法前附表规定的优先次序推荐中标候选人或确定中标人。

② 评审标准：

a. 初步评审标准　资格评审标准见资格预审文件详细审查标准（适用于已进行资格预审的）。

b. 分值构成与评分标准　见合理低价法评标办法前附表。

8-11　合理低价法前附表

③ 评标程序：

a. 第一个信封初步评审　对未进行资格预审的初步评审：评标委员会可以要求投标人提交“投标人须知”规定的有关证明和证件的原件，以便核验。评标委员会对投标文件第一个信封（商务及技术文件）进行初步评审。有一项不符合评审标准的，评标委员会应否决其投标。

对未进行资格预审的初步评审：评标委员会依据规定的评审标准对投标文件第一个信封（商务及技术文件）进行初步评审。有一项不符合评审标准的，评标委员会应否决其投标。当投标人资格预审申请文件的内容发生重大变化时，评标委员会对其更新资料进行评审。

b. 第二个信封开标　第一个信封评审结束后，招标人将按照规定的时间和地点对通过商务及技术文件评审的第二个信封（报价文件）进行开标。

c. 第二个信封初步评审　评标委员会依据规定的评审标准对投标文件第二个信封（报价文件）进行初步评审。有一项不符合评审标准的，评标委员会应否决其投标。

投标报价有算术错误的，评标委员会按相关原则对投标报价进行修正，修正的价格经投标人书面确认后具有约束力。投标人不接受修正价格的，评标委员会应否决其投标。

工程量清单中的投标报价有其他错误的，评标委员会按相关原则对投标报价进行修正，修正的价格经投标人书面确认后具有约束力。投标人不接受修正价格的，评标委员会应否决其投标。

修正后的最终投标报价若超过最高投标限价（如有），评标委员会应否决其投标。

修正后的最终投标报价仅作为签订合同的一个依据，不参与评标价得分的计算。

d. 第二个信封详细评审　评标委员会按规定的量化因素和分值进行打分，并计算出综合评估得分（即评标价得分）。投标人得分分值计算保留小数点后两位，小数点后第三位“四舍五入”。评标委员会发现投标人的报价明显低于其他投标报价，使得其投标报价可能低于其个别成本的，应要求该投标人作出书面说明并提供相应的证明材料。投标人不能合理说明或不能提供相应证明材料的，评标委员会应认定该投标人以低于成本报价竞标，并否决其投标。

e. 投标文件相关信息的核查　在评标过程中，评标委员会应查询交通运输主管部门“公路建设市场信用信息管理系统”，对投标人的资质、业绩、主要人员资历和目前在岗情况、信用等级等信息进行核实。若信息不符，使得投标人的资格条件不符合招标文件规定的，评标委员会应否决其投标。

评标委员会应对在评标过程中发现的投标人与投标人之间、投标人与招标人之间存在的串通投标的情形进行评审和认定。投标人存在串通投标、弄虚作假、行贿等违法行为的，评标委员会应否决其投标。

f. 投标文件的澄清和说明　在评标过程中，评标委员会可以书面形式要求投标人对投标文件中含义不明确的内容、明显文字或计算错误进行书面澄清或说明。评标委员会不接受投标人主动提出的澄清、说明。投标人不按评标委员会要求澄清或说明的，评标委员会应否决其投标。澄清和说明不得超出投标文件的范围或改变投标文件的实质性内容（算术性错误的修正除外）。投标人的书面澄清、说明属于投标文件的组成部分。评标委员会不得暗示或诱导投标人作出澄清、说明，对投标人提交的澄清、说明有疑问的，可以要求投标人进一步澄清或说明，直至满足评标委员会的要求。凡超出招标文件规定的或给发包人带来未曾要求的利益变化、偏差或其他因素的在评标时不予考虑。

g. 不得否决投标的情形　投标文件存在细微偏差的，评标委员会不得否决投标人的投标，应按照“投标人须知”规定的原则处理。

h. 评标结果　除“投标人须知”前附表授权直接确定中标人外，评标委员会按照得分由高到低的顺序推荐中标候选人，并标明排序。评标委员会完成评标后，应向招标人提交书面评标报告。

2）技术评分最低标价法

① 评标方法。

评标委员会对满足招标文件实质性要求的投标文件的施工组织设计、主要人员、技术能力等因素进行评分，按照得分由高到低排序，对排名在招标文件规定数量以内的投标人的报价文件进行评审，按照评标价由低到高的顺序推荐中标候选人，或根据招标人授权直接确定中标人，但投标报价低于其成本的除外。评标价相等时，评标委员会应按照评标办法前附表规定的优先次序推荐中标候选人或确定中标人。

② 评审标准：

a. 初步评审标准　资格评审标准见资格预审文件详细审查标准（适用于已进行资格预审的）。

b. 分值构成与评分标准　见技术评分最低标价法前附表。

③ 评标程序：

a. 第一个信封初步评审　与合理低价法相同。

8-12　技术评分最低标价法前附表

b. 第一个信封详细评审　评标委员会按规定的量化因素和分值进行打分，并计算出各投标人的商务和技术得分。投标人的商务和技术得分分值计算保留小数点后两位，小数点后第三位“四舍五入”。施工组织设计评分为 A、主要人员评分为 B、其他因素评分为 C，投标人的商务和技术得分 = A+B+C。评标委员会按照投标人的商务和技术得分由高到低排序，排名在评标办法前附表规定数量以内的投标人,其商务及技术文件通过详细评审。通过商务及技术文件初步评审的投标人不少于3个且未超过评标办法前附表规定数量的,不须评分。

c. 第二个信封开标　与合理低价法相同。

d. 第二个信封初步评审　评标委员会依据规定的评审标准对投标文件第二个信封(报价文件)进行初步评审。有一项不符合评审标准的,评标委员会应否决其投标。

投标报价有算术错误的,评标委员会按相关原则对投标报价进行修正,修正的价格经投标人书面确认后具有约束力。投标人不接受修正价格的,评标委员会应否决其投标。

工程量清单中的投标报价有其他错误的,评标委员会按相关原则对投标报价进行修正,修正的价格经投标人书面确认后具有约束力。投标人不接受修正价格的,评标委员会应否决其投标。

修正后的最终投标报价若超过最高投标限价(如有),评标委员会应否决其投标。

e. 第二个信封详细评审　评标委员会按规定的量化因素和标准进行价格折算,计算出评标价,并编制价格比较一览表。评标委员会发现投标人的报价明显低于其他投标报价,使得其投标报价可能低于其个别成本的,应要求该投标人作出书面说明并提供相应的证明材料。投标人不能合理说明或不能提供相应证明材料的,由评标委员会认定该投标人以低于成本报价竞标,并否决其投标。

f. 投标文件相关信息的核查　与合理低价法相同。

g. 投标文件的澄清和说明　与合理低价法相同。

h. 不得否决投标的情形　与合理低价法相同。

i. 评标结果　与合理低价法相同。

3）综合评分法

① 评标方法。

评标委员会对满足招标文件实质性要求的投标文件,按照规定的评分标准进行打分,并按得分由高到低顺序推荐中标候选人,或根据招标人授权直接确定中标人,但投标报价低于其成本的除外。综合评分相等时,评标委员会应按照评标办法前附表规定的优先次序推荐中标候选人或确定中标人。

② 评审标准:

a. 初步评审标准　资格评审标准见资格预审文件详细审查标准(适用于已进行资格预审的)。

b. 分值构成与评分标准　见综合评分法前附表。

8-13　综合评分法前附表

③ 评标程序:

a. 第一个信封初步评审　与合理低价法相同。

b. 第一个信封详细评审　评标委员会按规定的量化因素和分值进行打分,并计算出各投标人的商务和技术得分。投标人的商务和技术得分分值计算保留小数点后两位,小数点后第三位“四舍五入”。投标人的商务和技术得分=A+B+C。

c. 第二个信封开标　与合理低价法相同。

d. 第二个信封初步评审　与合理低价法相同。

e. 第二个信封详细评审　评标委员会按规定的评审因素和分值对评标价计算出得分C。评标价得分分值计算保留小数点后两位,小数点后第三位“四舍五入”。投标人综合得分=投标人的商务和技术得分+C。评标委员会发现投标人的报价明显低于其他投标报价,使得其投标报价可能低于其个别成本的,应要求该投标人作出书面说明并提供相应的证明材料。投标人不能合理说明或不能提供相应证明材料的,评标委员会应认定该投标人以低于成本报价竞标,并否决其投标。

f. 投标文件相关信息的核查　与合理低价法相同。

g. 投标文件的澄清和说明　与合理低价法相同。

h. 不得否决投标的情形　与合理低价法相同。

i. 评标结果　与合理低价法相同。

4）经评审的最低投标价法

① 评标方法。

评标委员会对满足招标文件实质性要求的投标文件,根据量化因素及量化标准进行价格折算,按照经评审的投标价由低到高的顺序推荐中标候选人,或根据招标人授权直接确定中标人,但投标报价低于其成本的除外。经评审的投标价相等时,评标委员会应按照评标办法前附表规定的优先次序推荐中标候选人或确定中标人。

② 评审标准:

a. 初步评审标准　资格评审标准见资格预审文件详细审查标准(适用于已进行资格预审的)。

b. 分值构成与评分标准　见经评审的最低投标价法前附表。

8-14　经评审的最低投标价法前附表

③ 评标程序:

a. 第一个信封初步评审　与合理低价法相同。

b. 第一个信封详细评审　评标委员会按规定的量化因素和分值进行打分,并计算出各投标人的商务和技术得分。投标人的商务和技术得分分值计算保留小数点后两位,小数点后第三位“四舍五入”。投标人的商务和技术得分=A+B+C。

c.第二个信封开标　与合理低价法相同。

d. 第二个信封初步评审　与合理低价法相同。

e. 第二个信封详细评审　评标委员会按规定的量化因素和标准进行价格折算,计算出经评审的投标价(即评标价),并编制价格比较一览表。评标委员会发现投标人的报价明显低于其他投标报价,使得其投标报价可能低于其个别成本的,应要求该投标人作出书面说明并提供相应的证明材料。投标人不能合理说明或不能提供相应证明材料的,评标委员会应认定该投标人以低于成本报价竞标,并否决其投标。

f. 投标文件相关信息的核查　与合理低价法相同。

g. 投标文件的澄清和说明　与合理低价法相同。

h. 不得否决投标的情形　与合理低价法相同。

i. 评标结果　与合理低价法相同。

4. 合同条款及格式

(1) 通用合同条款

项目的通用合同条款全文采用《标准施工招标文件》(2018 版)的“通用合同条款”。

(2) 专业合同条款

1) 公路工程专用合同条款

8-15 公路工程专用合同条款

公路工程专用合同条款是以《标准施工招标文件》为依据,结合公路工程施工的行业特点和实际,对通用合同条款做了公路工程专业规范性的细化和补充,用于制定更加具有针对性、规范性、指导性和可操作性的公路工程专业合同条款。具体条款内容见《公路工程标准施工招标文件》(2018版)的"公路工程专用合同条款"。

2) 项目专业合同条款

8-16 项目专用合同条款

① 招标人根据《公路工程标准施工招标文件》编制项目招标文件中的"项目专用合同条款"时,可根据招标项目的具体特点和实际需要,对"通用合同条款"及"公路工程专用合同条款"进行补充和细化,除"通用合同条款"明确"专用合同条款"可作出不同约定及"公路工程专用合同条款"明确"项目专用合同条款"可作出不同约定外,补充和细化的内容不得与"通用合同条款"及"公路工程专用合同条款"强制性规定相抵触。同时,补充、细化或约定的内容,不得违反法律、行政法规的强制性规定和平等、自愿、公平和诚实信用原则。

② 项目专用合同条款的编号应与通用合同条款和公路工程专用合同条款一致。

8-17 合同协议书

③ 项目专用合同条款可对下列内容进行补充和细化:

a. "通用合同条款"中明确指出"专用合同条款"可对"通用合同条款"进行修改的内容(在"通用合同条款"中用"应按合同约定""应按专用合同条款约定""除合同另有约定外""除专用合同条款另有约定外""在专用合同条款中约定"等多种文字形式表达);

8-18 廉政合同

b. "公路工程专用合同条款"中明确指出"项目专用合同条款"可对"公路工程专用合同条款"进行修改的内容(在"公路工程专用合同条款"中用"除项目专用合同条款里有约定外""项目专用合同条款可能约定的""项目专用合同条款约定的其他情形"等多种文字形式表达);

c. 其他需要补充、细化的内容。

3) 合同附件格式

8-19 安全生产合同

《公路工程标准施工招标文件》合同附件有:合同协议书、廉政合同、安全生产合同、其他主要管理人员和技术人员最低要求、主要机械设备和试验检测设备最低要求、项目经理委任书、履约保证金格式和工程资金监管协议格式共8个附件。具体内容见《公路工程标准施工招标文件》(2018版)的"合同附件格式"。

5. 工程量清单

工程量清单中的第100章是总则,第200章是路基,第300章是路面,第400章是桥梁、涵洞,第500章是隧道,第600章是安全设施及预埋管线,第700章是绿化及环境保护设施。工程量清单具体的编制在8.2中详细讲解。

(1) 工程量清单说明

① 工程量清单是根据招标文件中包括的有合同约束力的工程量清单计量规则、图纸及有关工程量清单的国家标准、行业标准、合同条款中约定的其他规则编制。约定计量规则中没有的子

目,其工程量按照有合同约束力的图纸所标示尺寸的理论净量计算。计量采用中华人民共和国法定计量单位。

② 工程量清单应与招标文件中的投标人须知、通用合同条款、专用合同条款、工程量清单计量规则、技术规范及图纸等一起阅读和理解。

③ 工程量清单中所列工程数量是估算的或设计的预计数量,仅作为投标报价的共同基础,不能作为最终结算与支付的依据。实际支付应按实际完成的工程量,由承包人按工程量清单计量规则规定的计量方法,以监理人认可的尺寸、断面计量,按本工程量清单的单价和总额价计算支付金额;或根据具体情况,按合同条款的规定,按监理人确定的单价或总额价计算支付额。

④ 工程量清单中各章的工程子目的范围与计量等应与“工程量清单计量规则”“技术规范”相应章节的范围、计量与支付条款结合起来理解或解释。

⑤ 对作业和材料的一般说明或规定,未重复写入工程量清单内,在给工程量清单各子目标价前,应参阅《公路工程标准施工招标文件》第七章“技术规范”的有关内容。

⑥ 工程量清单中所列工程量的变动,不会降低或影响合同条款的效力,也不免除承包人按规定的标准进行施工和修复缺陷的责任。

⑦ 图纸中所列的工程量表及数量汇总表仅是提供资料,不是工程量清单的外延。当图纸与工程量清单所列数量不一致时,以工程量清单所列数量作为报价的依据。

(2) 投标报价说明

① 工程量清单中的每一子目须填入单价或价格,且只允许有一个报价。

② 除非合同另有规定,工程量清单中有标价的单价和总额价均包括了为实施和完成合同工程所需的劳务、材料、机械、质检(自检)、安装、缺陷修复、管理、保险、税费、利润等费用,以及合同明示或暗示的所有责任、义务和一般风险。

③ 工程量清单中投标人没有填入单价或价格的子目,其费用视为已分摊在工程量清单中其他相关子目的单价或价格之中。承包人必须按监理人指令完成工程量清单未填入单价或价格的子目,但不能得到结算与支付。

④ 符合合同条款规定的全部费用应认为已被计入有标价的工程量清单所列各子目之中,未列子目不予计量的工作,其费用应视为已分摊在本合同工程的有关子目的单价或总额之中。

⑤ 承包人用于本合同工程的各类装备的提供、运输、维护、拆卸、拼装等支付的费用,已包括在工程量清单的单价与总额价之中。

⑥ 工程量清单中各项金额均以人民币(元)结算。

⑦ 暂列金额和暂估价的数量及拟用子目的说明。

(3) 计日工说明

1) 总则

① 本说明应参照通用合同相关条款一并理解。

② 未经监理人书面指令,任何工程不得按计日工施工;接到监理人按计日工施工的书面指令,承包人也不得拒绝。

③ 投标人应在计日工单价表中填列计日工子目的基本单价或租价,该基本单价或租价适用于监理人指令的任何数量的计日工的结算与支付。计日工的劳务、材料和施工机械由招标人(或发包人)列出正常的估计数量,投标人报出单价,计算出计日工总额后列入工程量清单汇总

表中并进入评标价。

④ 计日工不调价。

2）计日工劳务

① 在计算应付给承包人的计日工工资时，工时应从工人到达施工现场，并开始从事指定的工作算起，到返回原出发地点为止，扣去用餐和休息的时间。只有直接从事指定的工作，且能胜任该工作的工人才能计工，随同工人一起做工的班长应计算在内，但不包括领工（工长）和其他质检管理人员。

② 承包人可以得到用于计日工劳务的全部工时的支付，此支付按承包人填报的"计日工劳务单价表"所列单价计算，该单价应包括基本单价及承包人的管理费、税费、利润等所有附加费。

3）计日工材料

承包人可以得到计日工使用的材料费用（上述计日工劳务中已计入劳务费内的材料费用除外）的支付，此费用按承包人"计日工材料单价表"中所填报的单价计算，该单价应包括基本单价及承包人的管理费、税费、利润等所有附加费。

① 材料基本单价按供货价加运杂费（到达承包人现场仓库）、保险费、仓库管理费及运输损耗等计算；

② 从现场运至使用地点的人工费和施工机械使用费不包括在上述基本单价内。

4）计日工施工机械

① 承包人可以得到用于计日工作业的施工机械费用的支付，该费用按承包人填报的"计日工施工机械单价表"中的租价计算。该租价应包括施工机械的折旧、利息、维修、保养、零配件、油燃料、保险和其他消耗品的费用及全部有关使用这些机械的管理费、税费、利润和司机与助手的劳务费等费用。

② 在计日工作业中，承包人计算所用的施工机械费用时，应按实际工作小时支付。除非经监理人的同意，计算的工作小时才能将施工机械从现场某处运到监理人指令的计日工作业的另一现场往返运送时间包括在内。

8.1.2 《公路工程标准施工招标文件》第二卷

第二卷为图纸，由招标人根据《公路工程标准施工招标文件》、招标项目具体特点和实际需要编制，并与"投标人须知""通用合同条款""专用合同条款""技术规范"相衔接。

8.1.3 《公路工程标准施工招标文件》第三卷

第三卷为技术规范，包括总则，路基，路面，桥梁、涵洞，隧道，安全设施及预埋管线，绿化及环境保护设施。

1. 总则

总则包括：通则、工程管理、临时工程与设施、承包人驻地建设和施工标准化等五部分。

（1）通则

① 本规范适用于新建、扩建或改建高等级公路项目及其他公路项目的施工及管理。新规范对工程在施工中使用的原材料、半成品或成品，隐蔽工程及施工原始资料和记录，均进行一系列的控制与检查，使工程质量符合规定的质量标准。

② 标准与规范　在工程实施中所采用的材料设备与工艺，应符合本规范及本规范引用的其他标准与规范的相应要求。在工程实施全过程中，所引用的标准或规范如果有修改或新颁，应由发包人决定是否用新标准或本规范，承包人应在监理人的监督下按业主的决定执行。采用新标准、本规范所增加的费用由发包人承担。对于工程所采用的标准或规范的任何部分，当承包人认为改用其他标准或规范，能够保证工程达到更高质量时，承包人应在 42 d 前报经监理人审批后方可采用，否则承包人应严格执行本规范。但这种批准，并不免除承包人根据合同规定所应承担的任何责任。当适用于工程的几种标准与规范出现意义不明或不一致时，应由监理人作出解释和校正，并就此向承包人发出指令。除非本规范另有规定，在引用的标准或规范发生分歧时，应按以下顺序优先考虑：首先是本规范；其次是中华人民共和国国家标准；最后是有关部门标准与规范。

③ 承包人的施工机械　用于工程施工的一切施工机械，必须类型齐全、配套完整，并与施工质量和进度相适应，其机械状况应能满足工程要求，并能完成保证质量的作业。施工机械的使用与操作，应不使路基、路面、结构物、邻近的公用设施、财产或其他公路受到损伤、损坏或造成污染。承包人承诺的施工设备必须按时到达现场，不得拖延、缺短或任意更换。尽管承包人已按承诺提供了上述设备，但若承包人使用的施工设备不能满足合同进度计划和（或）质量要求时，监理人有权要求承包人增加或更换施工设备。承包人应及时增加或更换，由此增加的费用和（或）工期延误由承包人承担。

④ 工程量的计量　本规范所有工程项目，除个别注明者外，均采用中国法定的计量单位。即国际单位及国际单位制导出的辅助单位进行计量。本规范的计量与支付，应与合同条款、工程量清单及图纸同时阅读，工程量清单中的支付项目号和本规范的章节编号是一致的。任何工程项目的计量，均应按本规范规定或监理人书面指示进行。按合同提供的材料数量和完成的工程数量所采用的测量与计算方法，应符合本规范的规定。所有这些方法，应经监理人批准或指令。承包人应提供一切计量设备和条件，并保证其设备精度符合要求。除非监理人另有准许，一切计量工作都应在监理人在场的情况下，由承包人测量、记录。有承包人签名的计量记录原本，应提交给监理人审查和保存。

⑤ 工程变更　工程实施过程中的工程变更应按照合同的相关条款执行。

⑥ 各支付项的范围　承包人应得到并接受按合同规定的报酬，作为实施各工程项目（不论是临时的或永久性的）与缺陷修复中需提供的一切劳务（包括劳务的管理）、材料、施工机械及其他事务的充分支付。除非另有规定，工程量清单中各支付细目所报的单价或总额，都应认为是该支付细目全部作业的全部报酬。包括所有劳务、材料和设备的提供、运输、安装和维修、临时工程的修建、维护与拆除、责任和义务等费用，均应认为已计入工程量清单标价的各工程细目中。工程量清单未列入的细目，其费用应认为已包括在相关的工程细目的单价和费率中，不再另行支付。

（2）工程管理

① 开工报审表　包括开工报审表；分部工程开工报审表；中间开工报审表。

② 工程报告单　承包人应按合同条款规定向监理人提供有关不同项目和内容的工程报告单供审批，报告单的主要项目为：各种测量、试验、材料检验、各类工程（分工序）检验、工程计量、工程进度、工程事故等报告单；或监理人指定需要提供的其他报告单。

③ 制订施工进度计划和施工方案说明　按合同条款规定，承包人应在签订合同协议后的

28 d内,编制详细的施工进度计划和施工方案说明报送监理人。监理人应在14 d内批复或提出修改意见,否则该进度计划视为已得到批准。经监理人批准的施工进度计划称为合同进度计划,是控制合同工程进度的依据。承包人还应根据合同进度计划,编制更为详细的分阶段或分项进度计划,报监理人审批。

合同进度计划应按照关键线路网络图和主要工作横道图两种形式分别编绘,并应包括每月预计完成的工作量和形象进度。所提交的关键线路网络图、主要工作横道图中的一切主要活动应与工程量清单中的项目一致。关键线路和与里程桩的相关联系必须清楚标明。年度、月度的任务(工程量和价值)、资源需求及累计进度必须标注清楚。提交计划时,应将制订依据、逻辑说明、资金流量、资源提供柱状图表及使用的输入数据的副本等一并提交。

不论何种原因造成工程的实际进度与合同进度计划不符时,承包人可以在实际进度发生滞后的当月25日前向监理人提交修订合同进度计划的申请报告,并附有关措施和相关资料,报监理人审批;监理人也可以直接向承包人作出修订合同进度计划的指示,承包人应按该指示修订合同进度计划,报监理人审批。监理人应在收到修订合同进度计划后14 d内批复。监理人在批复前应获得发包人同意。

承包人应在每年11月底前,根据已同意的合同进度计划或其修订的计划,向监理人提交2份格式和内容符合监理人合理规定的下一年度的施工计划,以供审查。该计划应包括本年度估计完成的和下一年度预计完成的分项工程数量和工作量,以及为实施此计划将采取的措施。

施工方案说明包括形象进度图(柱状图表)和资金流量表,如出现以下几种情况时,应予以修改。即:

a. 承包人改变了方案的逻辑线路或改变了其建议的施工程序。

b. 施工期无任何理由产生延误。

c. 实际工程进度与计划进度严重不符及监理人认为有必要修改时。

分部工程和分项工程施工计划。承包人应根据合同进度计划和年度施工计划,制订各分部工程的施工计划和某些分项工程的施工计划,并在该分部工程和分项工程开工前14 d报请监理人批准。承包人在施工过程中必须严格执行监理人批准的工计划,若发现需要调整或修改时,应再次报请监理人批准。如承包人未按批准的施工计划施工,监理人有权责令其立即纠正,或令其暂时停工。

编制施工方案说明使用的全套软件,应经监理人批准,并向监理人提交拷贝,以供执行合同时使用。编制施工方案柱状图表、资金流转表及提供软件所发生的一切费用应由承包人负担,即应被认为是包括在合同单价之内,不另行计量与支付。

承包人必须按照合同进度计划和施工方案说明的要求确保投入并及时到位,监理人应依据合同条款督促其实施。

④ 工程信息化系统　高速公路、一级公路及独立特大桥、特长隧道工程宜按下列规定配备工程信息化系统,其他工程根据工程需要并经发包人批准时也可配备工程信息化系统。

a. 承包人应统一配备发包人指定的工程信息化系统,并建立网络系统。网络带宽不宜小于20 M。

b. 承包人应根据工程信息化系统的要求配备专用计算机。计算机的硬件及软件配置应满足能够使工程信息化系统顺畅运行的要求。

c. 工程信息化系统应由专人负责操作,并应保持系统的安全性和稳定性,定期更新杀毒软件和进行系统维护,备份相关管理数据。

(3) 临时工程与设施

临时工程与设施应包括为实施永久性工程所必需的各项相关的临时性工作,如:临时道路、桥涵的修建与维护;临时电力、电信线路的架设与维护;临时供水、排污系统的建设与维护及其他相关的临时设施等。承包人应按不同的类型和需要,对临时工程与设施进行设计。承包人在进行临时工程与设施的设计和施工时,应遵守当地运输管理、公安、供电、电信、供水、环保等有关部门的要求和规定。

除非合同另有规定,按本节提供的全部临时工程与设施的费用,应被认为已包括了有关永久工程中所需要的所有临时工程与设施的全部费用。承包人应将临时工程的设计与说明书及监理人认为需要的详细图纸,在开工前至少 21 d 报监理人审批。没有监理人的批准,承包人不得在现场开始进行任何临时工程的施工。

监理人应在收到承包人报送的临时工程和设计图纸后的 7 d 内完成审批并通知承包人,这种批准是对于该项临时工程与设施开工的书面同意。各项临时工程开工之前,承包人应取得当地有关管理部门及其他当事人的同意,并取得书面协议。监理人将据此作为审批开工的条件。

除非另有协议,当永久性工程完工后,承包人应移去、拆除和处理好全部临时工程与设施,并将临时工程所占用的区域进行清理或恢复原貌后,报监理人检查验收。

(4) 承包人驻地建设

承包人应按改善提高作业人员的工作环境与生活条件,保护生态环境,促进安全生产,文明施工的总体要求,合理规划、布置和建造驻地建设。承包人应建立施工与管理所需的办公室、住房、医疗卫生、车间、工作场地、仓库与储料场及消防设施。驻地由承包人自行选择地质条件好、不受自然灾害的地方,但应服从合同条款的有关规定。驻地建设的总平面布置包括防护、围墙、临时便道和安全、环保、防火安排,应经监理人事先批准。驻地建设的管理与维护,应满足科学管理、文明施工的要求。工程交工之后,承包人应自费将驻地恢复原貌,并经监理人验收合格。

(5) 施工标准化

对于高等级公路路基、路面、桥涵、隧道工程的施工,承包人应充分发挥工厂化、集约化施工的优势,按标准化、规范化、精细化的要求组织施工;对于一级及一级以下公路路基、路面、桥涵、隧道工程的施工,承包人可参照本节的标准化要求执行。施工标准化应始终贯穿于整个施工周期,承包人应加强对设施的维护与管理,确保各种设施始终保持良好的状况。各种标志标牌、展板及图表应统一设计、制作,规范布置。标准化设施应符合合同约定。

2. 路基

路基包括:通则,场地清理,挖方路基,填方路基,特殊地区路基处理,路基整修,坡面排水,护坡、护面墙,挡土墙,锚杆、锚定板挡土墙,加筋土挡土墙,喷射混凝土和喷浆边坡防护,预应力锚索边坡加固,抗滑桩,河道防护,共 15 节。

(1) 通则

1) 范围

路基工程的工作内容包括路基土石方工程、排水工程及路基防护工程的施工及其有关作业。

① 路基土石方工程包括:填方路基、挖方路基和特殊路基处理及其有关作业。

② 排水工程包括：坡面排水施工及其有关作业。

③ 路基防护工程包括：石砌护坡、护面墙、挡土墙、抗滑桩、河道防护及锥坡和其他防护工程的砌筑，以及其基础开挖与回填的施工作业。

2）材料

① 在公路路基土石挖方中用不小于112.5 kW(150匹马力)推土机单齿松动器无法松动，须用爆破或用钢楔大锤或用气钻方法开挖的，以及体积大于或等于1 m^3 的孤石为石方，余为土方。其土石分类应以设计为依据由监理人批准确定。

② 混凝土、水泥砂浆、钢筋、模板、支架、石砌体所用材料应符合图纸要求和本规范的规定。

③ 沥青涂层按图纸要求由建筑石油沥青与汽油配制而成，建筑石油沥青(40号及30号)应符合《建筑防腐蚀工程施工规范》(GB 50212—2014)及表8-1的规定。沥青油毡应符合《石油沥青纸胎油毡》(GB 326—2007)的要求。沥青麻絮应符合图纸要求或经监理人批准的标准。

表8-1 建筑石油沥青主要技术指标

名 称	规定值	
	40号	30号
针入度(25℃,100 g,5 s)/(0.1 mm)	36~50	26~35
延度(25℃,5 cm/min) /cm	≥3.5	≥2.5
软化点(环球法) /℃	≥60	≥75

④ 垫层材料宜采用洁净的中、粗砂，含泥量不应大于5%，有机质含量不大于1%。砂砾碎石垫层材料粒径不大于50 mm，含泥量不超过5%，含砂量不超过40%。石灰土应符合图纸要求和有关规定。

⑤ 反滤层材料粒径应满足表8-2规定。砾砂及粗粒反滤层的空隙率均不得小于35%。用作反滤层的材料应清洗干净，不允许含有有机质或其他有害物质。粗砾和卵石应质地坚硬、耐久。

表8-2 反滤层材料粒径规定值

材料名称	粒径范围/mm	平均粒径/mm
砂砾	0.5~5	2.5
粗砾	12~20	1.7
卵石	75~100	—
片石	150以上	—

⑥ 用于防水的土工织物应符合图纸及本规范有关要求。

3）一般要求

① 路基土石方工程：

a. 施工测量 承包人应在开工之前进行现场恢复和固定路线，包括导线、中线的复测，水准点的复测与增设，横断面的测量与绘制等。承包人应对所有的测量进行记录、整理并送监理人核查;监理人核查测量成果时,承包人应无偿提供设备及辅助人员。测量成果核准后,承包人按图现场设置路基用地界桩和坡脚、路堑堑顶等的具体位置桩、标明轮廓,报请监理人检查批准。

公路路基施工开始前,应先进行控制性桩点的现场交桩,并保护好交桩成果。各级公路的平面控制测量、水准测量的等级以及施工放样,应符合《公路路基施工技术规范》(JTG/T 3610—2019)第 3.2 节相关规定。

b. 调查与试验　路基施工前,承包人应对施工范围内的地质、水文、障碍物、文物古迹及各种管线等情况进行详细调查。承包人应对路堤填料取有代表性的土样,按《公路土工试验规程》(JTG 3430—2020)进行试验,并将调查与试验结果以书面形式报告监理人备案。如所调查及试验的结果与图纸资料不符时,应提出解决方案报监理人审批,否则,路基不得施工。本规范中集料的粒径均为 ISO565 的 R40/3 系列中的标准筛孔(方孔筛)。

c. 施工期间防水、排水　承包人的临时排水设施及排水方案应报请监理人检查验收。任何因污染、淤积和冲刷遭受的损失,均应由承包人负担。承包人因未设有足够的排水设施,使土方工程遭受损坏时,应由承包人自费加以修复。

d. 冬季施工　承包人应按照《公路路基施工技术规范》(JTG/T 3610—2019)有关季节性冻土地区路基施工的规定执行,将计划安排的工程项目和施工方案报监理人审批。

e. 雨季施工　承包人应根据现场具体情况编制雨季施工组织计划,报监理人审批。

f. 特殊地区的路基施工　特殊地区的路基施工计划及施工方案应报监理人审批。

② 排水工程:

a. 在开工之前,承包人应向监理人提供本工程有关的施工方法和施工安排书面报告,获得监理人的批准后方可开工。

b. 承包人应按图纸确定的排水构造物的位置和高程,进行施工放样测量,并经监理人核准。

c. 排水构造物的基槽开挖和回填,应按本规范规定进行。

d. 排水构造物的基槽底面均应夯实到图纸规定的压实度。若地质状况与图纸要求不符时,承包人应根据实际情况提出处理方案和加固措施,经监理人审核批准后进行地基处理。

e. 为防止排水构造物的基底冲刷,承包人应严格按图纸要求施工。若监理人根据实际地形指示增加基底深度,承包人应按监理人的指示执行。

f. 所有砂浆砌体均应按《公路桥涵施工技术规范》(JTG/T 3650—2020)的有关规定进行勾缝及养护。所有混凝土的养护和表面缺陷修整弥补,应按照本规范规定执行。

g. 所有地面以下的隐蔽工程,未经监理人检验合格不得掩埋。

h. 预制构件应符合图纸要求及本规范规定。

③ 防护工程一般要求:

a. 承包人应在防护工程开工前对工程所处位置的原地面进行复测,以核实图纸是否符合实际,并做详细记录,经监理人批准后方可施工。

b. 所有防护工程及其有关作业,除应符合本规范的要求外,还应按照图纸所示和监理人的指示进行施工。

c. 对于有水浸或属风化岩石的边坡,施工时,按图纸或监理人指示,及时进行防护工程的施工。

d. 防护工程的清理场地、挖基、回填、砌筑、混凝土浇筑,应符合图纸和本规范要求。

e. 除监理人书面允许外,不得在昼夜平均气温低于+5℃或石料受冻的情况下进行浆砌砌体施工。所有混凝土及石砌体应按《公路桥涵施工技术规范》(JTG/T 3650-2020)规定养护。

f. 砌体应按图纸要求进行勾缝,如无规定,则应采用M7.5级水泥砂浆勾凹缝。勾缝应嵌入砌缝内不小于20 mm。

(2) 场地清理(其他节略)

1) 范围

场地清理的范围为公路用地范围及借土场范围内施工场地的清理、拆除和挖掘,以及必要的平整场地等有关作业。

2) 一般要求

① 承包人应在施工前确定现场工作界线,并保护所有规定保留和监理人指定的要保留的植物及构造物。

② 场地清理拆除及回填压实后,承包人应重测地面高程,并将填挖断面和土石方调配图提交监理人审核。

③ 清理及拆除工作完成后,应由监理人进行现场检查验收,在验收合格后方可进行下一工序的施工。

3) 施工要求

① 清理场地:

a. 路基用地范围内的树木、灌木丛等均应在施工前砍伐或移植。砍伐的树木应堆放在路基用地之外,并妥善处理。

b. 路基用地范围内的垃圾、有机物残渣及取土坑原地面表层(100~300 mm)腐殖土、草皮、农作物的根系和表土应予以清除,并将种植表土集中储藏在监理人指定的地点,以备将来作为种植用土。场地清理完成后,应全面进行填前碾压,使其密实度达到规定的要求。

c. 二级及以上公路路堤或填方高度小于1 m的公路路堤,应将路基基底范围内的树根全部挖除并填平夯实;填方高度大于1 m的二级以下公路路堤,可保留树根,但不能露出地面。此外,路基用地范围内的坑穴应填平夯实。取土坑范围内的树根应全部挖除。

d. 地基表层处理应符合以下规定:二级及以上公路路堤基底压实度应不小于90%;三、四级公路不小于85%。路基填土高度小于路面和路床总厚度时,基底应按图纸要求进行处理。原地面坑、洞、穴等应在清除沉积物后用合格填料分层回填与压实。泉眼或露头地下水,应有效导排后,方可填筑路堤。地基为耕地、软土、高液限土等时,应按图纸要求进行处理;局部软弹的部分或地下水位较高段也应采取有效的处理措施。

② 拆除与挖掘:

a. 路基用地范围内的旧桥梁、旧涵洞、旧路面和其他障碍物等应予以拆除。正在使用的旧桥梁、旧涵洞、旧路面及其他排水结构物,应在对其正常交通和排水做出妥善安排后,才能拆除。

b. 原有结构物的地下部分,其挖除深度和范围应符合设计图纸或监理人指示的要求。

c. 拆除原有结构物或障碍物需要进行爆破或其他作业,如有可能损伤新结构物时,必须在新工程动工之前完成。

d. 所有指定为可利用的材料,都应避免不必要的损失。为了便于运输,可由承包人分段或分片，按监理人指定的地点存放；对于废弃材料，承包人应按监理人的指示妥善处理。

e. 承包人应将所有拆除后的坑穴回填并压实。承包人由于拆除施工造成其他建筑物、设施等损坏时，应负责赔偿。

3. 路面

路面包括：通则，垫层，石灰稳定土底基层，水泥稳定土底基层、基层，石灰粉煤灰稳定土底基层、基层，级配碎（砾）石底基层、基层，沥青稳定碎石基层，透层和粘层，热拌沥青混合粘面层，沥青表面处治与封层，改性沥青及改性沥青混合料，水泥混凝土面板，培土路肩、中央分隔带回填土、土路肩加固及路缘石，路面及中央分隔带排水，共 14 节。

（1）通则

1）范围

路面工作内容包括已完成并经监理人验收合格的路基上铺筑各种垫层、底基层、基层和面层；路面及中央分隔带排水施工；培土路肩、中央分隔带回填及路缘石设置，以及修筑路面附属设施等有关的作业。

2）材料

① 土　土根据颗粒成分可分为碎石土、砂土、粉土和黏性土。无机结合料稳定材料中的土按粒径可分为细粒土、中粒土、粗粒土。

② 集料　集料是指在混合料中起骨架和填充作用的粒料，包括碎石、砾石、机制砂石屑、砂等。

③ 水　拌和用水及养护用水应符合《公路路面基层施工技术细则》（JTG/T F20—2015）的规定。

④ 水泥　水泥根据路用要求可采用普通硅酸盐水泥、硅酸盐水泥、矿渣硅酸盐水泥、火山灰质硅酸盐水泥和道路硅酸盐水泥等。采用其他种类水泥应报监理人批准。

⑤ 石灰　石灰应符合表 8-3 的要求，高速公路和一级公路用石灰应不低于Ⅱ级技术要求。

⑥ 沥青　沥青材料应为道路石油沥青、乳化沥青、液体石油沥青、煤沥青、改性沥青和改性乳化沥青等，沥青质量应符合《公路沥青路面施工技术规范》（JTG F40—2004）的要求。每一批沥青材料都应有厂家的技术标准、试验分析证明书，并提交监理人审核。

表 8-3　石灰的技术指标

项目	钙质生石灰			镁质生石灰			钙质消石灰			镁质消石灰		
	等级											
	≥85	≥80	≥70	≥80	≥75	≥65	≥65	≥60	≥55	≥60	≥55	≥50
	Ⅰ	Ⅱ	Ⅲ	Ⅰ	Ⅱ	Ⅲ	Ⅰ	Ⅱ	Ⅲ	Ⅰ	Ⅱ	Ⅲ
氧化钙加氧化镁含量/%	≤7	≤11	≤17	≤10	≤14	≤20						
未消化残渣含量（5 mm 圆孔筛的筛余）/%							≤4	≤4	≤4	≤4	≤4	≤4
细度 0.71 mm 方孔筛的筛余/%							0	≤1	≤1	0	≤1	≤1
细度 0.125 mm 方孔筛的累计筛余/%							≤13	≤20	—	≤13	≤20	—
钙镁石灰的分类界限，氧化镁含量/%	≤5			>5			≤4			>4		

3）一般要求

① 路面施工应符合《公路路面基层施工技术细则》（JTG/T F20—2015）、《公路沥青路面施工技术规范》（JTG F40—2004）和《公路水泥混凝土路面施工技术细则 》（JTG/T F30—2014）的要求。

② 承包人不得随意改变材料的来源，未经批准的材料不得用于工程。

③ 路面材料存放场地应硬化处理，材料应物理分离堆放，并搭设防雨棚。

④ 承包人应根据工程的结构特点，按图纸要求、相关规范的规定及设备情况，编制路面工程各结构层的施工组织设计，并在开工前28 d报请监理人审查批准，否则不得开工。

⑤ 在隧道内摊铺沥青混凝土路面时，承包人应加强安全环保措施，合理组织施工，制订切实可行的消防疏散预案。在施工中必须采用机械通风排烟，使洞内空气中的有毒气体和可燃气体的浓度不得超出相关规定。洞内施工人员必须佩戴经批准的防毒面罩，确保人身安全。

4）材料的取样和试验

各种材料必须在使用前56 d选定。承包人应将具有代表性的样品，委托中心试验室或监理人确认的试验室，按规定进行材料的标准试验或混合料配合比设计。试验结果提交监理人审批，未经批准不得使用，试验所需费用由承包人负担。

5）试验路段

① 承包人在各结构层施工前，均应铺筑长度为100~200 m的试验路段；用滑模摊铺水泥混凝土路面的试验路段长度应不小于200 m。

② 在试验路段开始至少14 d之前，承包人应提出铺筑试验路段的施工方案并报送监理人审批。施工方案内容包括试验人员、机械设备、施工工序和施工工艺等详细说明。

③ 试验路段的目的是验证混合料的质量和稳定性，检验承包人采用的机械能否满足备料、运输、摊铺、拌和和压实的要求和工作效率，以及施工组织和施工工艺的合理性和适应性。

④ 试验路段确认的压实方法、压实机械类型、工序、压实系数、碾压遍数和压实厚度、最佳含水率等，均作为正式施工时施工现场控制的依据。

⑤ 此项试验应在监理人监督下进行，如果试验路段经监理人批准验收，可作为永久工程的一部分。否则，应移出重做试验，由承包人承担相应责任。

6）料场作业

① 料场应按图纸所示或由承包人自己选择并经监理人批准。料场应依照试验室提供的集料组成设计指定的各种集料规格进行开采作业。承包人应经常检验材质的变化情况，随时向监理人报告。

② 料场在开采之前，承包人应办好所有相关的用地手续及生产许可证。料场爆破作业应取得当地公安机关的批准，特殊工种人员应持证上岗。炸药库的位置与设计、炸药运输方法、炸药的管理使用及防止事故所采取的预防措施等，都应符合国家的法定规章。

③ 料场应剥去覆盖层，清除杂草和其他杂质后开采。弃土应在指定的地点处理。

④ 合格的集料应分等级、规格堆放在硬化、无污染场地上。

⑤ 材料开采完毕后，应进行清理，防止水土流失，并符合环境保护部门的有关要求。

7）拌和场场地硬化及遮雨棚

① 承包人应按合同规定及监理人要求，对基层拌和场和沥青拌和站场地进行硬化处理及搭

设遮雨棚。

② 基层拌和场面积应满足施工需要，场地硬化宜采用水泥稳定土，下承层应做适当处理和补强，并设置纵横向排水沟和盲沟，以利场区排水。

③ 沥青拌和站场地应进行硬化，硬化面积应满足施工需要。场地硬化宜采用水泥稳定土等强度大于 3 MPa 的结构，进出场道路宜采用水泥混凝土路面（厚 150 mm），下承层应做处理和补强，并设置纵横向排水沟和盲沟，以利场区排水。

④ 承包人应在路面集料堆放地，为路面细集料设置遮雨棚，遮雨棚宜采用钢结构，净高不宜低于 6 m。棚顶应具有防风、防雨、防老化功能。遮雨棚面积应满足工程需要。

8）雨季施工

① 集中力量，分段铺筑，在雨前做到碾压坚实，并采取覆盖措施，以防雨水冲刷。

② 施工时应随时疏通边沟，保证排水良好。

③ 在垫层或基层施工之前，完工的路基顶面或垫层，应根据监理人的指示始终保持合格的状态。在雨季期间，路基或垫层不允许车辆通行。

（2）垫层（其他节略）

1）范围

垫层工作内容为在已完成并经监理人验收合格的路基上，铺筑碎石、砂砾、煤渣、矿渣和水泥稳定土、石灰稳定土垫层，包括所需的设备、劳力和材料，以及施工、试验等全部作业。

2）材料

① 碎石　应符合本规范要求，高速公路及一级公路垫层用碎石的最大粒径不应超过 37.5 mm；其他公路垫层用碎石的最大粒径不应超过 53 mm。按《公路工程集料试验规程》（JTG E42—2005）标准方法进行试验时，压碎值对高速公路和一级公路不大于 30%，其他公路不大于 35%。碎石中不应有黏土块、植物及其他有害物质，针片状颗粒含量不应超过 20%。

② 砂砾　可采用天然砂砾或级配砂砾，应符合表 8-4 的要求。砂砾的压碎值，对高速公路和一级公路，不大于 30%；对其他公路，不大于 35%。

表 8-4　天然砂砾垫层颗粒组成范围

通过下列筛孔（mm）的质量百分率/%						液限/%	塑性指数
53	37.5	9.5	4.75	0.6	0.075		
100	80~100	40~100	25~85	8~45	0~15	<28	<9

③ 煤渣和矿渣　煤渣和矿渣应坚硬、无杂质，宜具有适当的级配，且小于 2.36 mm 的颗粒含量不宜大于 20%。

④ 水泥、石灰　应符合本规范的要求。

3）施工要求

① 承包人应在监理人验收合格的路基上铺筑垫层材料，未经监理人批准而在其上摊铺的材料，应由承包人清除。

② 在铺筑垫层前，应将路基面上的浮土、杂物全部清除，并洒水湿润。

③ 承包人应采用经监理人批准的机械进行垫层材料的摊铺。

④ 摊铺后的碎石、砂砾应无明显离析现象,或采用细集料做嵌缝处理。

⑤ 经过整平和整型,承包人应按试验路段所确认的压实工艺,在全宽范围内均匀地压实至重型击实最大密度的96%以上。

⑥ 一个路段碾压完成以后,应按批准的方法做密实度试验。若被检验的材料没有达到所需的密实度、稳定性,则承包人应重新碾压、整型及整修,并承担相应责任。

⑦ 凡压路机不能作业的地方,应采用机夯进行压实,直到获得规定的压实度为止。

⑧ 严禁压路机在已完成的或正在碾压的路段上掉头和紧急制动。

⑨ 两段作业衔接处,第一段留下5~8 m不进行碾压,第二段施工时,将前段留下未压部分与第二段一起碾压。

⑩ 在已完成的垫层上每一作业段或不大于2 000 m^2随机取样6次,按《公路路基路面现场测试规程》(JTG 3450—2019)规定进行压实度试验,并按规定检验其他项目。所有试验结果,均报监理人审批。

⑪ 除上述要求外,若图纸要求采用结合料稳定垫层时,可按规范相关章节同类材料的底基层施工要求进行施工。

4) 质量检验

参见规范相关章节同类材料底基层的质量检验。

4. 桥梁、涵洞

桥梁、涵洞包括:通则,模板、拱架和支架,钢筋,基础挖方及回填,钻孔灌注桩,沉桩,挖孔灌注桩,桩的垂直静荷载试验,沉井,结构混凝土工程,预应力混凝土工程,预制构件的安装,砌石工程,小型钢构件,桥面铺装,桥梁支座,桥梁接缝和伸缩装置,防水处理,圆管涵及倒虹吸管,盖板涵、箱涵,拱涵共21节。

(1) 通则

1) 范围

桥梁涵洞工作内容包括桥梁、涵洞及其附属结构物的施工。通道、排水、防护及隧道工程,亦可参照有关内容施工。特殊结构物的施工,必须同时按相应的有关规范及图纸要求编写项目专用本。

2) 一般要求

① 核对图纸和补充调查　承包人在施工开始前应对设计文件、图纸、资料进行现场核对,必要时应进行补充调查,并将调查结果提交监理人批准。

② 平整场地　承包人应按本规范要求,平整施工场地,并得到监理人认可。

③ 复测　承包人应在开工前对桥梁中心位置桩、三角网基点桩、水准基点桩及其他测量资料进行核对、复测。若桩志不足或不符合要求时,应按《公路桥涵施工技术规范》(JTG/T 3650—2020)有关要求重新补测,并将复测或补测结果报监理人认可。

承包人应对桥梁中心桩、水准基点桩等控制标志加以妥善保护,直至工程竣工验收。

④ 编制施工方案　承包人在开工前,应根据图纸资料和有关合同条款,编制实施性的施工进度计划和施工方案说明(包括施工安全和环保方案),提交监理人审批。

⑤ 预制场地　预制场地由承包人自行选择。承包人应向监理人报送一份预制场地的平面位置布置图、预制场地的平整计划及对环境保护采取的措施等。工程完成后,应将场地上的设备

和废弃物清除干净,并恢复原状,使监理人认可。

⑥ 图纸:

a. 承包人开工前应仔细阅读图纸,发现疑问应及时向监理人提出。

b. 承包人必须按照图纸及其有关说明施工。结构物的外形、尺寸、线条应符合图纸规定,其施工偏差应在本规范规定的允许值范围内。

c. 当图纸内有关施工说明与本规范规定有矛盾时,以图纸为准。图纸及本规范均缺少有关的要求和规定时,由监理人参考国内外已建同类工程及相应的规定并结合实际情况确定或规定,同时报发包人同意后实施。

⑦ 承包人必须按照国家有关的基本建设程序进行施工,并建立完善的质量保证体系,在施工过程中对工程进行自检,在工程完成后按合同条款的相关规定,配合监理人及发包人进行检查验收工作。

⑧ 安全技术措施:

a. 桥梁施工前,应对施工现场、机具设备及安全防护设施等进行全面检查,并经有关部门检查认证,确认符合安全要求后方可施工。

b. 手持式电动工具应按《手持式电动工具的管理、使用、检查和维修安全技术规程》(GB/T 3787—2017)的规定,根据手持式电动工具的类别和作业场所的安全要求,加设漏电保护器。

c. 桥梁施工,采用多层、高空作业或桥下通车、行人等立体施工时,应布设安全网。

d. 对于通航的江河湖海上的桥梁工程,施工前应与当地海事及航道部门联系,制定有关通航、水上作业安全事宜。

e. 高处露天作业、缆索吊装及大型构件起重吊装时,应根据作业高度和现场风力大小、对作业的影响程度,制定适于施工的风力标准。遇有六级(含六级)以上大风时,上述施工应停止作业。

f. 深水大跨及桥梁高度较大的特大型桥梁或结构复杂的大型桥梁施工,应对施工安全做专项调查研究,并制定相应的安全技术措施。

g. 单项工程开工前,应根据《公路工程施工安全技术规范》(JTG F90—2015)及工程实际情况制定安全操作细则,并向施工人员进行安全技术交底。

3) 质量检验

包括线形检验、外观检查,桥梁总体检查项目应符合表 8-5 的要求。

表 8-5 桥梁总体检查项目

项次	检查项目		规定值或允许偏差	检查方法和频率
1	桥面中心线偏位/mm		≤20	全站仪:每 50 m 测 1 点,且不少于 5 点
2	桥面宽/mm	车行道	±10	尺量:每 50 m 测 1 个断面,且不少于 5 个断面
		人行道	±10	
3	桥长/mm		+300,-100	全站仪或钢尺:检查中心线处
4	桥面高程/mm	L <50 m	±30	水准仪:桥面每侧每 50 m 测 1 点,且不少于 3 点;跨中、桥墩(台)处应布置测点
		L ≥50 m	±(L/5 000+20)	

4）桥梁荷载试验

① 特大桥、结构复杂的大桥完工以后，承包人应协助和配合发包人，对桥梁或桥梁的某一部分进行荷载试验，以验证结构物是否具有足够承受设计荷载的能力。

② 荷载试验由发包人委托有资格的科研或设计单位承担。

③ 桥梁荷载测试项目按图纸规定，一般动载试验包括冲击、自振频率、动挠度、脉动、动应变试验；静载试验包括静挠度及静应变试验。上述项目发包人将根据具体情况，选择部分或全部进行试验，必要时可增加其他项目进行试验。

④ 根据试验结果，结构物或结构物的任一部分，如由于施工原因不能满足图纸要求，承包人应进行重建或补强。

5）地质情况变化时的处理

桥梁基础在施工过程中，若地质情况有变化，承包人应及时报告监理人并提出处理意见，经监理人批准后实施。需要进行补充钻探，以查明桥梁基础的地质情况时，报请监理人审查批准后，承包人可进行补充地质钻探并取样做作必要的试验，据以继续进行基础施工或改变基础设计。改变基础设计时，应按变更设计程序进行，并经监理人审查批准。

6）开放交通

开放交通应满足以下基本条件并经监理人批准。

① 水泥混凝土桥面铺装在浇筑混凝土的强度达到设计等级后，方可开放交通，其车辆荷载不得大于设计荷载。如果经监理人同意采用快硬水泥混凝土铺装，开放交通的时间需根据试验确定。因不遵守上述规定开放交通行驶车辆而造成的不良后果，由承包人负责。

② 沥青混凝土桥面铺装应待摊铺的混合料完全自然冷却，其表面温度低于50℃后，方可开放交通。

③ 伸缩装置安装完毕，预留槽浇筑的混凝土强度达到设计强度后，方可开放交通；必须开放交通时，可采用搭桥等措施通过，搭桥可采用无变形钢材制成，搭桥不能与预留槽混凝土接触。

（2）挖孔灌注桩（其他节略）

1）范围

工作包括挖孔，提供、安放和拆除孔壁支撑及护壁，设置钢筋，灌注混凝土，以及按照图纸规定及按监理人指示的有关挖孔灌注桩的其他作业。

2）施工要求

① 一般要求：

a. 承包人应将准备采用的施工方法的全部细节，报请监理人批准，其中包括材料和全部设备的说明。任一挖孔工作开始前，都应得到监理人的书面批准。

b. 挖孔灌注桩适用于无地下水或少量地下水，且较密实的土层或风化岩层。当挖孔内的空气污染物超过《环境空气质量标准》（GB 3095—2012）规定的各项污染物的浓度限值三级标准时，如没有安全可靠的通风措施，不得采用人工挖孔作业。人工挖孔深度超过10 m时，应采用机械通风。如果设计桩长大于15 m，必须采用人工施工时，应加强机械通风和安全措施或采用机械挖掘，确保施工安全。挖孔斜桩仅适用于地下水位低于孔底高程的黏性土。

c. 挖孔的平面尺寸，不得小于桩的设计断面。在浇筑混凝土时不能拆除的临时支撑及护壁所占的面积，不应计入有效断面。

d. 承包人应保存每根桩的全部施工记录,当需要时,记录应报送监理人作为检查之用。承包人应拟定记录格式,并报监理人批准。

② 支撑及护壁:

a. 挖孔施工应根据地质和水文地质情况,因地制宜选择合适的孔壁支护方案。承包人选择的支护及护壁方案,应经过计算,并报请监理人审查批准后,方可实施。

b. 摩擦桩的临时性支撑及护壁,应在灌注混凝土时逐步拆除。无法拆除的临时性支护,不得用于摩擦桩。

c. 当以现浇或喷射混凝土护壁作为桩身的一部分时,须根据图纸规定或经监理人书面批准施工,且仅适用于桩身截面不出现拉力的情况。护壁混凝土的级别不得低于桩身混凝土的级别。

③ 挖孔:

a. 挖孔时,应注意施工安全。挖孔工人必须配有安全帽、安全绳,必要时应搭设掩体。提取土渣的吊桶、吊钩、钢丝绳、卷扬机等机具,应经常检查。井口围护应高出地面 200~300 mm,防止土、石、杂物落入孔内伤人。挖孔工作暂停时,孔口必须罩盖。挖孔时,如孔内的二氧化碳含量超过 0.3%,或孔深超过 10 m 时,应采用机械通风。

挖孔斜桩挖掘时容易坍孔,宜采用预制钢筋混凝土护筒分节下沉护壁。

b. 孔内岩石须爆破时,应采用浅眼爆破法,严格控制炸药用量,并在炮眼附近加强支撑和护壁,防止震塌孔壁。当桩底进入倾斜岩层时,桩底应凿成水平状或台阶形。孔内经爆破后,应先通风排烟,经检查无有害气体后,施工人员方可下井继续作业。

c. 挖孔达到设计深度以后,应清除孔底松土、沉渣、杂物;如地质复杂,应用钢钎探明孔底以下地质情况,并报经监理人复查认可后方可灌注混凝土。

④ 灌注混凝土:

a. 混凝土及钢筋骨架的施工应符合规范要求。

b. 当自孔底及孔壁渗入的地下水,其上升速度较小(参考值≤6 mm/min)时,可不采用水下灌注混凝土桩的方法。

c. 当自孔底及孔壁渗入的地下水,其上升速度较大(参考值>6 mm/min)时,则应采用水下灌注混凝土桩的方法,用导管在水中灌注混凝土。灌注混凝土之前,孔内水位至少应与孔外地下水位同高;若孔壁土质易坍塌,应使孔内水位高于地下水位 1~1.5 m。水下混凝土应连续灌注,直至灌注的混凝土顶面,高出图纸规定的截断高度,才可停止浇筑,以保证截面以下的全部混凝土具有满意的质量。

⑤ 混凝土的质量检查及对缺陷桩的处理,按规范的规定处理。

3) 质量检验

① 基本要求:

a. 挖孔达到设计深度后,应及时进行孔底处理,应无松渣、淤泥等扰动软土层,孔底地质状况应满足设计要求。

b. 灌注混凝土时钢筋笼不应上浮。水下灌注时应连续灌注,干灌时应进行振捣。

c. 嵌入承台的锚固钢筋长度不得小于设计要求的锚固长度。

② 检查项目。

检查项目见表 8-6。

表8-6 挖孔灌注桩检查项目

<table>
<tr><th>项次</th><th colspan="2">检查项目</th><th>规定值或允许偏差</th><th>检查方法和频率</th></tr>
<tr><td>1</td><td colspan="2">混凝土强度/MPa</td><td>在合格标准内</td><td>按JTG F80/1—2017附录D检查</td></tr>
<tr><td rowspan="2">2</td><td rowspan="2">桩位/mm</td><td>群桩</td><td>≤100</td><td rowspan="2">全站仪:每桩测中心坐标</td></tr>
<tr><td>排架桩</td><td>≤50</td></tr>
<tr><td>3</td><td colspan="2">孔深/m</td><td>≥设计值</td><td>测绳量:每桩测量</td></tr>
<tr><td>4</td><td colspan="2">孔径/mm</td><td>≥设计值</td><td>探孔器:每桩测量</td></tr>
<tr><td>5</td><td colspan="2">孔的倾斜度/mm</td><td>≤0.5%桩长,且不大于200</td><td>垂线法:每桩检查</td></tr>
<tr><td>6</td><td colspan="2">桩身完整性</td><td>每桩均满足设计要求:设计未要求时,每桩不低于Ⅱ类</td><td>满足设计要求;设计未要求时,采用低应变反射波法或声波透射法;每桩检测</td></tr>
</table>

③ 外观检查:

a. 凿除桩头预留混凝土后,桩顶应无残余的松散混凝土。

b. 外露混凝土表面不应存在《公路工程质量检验评定标准 第一册 土建工程》(JTG F80/1—2017)附录P所列限制缺陷。

5. 隧道

隧道包括:通则,洞口与明洞工程,洞身开挖,洞身衬砌,防水与排水,洞内防火涂料和装饰工程,风水电作业及通风防尘,监控量测,特殊地质地段的施工与地质预报,洞内机电设施预埋件和消防设施,共10节。

(1) 通则

1) 范围

隧道工作内容包括隧道的施工准备、洞口与明洞工程、洞身开挖、洞身衬砌、防水与排水、风水电作业及通风防尘、监控量测、特殊地质地段施工与地质预报等及其他有关工程的施工作业。

2) 材料

隧道工程所用的材料应符合图纸规定,且必须符合我国颁布的标准规格和质量要求,经检验合格和监理人批准后方可使用。

3) 一般规定

① 核对图纸和补充调查。

② 确定施工方案编制实施性施工组织设计。

③ 施工安全:

a. 承包人对隧道施工安全应贯彻《中华人民共和国安全生产法》《建设工程安全生产管理条例》(国务院第393号令)和《公路工程施工安全技术规范》(JTG F90—2015)的有关规定,制订安全制度和采取安全措施,并负责检查实施情况,切实做到施工安全。

b. 在施工作业中应采取各种有效的防护措施,做好通风、照明、防尘、防水、降温和防治有害气体等的措施,保护环境卫生,保障施工人员的健康和生产安全。否则,承包人均应对此承担全部责任。

c. 承包人应按批准的施工方案、实施性施工组织设计和《公路工程施工安全技术规范》(JTG F90—2015)进行施工;但不因施工方案曾获批准而减轻承包人应负的责任。

d. 承包人应根据批准的爆破计划、方案和施工安全技术规范的要求进行爆破作业,并对所有人身、工程本身及所有财产采取保护措施,并对由于爆破造成的任何事故或财产损失承担责任。

e. 施工过程中,应对围岩进行监控量测,根据量测结果及反馈信息,合理修正支护参数和开挖方法,指导施工和确保施工安全。承包人应根据图纸要求和相关规范规定,进行地质及支护状态观察、周边位移量测、拱顶下沉量测、锚杆内力及抗拔力量测、地表下沉量测,必要时可作超前地质预报。另外,根据监理人指示和围岩具体情况,进行围岩体内位移量测、围岩压力量测等。所有量测结果都应报送监理人备查。超前地质预报可采用声波探测或超前水平岩芯钻探或其他有效方法,查明地质情况,完善施工方案。

f. 炸药的管理和使用应严格遵守公安部门的有关规定,并获得公安部门的许可。爆破器材应设专人严格保管,严格领用手续。对器材应定期进行检查,失效及不符合技术条件要求的,不得使用。

g. 在安全风险大的地质条件下施工或风险大的工程项目施工中,如围岩复杂、塌方、岩爆、涌水、瓦斯、围岩破碎、地下水渗漏以及仰拱基础开挖等,承包人应对此制订专项施工技术方案,并经专家评审后实施。要制定专项应急预案及预控措施,并进行演练,以便出现险情时能及时防止和排除。

h. 承包人或其派出的施工人员应具有在紧急情况下,提出应急措施和组织抢险的能力,以备施工过程中,遇有特殊情况时能得到及时正确的处理。

i. 承包人对安全与工程防护,有责任和义务贯彻始终,一直到工程完工经监理人确认交验为止。

④ 施工过程中,当围岩地质条件发生变化时,应报请监理人审定。若施工技术需作相应变更时,应报请监理人批准。对于Ⅰ~Ⅵ级围岩级别的划分,应符合《公路隧道设计细则》(JTG/T D70—2010)的规定。

监理人对围岩变化认可后,承包人根据实际情况调整施工组织,以保证工程进度与质量。

⑤ 监控设施(如烟雾浓度检测仪、CO 检测仪、电视监控设施、信息板及信号标志等)、供配电设施、照明设施、通风设施、消防与救援设施、通信设施等的设置和安装所需的预留、预埋构件必须按图纸要求和监理人的指示正确设置,预留、预埋构件不得遗漏,并切实加以保护,不得受到毁损。

⑥ 承包人应建立自检体系,工程的每道工序都必须进行自检后,方可通知监理人检查。前道工序未经监理人检查批准,不得进行下一道工序的施工。

⑦ 施工中除应符合图纸及本规范的要求外,还应遵守《公路隧道施工技术规范》(JTG F60—2009)、《公路隧道施工技术细则》(JTG/T F60—2009)及《公路工程施工安全技术规范》(JTG F90—2015)的有关规定。

4) 准备工作

包括施工测量,施工场地的准备和布置,交验前的准备,环境保护。

5) 质量检验

① 隧道总体基本要求：

a. 隧道衬砌内轮廓及所有运营设施均不得侵入建筑限界。

b. 洞口设置应满足设计要求。

c. 洞内外的排水系统设置应满足设计要求。

d. 高速公路、一级公路和二级公路隧道拱部、边墙、路面、设备箱洞应不掺水，有冻害地段的隧道衬砌背后不积水、排水沟不冻结，车行横通道、人行横通道等服务通道拱部不滴水，边墙不淌水。

e. 三级、四级公路隧道拱部、边墙应不滴水，设备箱洞不渗水，路面不积水，有冻害地段的隧道衬砌背后不积水、排水沟不冻结。

② 隧道总体检查项目见表8-7。

表8-7 隧道总体检查项目

项次	检查项目	规定值或允许偏差	检查方法和频率
1	行车道宽度/mm	±10	尺量或按JTG F80/1—2017附录Q检查：曲线每20 m、直线每40 m检查1个断面
2	内轮廓宽度	不小于设计值	
3	内轮廓高度	不小于设计值	激光测距仪或按JTG F80/1—2017附录Q检查：曲线每20 m、直线每40 m检查1个断面，每个断面测拱顶和两侧拱腰共3点
4	隧道偏位	20	全站仪：曲线每20 m、直线每40 m测1处
5	边坡或仰坡坡度	不大于设计值	尺量：每洞口检查10处

③ 隧道总体外观质量：

a. 洞口边、仰坡应无落石。

b. 排水系统应不淤积、不堵塞。

(2) 洞口与明洞工程(其他节略)

1) 范围

洞口与明洞工程工作内容包括洞口石方开挖、排水系统、洞门、明洞、坡面防护、挡墙及洞口的辅助工程等的施工及其他有关作业。

2) 一般规定

① 洞口与明洞工程应按照隧道施工组织设计的顺序安排，按图纸要求先施工完成，以减少干扰，并保证安全，为加速隧道施工创造条件。

② 隧道洞口附近其他构造物的施工安排，应考虑到隧道施工场地布置及适应弃渣、运输的需要，相邻工程的部署，亦应妥善安排。

③ 洞口工程特别是排水、坡面防护等工程在隧道施工过程中直至完工交验之前，应经常进行养护维修，费用由承包人自理。

④ 洞口施工时，如地质情况有变化或其他原因须变更设计或施工方案时，承包人应报请监理人批准或按监理人指示办理。

⑤ 洞口施工宜避开降雨期和融雪期，在寒冷地区施工，应按冬期施工的有关规定办理。

⑥ 隧道洞口可能出现地层滑坡时，承包人应根据地层的具体情况，采取相应的预防措施。因施工方法不当造成坍塌，一切增加的工程费用由承包人负责。

⑦ 洞口仰坡上方洞身范围严禁修建施工用水池。

3）施工要求

① 洞口土石方　按照图纸的要求，在洞口施工放样的线位上进行边坡、仰坡自上而下地开挖；不得采用大爆破，尽量减少对原地层的扰动。所有土石方的开挖应按规范有关规定办理。

② 排水工程　洞外排水工程包括边坡和仰坡外的截水沟、排水沟和洞口排水沟、涵管组成的排水系统，所有开挖与铺砌除按图纸施工外，还应符合规范关于砌石工程的规定。

③ 坡面防护　边坡、仰坡开挖面的防护措施，应按图纸进行，并主动制订工程措施报请监理人批准后及时实施。如情况有变化或图纸未作规定时，应按监理人的指示办理。

④ 洞门　洞门应及早修筑，并尽可能安排在冬季或雨季前施工；所有建筑材料和施工要求，均应按照图纸及规范的有关规定进行。

⑤ 明洞：

a. 明洞地段土石方的开挖　承包人应根据地形、地质条件、边坡及仰坡的稳定程度和图纸要求，提出施工方法、施工步骤、作业时间及防护措施，报监理人审查批准。明洞的开挖可采用全部明挖法或拱上明挖拱下暗挖法。明洞开挖后应立即进行边坡防护。在松软地层开挖边坡、仰坡时，宜随挖随支护。明洞开挖的弃方，应堆置于经监理人批准的指定地点。

b. 边墙基础　明洞边墙基础应设置在符合图纸要求且稳固的地基上，基坑清除干净，经监理人检验合格后，方可进行下一道工序。偏压和单压明洞的外边墙基底，垂直路线方向宜挖成向内的斜坡，以提高基底的抗滑力，如基底松软，应采取措施增加基底承载力。深基础开挖，应注意核查地质条件，如挖至设计高程，不符合图纸要求时，应提出变更设计报监理人审批。

c. 明洞的衬砌　拱圈按图纸要求制作并应设有防止渗漏浆和走模的施工措施；拱圈混凝土浇筑应连续进行，并应采取防雨措施；起拱线以下暗挖时，应在拱圈混凝土达到设计强度后进行，并有保证拱圈安全和稳定的措施；沉降缝及施工缝的设置与施工，按图纸要求或监理人的指示办理。混凝土浇筑及养护、钢筋的加工及绑扎等按规范有关规定办理。

d. 明洞与暗洞衔接　明洞施工一般采用先墙后拱法，边坡松软易坍塌及明暗洞衔接时采用先拱后墙法，明洞与暗洞拱圈应连接良好。

e. 防水　拱圈混凝土达到设计强度的50%后，拱圈背部以砂浆涂抹平整。设置防水层时在拱背涂上一层热沥青后，从下向上敷设卷材防水层。先三油二毡后，再涂抹厚 20 mm 的水泥砂浆。墙背防水板与无纺土工织物应叠合在一起，整体铺挂。拱背按图纸要求选用的黏土层夯实，封闭严密。止水带按相关规范规定施工。

f. 回填及拱架拆除　拱圈混凝土达到设计强度、拱墙背防水设施完成后，方可回填拱背土方。人工填筑时，拱顶中心回填高度达到 0.7 m 以上方可拆除拱架；机械施工回填时，则应在回填土石全部完成后方可拆除拱架。

g. 仰拱　当设置仰拱时，应按本章有关规定进行施工。

h. 遮光棚　遮光棚或遮光板应采用钢筋混凝土构件，可以就地浇筑，也可以预制安装所用材料及施工要求，均应符合图纸要求和规范有关规定。

4）质量检验

① 明洞浇筑：

a. 基本要求　基础的地基承载力应满足设计要求并符合施工技术规范规定，严禁超挖后回填虚土；钢筋的加工及安装应满足设计要求；明洞与暗洞连接应满足设计要求；明洞与暗洞之间的沉降缝应满足设计要求。

b. 检查项目　明洞浇筑检查项目见表8-8。

表8-8　明洞浇筑检查项目

项　次	检查项目	规定值或允许偏差	检查方法和频率
1	混凝土强度/MPa	在合格标准内	按JTG F80/1—2017附录D检查
2	混凝土厚度/mm	不小于设计值	尺量或按JTG F80/1—2017附录R检查：每10 m检查1个断面，每个断面测拱顶、两侧拱腰和两侧边墙共5点
3	墙面平整度/mm	施工缝、变形缝处20，其他部位5	2 m直尺：每10 m每侧连续检查2尺，测最大间隙

c. 外观质量　蜂窝麻面面积不得超过该面总面积的0.5%，深度不得超过10 mm；隧道衬砌钢筋混凝土结构裂缝宽度不得超过0.2 mm。

② 明洞防水层：

a. 基本要求　防水层施工前，明洞混凝土外部应平整圆顺，不得有钢筋露出和其他尖锐物。

b. 检查项目　明洞防水层检查项目见表8-9。

表8-9　明洞防水层检查项目

<table>
<tr><th>项　次</th><th colspan="2">检查项目</th><th>规定值或允许偏差</th><th>检查方法和频率</th></tr>
<tr><td>1</td><td colspan="2">搭接长度/mm</td><td>≥100</td><td>尺量：每环搭接测3点</td></tr>
<tr><td>2</td><td colspan="2">卷材向隧道暗洞延伸长度/mm</td><td>≥500</td><td>尺量：测3点</td></tr>
<tr><td>3</td><td colspan="2">卷材向基底的横向延伸长度/mm</td><td>≥500</td><td>尺量：测3点</td></tr>
<tr><td rowspan="2">4</td><td rowspan="2">缝宽/mm</td><td>焊接</td><td>焊缝宽≥10</td><td rowspan="2">尺量：每衬砌台车抽查1环，每环搭接测5点</td></tr>
<tr><td>粘接</td><td>焊缝宽≥50</td></tr>
<tr><td>5</td><td colspan="2">焊缝密实性</td><td>满足设计要求</td><td>按JTG F80/1—2017附录S检查：每10 m检查1处焊缝</td></tr>
</table>

c. 外观质量防水材料应无破损、无折皱；焊接应无脱焊、漏焊、假焊、焊焦、焊穿，粘接应无脱粘、漏粘。

③ 明洞回填：

a. 基本要求　人工回填时拱圈混凝土强度应不低于设计强度的75%；机械回填应在拱圈混凝土强度达到设计强度且拱圈外人工夯填厚度不小于1.0 m后进行；墙背回填应两侧同时进行；明洞黏土隔水层应与边坡、仰坡搭接良好，封闭紧密。

b. 检查项目　明洞回填检查项目见表 8-10。

表 8-10　明洞回填检查项目

项　次	检查项目	规定值或允许偏差	检查方法和频率
1	回填压实	符合设计要求	尺量:厚度及碾压遍数
2	每层回填层厚/mm	≤300	尺量:每层每侧测 5 点
3	两侧回填高差/mm	≤500	水准仪:每层短侧测 3 处
4	坡度	满足设计要求	尺量:检查 3 处
5	回填厚度/mm	不小于设计值	水准仪:拱顶测 5 处

c. 外观质量　回填坡面应不积水。

6. 安全设施及预埋管线

安全设施及预埋管线包括:通则,护栏,隔离栅和防落网,道路交通标志,道路交通标线,防眩设施,通信和电力管道与预埋(预留)基础,收费设施及地下通道,共 8 节。

7. 绿化及环境保护设施

绿化及环境保护设施包括:通则,铺设表土,撒播草种和铺植草皮,种植乔木、灌木和攀缘植物,植物养护与管理,声屏障,环境保护,共 7 节。

8.1.4 《公路工程标准施工招标文件》第四卷

第四卷为投标文件格式。投标文件包括:调价函格式(如有)、投标函及投标函附录、法定代表人身份证明及授权委托书、联合体协议书、投标保证金、已标价工程量清单、施工组织设计、项目管理机构、拟分包项目情况表、资格审查资料(适用于已进行资格预审的)、资格审查资料(适用于未进行资格预审的)、承诺函和其他材料等内容。

1. 投标函及投标函附录

必须按《公路工程标准施工招标文件》的格式编制。

8-20　投标函及投标函附录

2. 法定代表人身份证明及授权委托书

① 法定代表人身份证明。法定代表人身份证明中的签字必须是法定代表人亲笔签名,不得使用印章、签名章或其他电子制版签名。必须按《公路工程标准施工招标文件》的格式编制。

② 授权委托书。法定代表人和委托代理人必须在授权委托书上亲笔签名,不得使用印章、签名章或其他电子制版签名;在授权委托书后应附有公证机关出具的加盖钢印、单位章并盖有公证员签名章的公证书,钢印应清晰可辨,同时公证内容完全满足招标文件规定;公证书出具的日期与授权书出具的日期同日或在其之后;以联合体形式投标的,本授权委托书应由联合体牵头人的法定代表人按上述规定签署并公证。必须按《公路工程标准施工招标文件》的格式编制。

8-21　授权委托书或法定代表人身份证明

3. 联合体协议书

联合体协议书格式适用于未进行资格预审的情况。如果采用资格预审,投标人应在此提供资格预审申请文件中所附的联合体协议书复印件。联合体协议书必须按《公路工程标准施工招标文件》的格式编制。

8-22 联合体协议书

4. 投标保证金

投标保证金必须按《公路工程标准施工招标文件》的格式编制。

5. 施工组织设计

(1) 编制要点

投标人应按以下要点编制施工组织设计(文字宜精炼、内容具有针对性,总体控制在30 000字以内):

8-23 投标保证金

① 总体施工组织布置及规划。

② 主要工程项目的施工方案、方法与技术措施(尤其对重点、关键和难点工程的施工方案、方法及其措施)。

③ 工期的保证体系及保证措施。

④ 工程质量管理体系及保证措施。

⑤ 安全生产管理体系及保证措施。

⑥ 环境保护、水土保持保证体系及保证措施。

⑦ 文明施工、文物保护保证体系及保证措施。

⑧ 项目风险预测与防范,事故应急预案。

⑨ 其他应说明的事项。

(2) 施工组织设计除采用文字表述外可附下列图表

8-24 施工组织设计图表

附表一 施工总体计划表

附表二 分项工程进度率计划(斜率图)

附表三 工程管理曲线

附表四 分项工程生产率和施工周期表

附表五 施工总平面图

附表六 劳动力计划表

附表七 临时用地计划表

附表八 外供电力需求计划表

其他内容详见《公路工程标准施工招标文件》。

8.2 公路工程工程量清单的编制

8.2.1 工程量清单与计价

1. 工程量清单

(1) 工程量清单的含义

工程量清单是根据招标文件中包括的、有合同约束力的图纸及有关工程量清单的国家标准、行业标准、合同条款中约定的工程量计算规则编制。约定计量规则中没有的子目,其工程量按照有合同约束力的图纸所标示尺寸的理论净量计算。计量采用中华人民共和国法定计量单位。

(2) 工程量清单编制的一般规定

① 工程量清单应由具有编制招标文件能力的招标人,或受其委托具有相应资质的中介机构进行编制。

② 工程量清单应作为招标文件的组成部分。

③ 工程量清单中所列工程数量是估算的或设计的预计数量,仅作为投标报价的共同基础,不能作为最终结算与支付的依据。

④ 当图纸与工程量清单所列数量不一致时,以工程量清单所列数量作为报价的依据。实际支付应按实际完成的工程量,由承包人按技术规范规定计算,并经监理人确认。

⑤ 工程量清单中所列工程量的变动,丝毫不会降低或影响合同条款的效力,也不免除承包人按规定的标准进行施工和修复缺陷的责任。

2. 工程量清单计价

(1) 工程量清单计价的含义

工程量清单计价主要包括招标控制价和投标价。公路工程招标控制价,在《公路工程标准施工招标文件》中也称为投标控制价,是指招标人根据国家或省级行业建设主管部门颁发的有关计价依据和办法,按设计施工图纸计算的,对招标工程限定的最高工程造价。投标价是指投标人投标时依据招标人提供的工程量清单报出的工程合同价。

工程量清单计价模式与市场经济相适应,具有深远的意义:有利于降低工程造价,节约投资;增加招标投标的透明度,实现公平、公开、公正原则;促进施工企业提高自身实力,采用新技术、新工艺、新材料,努力降低成本,增加利润。因此,工程量清单计价模式是市场经济下被广泛采用的计价模式。

(2) 工程量清单计价的工作范围

实行工程量清单计价招标投标的建设工程,其招标控制价、投标报价的编制,合同价款的确定与调整,工程结算与索赔等应按《公路工程工程量清单计量规则》规定执行。

(3) 工程量清单计价的一般规定

① 工程量清单中的每一子目须填入单价或价格,且只允许有一个报价。

② 除非合同另有规定,工程量清单中有标价的单价和总额价均已包括了为实施和完成合同工程所需的劳务、材料、机械、质检(自检)、安装、缺陷修复、管理、保险、税费、利润等费用,以及合同明示或暗示的所有责任、义务和一般风险。

③ 工程量清单中投标人没有填入单价或价格的子目,其费用视为已分摊在工程量清单中其他相关子目的单价或价格之中。承包人必须按监理人指令完成工程量清单中未填入单价或价格的子目,但不能得到结算与支付。

④ 符合合同条款规定的全部费用应认为已被计入有标价的工程量清单所列各子目之中,未列子目不予计量的工作,其费用应视为已分摊在本合同工程的有关子目的单价或总额价之中。

⑤ 承包人用于本合同工程的各类装备的提供、运输、维护、拆卸、拼装等支付的费用,已包括在工程量清单的单价与总额价之中。

⑥ 工程量清单中各项金额均以人民币(元)结算。

3. 工程量清单编制说明

(1) 项目号的编写分别按项、目、节、细目表达,根据实际情况可按厚度、标号、规格等增列细目或子细目,与工程量清单细目号对应方式示例如下:

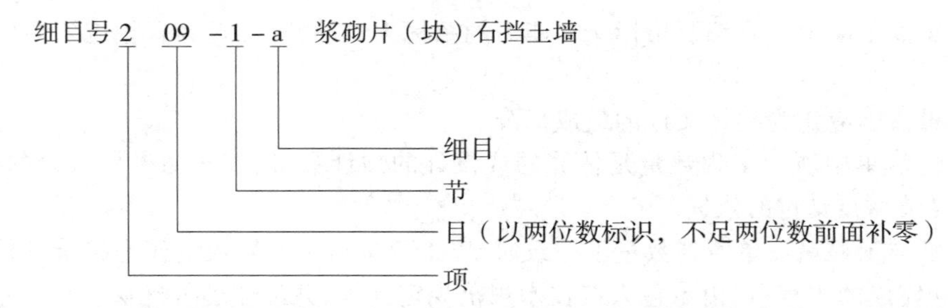

项目名称以工程和费用名称命名,如有缺项,招标人可按《公路工程工程量清单计量规则》的原则进行补充,并报工程造价管理部门核备。

计量单位采用基本单位,除各章另有规定外,均按以下单位计量:

以体积计算的项目——m^3;

以面积计算的项目——m^2;

以质量计算的项目——t、kg;

以长度计算的项目——m;

以自然体计算的项目——个、棵、根、台、套、块……

没有具体数量的项目——总额。

工程量计量规则是对清单项目工程量的计算规定,除另有说明外,清单项目工程量均按设计图以工程实体的净值计算;材料及半成品采备和损耗、场内二次转运、常规检测、试验等均包括在相应工程项目中,不另行计算。

工程内容是为完成该项目的主要工作,凡工程内容中未列的其他工作,为该项目的附属工作,应参照各项目对应的招标文件范本技术规范章节的规定或设计图纸综合考虑在报价中。施工现场交通组织、维护费,应综合考虑在各项目内,不另行计量。

为满足项目管理成本核算的需要,对于第四章桥梁、涵洞工程,第五章隧道工程,应按特大桥、大桥、中小桥、分离式立交桥和隧道单洞、连洞分类使用本规则的计量项目。在具体使用过程中,可根据实际情况,补充个别项目的技术规范内容与工程量清单配套使用。

保险费分为工程一切险和第三方责任险。工程一切险是为永久工程、临时工程和设备及已运至施工工地用于永久工程的材料和设备所投的保险。第三方责任险是对因实施本合同工程而造成的财产（本工程除外）的损失和损害或人员(业主和承包人雇员除外)的死亡或伤残所负责任进行的保险。保险费率按议定保险合同费率办理。

竣工文件编制费是承包人对承建工程 ,在竣工后按交通部发布的《公路工程竣工验收办法》的要求 ,编制竣工图表、资料所需的费用。施工环保费是承包人在施工过程中采取预防和消除环境污染措施所需的费用。临时道路（ 包括便道、便桥、便涵、码头 ）是承包人为实施与完成工程建设所必须修建的设施 ,包括工程竣工后的拆除与恢复。临时用地费是承包人为完成工程建设 ,临时占用土地的租用费。工程完工后承包人应自费负责恢复到原来的状况 ,不另行计量。临时供电设施、电信设施费是承包人为完成工程建设所需要的临时电力、电信设施的架设与拆除的费用 ,不包括使用费。承包人的驻地建设费是指承包人为工程建设必须临时修建的承包人住房、办公房、加工车间、仓库、试验室和必要的供水、卫生、消防设施所需的费用 ,其中包括拆除与恢复到原来的自然状况的费用。

（2）路基工程

路基工程包括：清理与挖除、路基挖方、路基填方、特殊地区路基处理、排水设施、边坡防护、挡土墙、挂网坡面防护、预应力锚索及锚固板、抗滑桩、河床及护坡铺砌工程。用≥165 kW（220 匹马力）推土机单齿松土器无法勾动，须用爆破、钢楔或气钻方法开挖，且体积≥1 m^3 的孤石为石方。土石方体积用平均断面积法计算。但与似棱体公式计算方式计算结果比较，如果误差超过 5% 时，采用似棱体公式计算。路基挖方以批准的路基设计图纸所示界限为限，均以开挖天然密实体积计量。其中包括边沟、排水沟、截水沟、改河、改渠、改路的开挖。挖方作业应保持边坡稳定，应做到开挖与防护同步施工，如因施工方法不当，排水不良或开挖后未按设计及时进行防护而造成的塌方，则塌方的清除和回填由承包人负责。借土挖方按天然密实体积计量，借土场或取土坑中非适用材料的挖除、弃运及场地清理、地貌恢复、施工便道便桥的修建与养护、临时排水与防护作为借土挖方的附属工程，不另行计量。

路基填料中石料含量≥70%时，按填石路堤计量；<70%时，按填土路堤计量。路基填方以批准的路基设计图纸所示界限为限，按压实后路床顶面设计高程计算。应扣除跨径>5 m 的通道、涵洞空间体积，跨径>5 m 的桥则按桥长的空间体积扣除。为保证压实度两侧加宽超填的增加体积，零填零挖的翻松压实，均不另行计量。

桥涵台背回填只计按设计图纸或工程师指示进行的桥涵台背特殊处理的数量。但在路基土石方填筑计量中应扣除涵洞、通道台背及桥梁桥长范围外台背特殊处理的数量。回填土指零挖以下或填方路基（扣除 10~30 cm 清表）路段挖除非适用材料后好土的回填。填方按压实的体积以 m^3 计量，包括挖台阶、摊平、压实、整型，其开挖作业在挖方中计量。本章项目未明确指出的工程内容如：养护，场地清理，脚手架的搭拆，模板的安装、拆除，以及场地运输等均包含在相应的工程项目中，不另行计量。排水、防护、支挡工程的钢筋、锚杆、锚索除锈、制作安装、运输及锚具、锚垫板、注浆管、封锚、护套、支架等，包括在相应的工程项目中，不另行计量。取弃土场的防护、排水及绿化在本章的相应工程项目中计量。

（3）路面工程

路面工程包括垫层、底基层、基层、沥青混凝土面层、水泥混凝土面层、其他面层、透层、黏层、封层、路面排水、路面其他工程。水泥混凝土路面模板制作安装及缩缝、胀缝的填灌缝材料、高密度橡胶板，均包含在浇筑不同厚度水泥混凝土面层的工程项目中，不另行计量。

水泥混凝土路面养生用的养护剂、覆盖的麻袋、养护器材等，均包含在浇筑不同厚度水泥混凝土面层的工程项目中，不另行计量。水泥混凝土路面的钢筋包括传力杆、拉杆、补强角隅钢筋及结构受力连续钢筋、支架钢筋。沥青混凝土路面和水泥混凝土路面所需的外掺剂不另行计量。沥青混合料、水泥混凝土和（底）基层混合料拌和场站、贮料场的建设、拆除、恢复均包括在相应工程项目中，不另行计量。钢筋的除锈、制作安装、成品运输，均包含在相应工程的项目中，不另行计量。

（4）桥梁涵洞工程

桥梁涵洞工程包括：桥梁荷载试验、补充地质勘探、钢筋、挖基、混凝土灌注桩、钢筋混凝土沉桩、钢筋混凝土沉井、扩大基础。现浇混凝土下部构造，混凝土上部构造。预应力钢材，现浇预应力上部构造，预制预应力混凝土上部构造，斜拉桥上部构造，钢架拱上部构造。浆砌片（块）石及混凝土预制块、桥面铺装、桥梁支座、伸缩缝装置、涵洞工程。

本章所列基础、下部结构、上部结构混凝土的钢筋,包括钢筋及钢筋骨架用的铁丝、钢板、套筒、焊接、钢筋垫块或其他固定钢筋的材料以及钢筋除锈、制作安装、成品运输,作为钢筋工程的附属工作,不另行计量。附属结构、圆管涵、倒虹吸管、盖板涵、拱涵、通道的钢筋,均包含在各项目内,不另行计量。附属结构包括缘石、人行道、防撞墙、栏杆、护栏、桥头搭板、枕梁、抗震挡块、支座垫块等构造物。预应力钢材、斜拉索的除锈制作、安装运输及锚具、锚垫板、定位筋、连接件、封锚、护套、支架、附属装置和所有预埋件,包括在相应的工程项目中,不另行计量。

桥梁涵洞工程项目涉及的养护、场地清理、吊装设备、拱盔、支架、工作平台、脚手架的搭设及拆除、模板的安装及拆除,均包括在相应工程项目内,不另行计量。混凝土拌和场站、构件预制场、贮料场的建设、拆除、恢复,安装架设设备摊销、预应力张拉台座的设置及拆除均包括在相应工程项目中,不另行计量。材料的计量尺寸为设计净尺寸。桥梁支座,包括固定支座、圆型板式支座、球冠圆板式支座,以体积 dm^3 计量,盆式支座按套计量。设计图纸标明的及由于地基出现溶洞等情况而进行的桥涵基底处理计量规则见第二章路基工程中特殊路基处理。

(5) 隧道工程

隧道工程包括:洞口与明洞工程、洞身开挖、洞身衬砌、防水与排水、洞内防火涂料和装饰工程、监控量测、地质预报等。场地布置,核对图纸、补充调查、编制施工组织设计,试验检测、施工测量、环境保护、安全措施、施工防排水、围岩类别划分及监控、通信、照明、通风、消防等设备、设施预埋构件设置与保护,所有准备工作和施工中应采取的措施均为各节、各细目工程的附属工作,不另行计量。

风水电作业及通风、照明、防尘为不可缺少的附属设施和作业,均应包括在隧道工程各节有关工程细目中,不另行计量。隧道名牌、模板装拆、钢筋除锈、拱盔、支架、脚手架搭拆、养护清场等工作均为各细目的附属工作,不另行计量。连接钢板、螺栓、螺帽、拉杆、垫圈等作为钢支护的附属构件,不另行计量。混凝土拌和场站、贮料场的建设、拆除、恢复均包括在相应工程项目中,不另行计量。洞身开挖包括主洞、竖井、斜井。洞外路面、洞外消防系统土石开挖、外弃渣防护等计量规则见有关章节。材料的计量尺寸为设计净尺寸。

(6) 安全设施及预埋管线工程

安全设施及预埋管线工程包括护栏、隔离设施、道路交通标志、道路诱导设施、防眩设施、通信管道及电力管道、预埋(预留)基础、收费设施和地下通道工程。护栏的地基填筑、垫层材料、砌筑砂浆、嵌缝材料、油漆及混凝土中的钢筋、钢缆索护栏的封头混凝土等均不另行计量。隔离设施工程所需的清场、挖根、土地平整和设置地线等工程均为安装工程的附属工作,不另行计量。交通标志工程所有支承结构、底座、硬件和为完成组装而需要的附件,均不另行计量。道路诱导设施中路面标线玻璃珠包含在涂敷面积内,附着式轮廓标的后底座、支架连接件,均不另行计量。

防眩设施所需的预埋件、连接件、立柱基础混凝土及钢构件的焊接,均作为附属工作,不另行计量。管线预埋工程的挖基及回填、压实及接地系统、所有封缝料和牵引线皮拉棒检验等作为相关工程的附属工作,不另行计量。收费设施及地下通道工程的挖基、挖槽及回填、压实等作为相关工程的附属工作,不另行计量;收费设施的预埋件为各相关工程项目的附属工作,不另行计量。凡未列入计量项目的零星工程,均含在相关工程项目内,不另行计量。

(7) 绿化及环境保护工程

绿化及环境保护工程包括:撒播草种和铺植草皮,人工种乔木、灌木、声屏障工程。绿化及环境保护工程中的绿化工程为植树及中央分隔带及互通立交范围内和服务区、管养工区、收费站、停车场的绿化种植区。除按图纸施工的永久性环境保护工程外,其他采取的环境保护措施已包含在相应的工程项目中,不另行计量。由于承包人的过失、疏忽或者未及时按设计图纸做好永久性的环境保护工程,导致需要另外采取环境保护措施,这部分额外增加的费用应由承包人负担。在公路施工及缺陷责任期间,绿化工程的管理与养护以及任何缺陷的修正与弥补,是承包人完成绿化工程的附属工作,均由承包人负责,不另行计量。

(8) 房建工程

房建工程包括建筑基坑、地基与地下防水、混凝土、砖砌体、门窗、地面与楼面、屋面钢结构、抹灰、勾缝、室外及附属设施、暖卫及给水排水、电气、收费设施工程。房建工程涉及的总则、清理场地与拆除、土石方开挖、土石方填筑、收费设施、地下通道等计量规则见有关规定。房建工程所列工程细目,涉及正负零以上支架搭设及拆除、模板安装及拆除、垂直起吊材料构件、预埋铁件的除锈、制作安装均包括在相应的工程项目中,不另行计量。房建工程所列工程项目涉及的养护工作,包括在相应的工程项目中 ,不另行计量。

(9) 工程量清单说明

工程量清单应与投标人须知、合同条款、计量规则、技术规范及图纸等文件结合起来查阅与理解。工程量清单中所列工程数量是估算的或设计的预计数量,仅作为技标的共同基础,不能作为最终结算与支付的依据。实际支付应按实际完成的工程量,由承包人按计量规则、技术规范规定的计量方法,以监理人认可的尺寸、断面计量,按工程量清单的单价和总额价计算支付金额;或者根据具体情况,按合同条款第 52 条的规定,由监理人确定的单价或总额价计算支付额。

除非合同另有规定,工程量清单中有标价的单价和总额价均已包括了为实施和完成合同工程所需的劳务、材料、机械、质检(自检)、安装、缺陷修复、管理、保险(工程一切险和第三方责任险除外)、税费、利润等费用,以及合同明示或暗示的所有责任、义务和一般风险。工程一切险的投保金额为《公路工程工程量清单计量规则》中第 100 章(不含工程一切险及第三方责任险的保险费)至第 800 章的合计金额 ,保险费率为______‰ ;第三方责任险的投保金额为________元,保险费率为________‰。工程量清单第 100 章内列有上述保险费的支付细目,投标人根据上述保险费率计算出保险费,填入工程量清单。除上述工程一切险及第三方责任险以外,所投其他保险的保险费均由承包人承担并支付,不在报价中单列。

工程量清单中合同工程的每一个细目,都需填入单价;对于没有填入单价或总额价的细目,其费用应视为已包括在工程量的其他单价或总额价中,承包人必须按监理人指令完成工程量清单中未填入单价或总额价的工程细目,但不能得到结算与支付。符合合同条款规定的全部费用应认可已被计入有标价的工程量清单所列细目之中,未列细目不予计量的工作,其费用应视为已分摊在本合同工程的相关细目的单价或总额价之中。《公路工程工程量清单计量规则》中各章的工程细目的范围与计量等应与计量规则、技术规范相应章节的范围、计量与支付条款结合起来理解或解释。

对作业和材料的一般说明或规定,未重复写入工程量清单内,在给工程量清单各细目标价前,应参阅招标文件中计量规则、技术规范的有关部分。对于符合要求的投标文件,在签订合同协议书前,如发现工程量清单中有计算方面的算术性差错,应按投标人须知的规定予以修正。工程量清单中所列工程量的变动,丝毫不会降低或影响合同条款的效力,也不免除承包人按规定的标准进行施工和修复缺陷的责任。承包人用于本合同工程的各类装备的提供运输、维护、拆卸、拼装等支付的费用,已包括在工程量清单的单价与总额价之中。工程量清单中标明的暂定金额,除合同另有规定外,应由监理人按合同条款第52条和第58条的规定,结合工程具体情况,报经业主批准后指令全部或部分地使用,或者根本不予动用。

计量方法:用于支付已完工程的计量方法,应符合计量规则、技术规范中相应章节的"计量与支付"条款的规定;图纸中所列的工程数量表及数量汇总表仅是提供资料,不是工程量清单的外延。当图纸与工程量清单所列数量不一致时,以工程量清单所列数量作为报价的依据。工程量清单中各项金额均以人民币(元)结算。

8.2.2 工程量清单计价编制方法

1. 综合单价

综合单价是指完成工程量清单中一个规定计量单位项目所需的直接费、间接费、利润和税金。其中,直接费包括直接工程费和其他工程费,间接费包括规费和企业管理费。直接工程费包括人工费、材料费和施工机械使用费。

人工费=∑(分项工程数量×定额人工消耗量×人工单价)

材料费=∑[分项工程数量×∑(定额材料用量×材料预算单价+其他材料费+设备摊销费)]

施工机械使用费=∑(分项工程数量×相应项目定额单位机械台班消耗量×机械台班单价)+小型机具使用费

其他工程费=直接工程费×其他工程费综合费率

规费=各类工程人工费×规费综合费率

企业管理费=直接费×企业管理费综合费率

利润=(直接费+间接费-规费)×利润率

税金=(直接费+间接费+利润)×综合税率(纳税地点在市区的企业,综合税率为3.41;纳税地点在县城、乡镇的企业,综合税率为3.35;纳税地点不在市区、县城、乡镇,综合税率为3.22)

2. 土石方工程工程量清单编制与示例

(1)土石方工程工程量清单项目设置及工程量计算规则(表8-11)

表8-11 工程量清单计量规则

项	目	节	细目	项目名称	计量单位	工程量计量规则	工程内容
二				路基			第200章
	2			场地清理			第202节
		1		清理与挖掘			

续表

项	目	节	细目	项目名称	计量单位	工程量计量规则	工程内容
			a	清理现场	m^2	依据图纸所示位置及范围(路基范围以外临时工程用地清场等除外),按路基开挖线或填筑边线之间的水平投影面积以 m^2 为单位计量	1. 灌木、竹林、胸径小于 10 cm 树木的砍伐及挖根; 2. 清除场地表面 0~30 cm 范围内的垃圾、废料、表土(腐殖土)、石头、草皮; 3. 与清理现场有关的一切挖方、坑穴的回填、整平、压实: 4. 适用材料的装卸、移运、堆放及非适用材料的移运处理; 5. 现场清理
			b	砍伐树木	棵	依据图纸所示路基范围内胸径 10 cm 以上(含 10 cm)的树木,按实际砍伐数量以棵为单位计量	1. 砍伐; 2. 截锯; 3. 装卸、移运至指定地点堆放; 4. 现场清理
		2		挖除旧路面	m^2	依据图纸所示位置,挖除路基范围内原有的旧路面,按不同的路面结构类型以 m^3 为单位计量	1. 挖除; 2. 装卸、移运处理; 3. 场地清理、平整
		3		拆除结构物			
			a	钢筋混凝土结构	m^3	依据图纸所示位置,拆除路基范围内原有的钢筋混凝土结构,以 m^3 为单位计量	1. 挖除; 2. 装卸、移运处理; 3. 场地清理、平整
			b	混凝土结构			
			c	砖、石及其他砌体结构			
			d	金属结构	kg	1. 依据图纸所示位置,拆除路基范围内原有的金属结构,以 kg 为单位计量; 2. 金属回收按合同有关规定办理	1. 切割、挖除; 2. 装卸、移运、堆放; 3. 场地清理、平整
	3			挖方			第 203 节、第 206 节
		1		路基挖方			

续表

项	目	节	细目	项目名称	计量单位	工程量计量规则	工程内容
			a	挖土方	m^3	1. 依据图纸所示地面线、路基设计横断面图、路基土石比例,采用平均断面面积法计算,包括边沟、排水沟、截水沟的土方,按照天然密实体积以 m^3 为单位计量; 2. 路床顶面以下挖松深 300 mm 再压实作为挖土方的附属工作,不另行计量; 3. 取弃土场的绿化、防护工程、排水设施在相应章节内计量	1. 挖、装、运输、卸车; 2. 填料分理、弃土整型、压实; 3. 施工排水处理; 4. 边坡整修、路床顶面以下挖松深 300 mm 再压实、路床清理
			b	挖石方	m^3	1. 依据图纸所示地面线、路基设计横断面图、路基土石比例,按平均断面面积法计算,包括边沟、排水沟、截水沟的石方,按照天然体积以 m^3 为单位计量; 2. 弃土场绿化、防护工程、排水设施在相应章节内计量	1. 石方爆破; 2. 挖、装、运输、卸车; 3. 填料分理、弃土整型、压实; 4. 施工排水处理; 5. 边坡整修、路床顶面凿平或填平压实、路床清理
			c	挖除非适用材料(包括淤泥)	m^3	1. 依据图纸所示位置,挖除路基范围内非适用材料(不含淤泥、岩盐、冻土),以 m^3 为单位计量; 2. 弃土场绿化、防护工程、排水设施在相应章节内计量	1. 施工排水处理; 2. 挖除、装载、运输、卸车、堆放; 3. 现场清理运输
	4			填方路基			第 204 节
		1		路基填筑(包括填前压实)			

续表

项	目	节	细目	项目名称	计量单位	工程量计量规则	工程内容
			a	利用土方	m^3	1. 依据图纸所示地面线、路基设计横断面图,按平均断面面积法计算压实的体积,以 m^3 为单位计量; 2. 当填料中石料含量小于30%时,适用于本条; 3. 满足施工需要,预留路基宽度的填方量作为路基填筑的附属工作,不另行计量; 4.填前压实、地面下沉增加的填方量按填料来源参照本条计量	1. 基底翻松、压实、挖台阶; 2. 临时排水、翻晒; 3. 分层摊铺; 4. 洒水、压实、刷坡; 5. 整型
			b	利用石方	m^3	1. 依据图纸所示地面线、路基设计横断面图,按平均断面面积法计算压实的体积,以 m^3 为单位计量; 2. 当填料中石料含量大于70%时,适用于本条; 3. 地面下沉增加的填方量按填料来源参照本条计量	1. 基底翻松、压实,挖台阶; 2. 临时排水、翻晒; 3. 边坡码砌; 4. 分层摊铺; 5. 小石块(或石屑)填缝、找补; 6. 洒水、压实; 7. 整型

(2) 编制示例

例 8-1 某二级公路,1 km 道路土方工程中挖方(普通土)的工程量为 12 480 m^3,弃方(普通土)的工程量为 120 m^3(运距 50 m),该工程路槽底面宽度为 24 m,计算挖土方工程量清单综合单价。

解:(1) 施工方案

挖土方拟采用挖掘机挖装,10 t 以内的自卸汽车运输(综合运距 800 m),弃方的工程量不大,采用人工挖运土方。

(2) 计算挖土方工程量清单综合单价选用定额表,见表 8-12

表 8-12 定 额 表

施工方式	定额编号	预算定额细目名称	单位	数量	调整状态
挖掘机配合自卸汽车	1-1-9-8	挖掘机挖装普通土(2 m^3/斗)	1 000 m^3	12.48	
	1-1-11-13	10 t 内自卸汽车运土,第 1 个 1 km	1 000 m^3	12.48	
人工挖运土方	1-1-6-2	人工挖运普通土 50 m	1 000 m^3	0.12	+4×3
机械碾压路基	1-1-18-28	光轮压路机 12~15 t 碾压零填及挖方路基土方	1 000 m^2	24	
机械整修路拱	1-1-20-1	机械整修路拱	1 000 m^2	24	
整修边坡	1-1-20-3	整修边坡	1 km	1	

(3) 挖土方工程量清单综合单价计算,见表 8-13

表 8-13 挖土方工程量清单综合单价

工程名称			挖掘机挖装普通土(2 m^3/斗)	10 t 内自卸汽车运土 1 km	人工挖运普通土 50 m	光轮压路机 12~15 t 碾压零填及挖方路基土方	机械整修路拱	整修边坡
定额编号			1-1-9-8	1-1-11-13	1-1-6-2	1-1-18-28	1-1-20-1	1-1-20-3
单位			1 000 m^3	1 000 m^3	1 000 m^3	1 000 m^2	1 000 m^2	1 km
工程数量			12.48	12.48	0.12	24	24	1
直接费/元	直接工程费	人工费	3 430		1 727	1 466		20 562
		材料费						
		机械费	22 084	52 831		42 504	2 905	
	合计		25 514	52 831	1 727	43 970	2 905	20 562
	其他直接费		854	889	58	1 473	97	688
	合计		26 368	53 720	1 785	45 443	3 002	21 250
间接费/元			2 391	1 013	789	2 253	108	9 393
利润/元			1 912	3 831	129	3 296	218	1 540
税金/元			1 046	1 997	92	1 739	113	1 097
建筑安装工程费/元			31 717	60 561	2 795	52 731	3 441	33 280
合计/元			184 525					
综合单价/(元/ m^3)			184 525÷12 480=14.79					

8.2.3 编制工程量清单及清单计价的注意事项

1. 工程量清单的编制依据

① 招标文件规定的相关内容；

② 拟建工程设计施工图纸；

③ 施工现场的情况；

④《公路工程工程量清单计量规则》统一的工程量计算规则、分部分项工程的项目划分、计量单位等；

⑤ 相关国家规范、行业标准。

2. 编制工程量清单的注意事项

工程量清单的编制包括项目划分及工程量整理。在划分工程项目时，应注意：

① 工程细目的划分要科学；

② 要将开办项目作为独立的工程细目列出来；

③ 工程量清单中备有计日工清单；

④ 工程量清单的编号、项目、单位等应与技术规范中的计量支付规定统一。

工程量的整理要细致、准确。整理工程量的依据是设计图纸和技术规范。整理工程量的工作是一项技术工作，绝不是简单地罗列设计文件中的工程量。整理工程量时先要认真阅读技术规范中计量与支付方法，同一工程项目的计量方法不同，整理出来的工程量也不一样，设计文件中工程量所对应的计量方法与技术规范中的计量方法不一定一致。这就需要在整理工程量过程中进行技术处理。另外，在工程量的计算过程中，要做到不重不漏，更不能发生计算错误。

3. 工程量清单计价的编制依据

① 招标文件　招标文件中的工程量清单及技术规范为清单计价的主要编制依据；另外，对于招标期间招标人发出的修改书和标前会的问题解答，也是招标文件的一部分，同样是清单计价的依据。

② 概、预算定额　是国家各专业部委或各地区根据专业和地区的特点，对本专业或本地区的建筑安装工程按照合理的施工组织和一般正常的施工条件编制的专业或地区的统一定额，是一种具有法定性的指标。

③ 费用定额　公路基本建设工程费用定额是公路工程建设项目在编制工程造价中除人工、材料、机械消耗以外的其他费用需要量计算的标准，即工程造价计价依据除工程定额以外各项费用计算的主要内容。

④ 工、料、机价格　人工工资应按国家规定的计价依据和当地规定的有关工资标准计算；材料应按编制概、预算时材料预算价格调查的原则进行实地调查和计算；机械价格应按交通运输部颁布的《公路工程机械台班费用定额》确定。

⑤ 初步设计文件或施工图设计文件　经上级主管部门或有关方面审查批准的初步设计、施工图和概预算文件，也是清单计价的主要依据。招标控制价不能超过批准的投资额。

⑥ 施工方案　招标控制价和投标报价与施工方案密切相关，如临时工程的数量，路基、路面采用的施工机械，钻孔桩的钻机型号，架梁方案等。

4. 编制工程量清单计价的注意事项

① 核实清单工程量　工程量是清单计价的基础,由于各种原因,工程量清单中的工程数量有时会和图纸中的数量存在不一致的现象,因此,有必要进行复核。

② 重视施工组织设计　施工组织设计应遵循连续性原则、均衡性原则、协调性原则和经济性原则,高效率和低消耗是施工组织设计的宗旨。

③ 明确计价项目的组成　清单项目包括的工作内容往往是多个定额项目的综合,要注意结合定额的项目划分和施工组织设计,将项目列全,防止漏算,准确套用定额。

④ 掌握市场情报和信息　在激烈竞争的环境下,准确掌握市场情报和信息对招标控制价和投标报价的影响很大。

8.3 实　例

8.3.1 工程概况

某驾培汽训场地进行路基路面改造施工,总面积为 8 920 m^2。北半部绿地下有砖砌防空洞,面积约为 40 m×16 m,深约 3 m,现存有地下水,要求挖除防空洞并回填夯实。改造后路面结构为底基层采用石灰稳定土,厚度 32 cm;基层采用二灰稳定碎石,厚 20 cm;面层采用细粒式沥青混凝土,厚 4 cm。路基路面工程的质量标准为符合现行国家和行业二级公路有关工程施工验收规范和标准,质量合格。

驾培汽训场地中还需设置坡道定点停车与起步路段,质量符合图纸要求。

8.3.2 施工条件及施工方案

① 施工前首先要对场地的植草、闲置等区域进行清表,即将场地内的松散土壤和表层种植土清除(注:表层种植土、腐殖土不得作为场地填土施工或防空洞回填施工用土),汽训场地路面铺筑范围内既有的树木、灌木丛等均应在施工前进行移植或保护。

② 挖土至路床顶面(即路面结构底层面,场地路面顶面设计标高以下 56 cm 处),采用压路机对基底进行碾压,使压实度达到不小于 94% 的要求。

③ 地基施工验收合格后,方可进行路面部分施工。

④ 石灰稳定土层(32 cm)要求:石灰用量建议 12%。

⑤ 二灰稳定碎石层(20 cm)要求:粉煤灰 15%,石灰 5%。

⑥ 路面施工应符合《公路沥青路面施工技术规范》(JTG F40—2004)和《公路路面基层施工技术细则》(JTG/T F20—2015)的相关规定。

⑦ 路面的施工。石灰稳定土底基层、二灰稳定碎石基层采用稳定土拖拉机带铧犁拌和。沥青混凝土面层采用沥青混合料拌和设备拌和。

⑧ 防空洞的处理方案:施工前首先要对防空洞进行排水、清淤(要求排水速度适当,防止发生坍塌),检查合格后才可以进行下一步作业;从洞底开始用碎石(或鹅卵石)进行回填,碎石层厚度不小于 60 cm,用强夯的方法夯实至符合相关规定;路床顶面以下至碎石层顶面之间部分,由本汽训场地的可用建筑垃圾回填,经强夯压实,达到相关要求。

8.3.3 工程量清单计价

本项目的工程量清单计价表格主要包括：总预算表，人工、主要材料、施工机械台班数量汇总表，建筑安装工程费计算表，综合费率计算表，工程量清单，投标报价汇总表，工程量清单单价分析表，人工、材料、施工机械台班单价汇总表，分项工程预算表，施工机械台班单价计算表，工程项目单价构成表等。

8-25 工程量清单计价实例表格

第 9 章

信息技术在建设工程造价管理中的应用

学习重点：工程算量软件与计价软件的使用方法、操作要点和计算要求。

学习目标：通过本章的学习，了解工程算量软件与计价软件的特点、功能及 BIM 技术在建设工程造价管理中的应用，熟悉预算编制软件的使用方法，掌握其操作要点和计算要求。

9.1　建设工程算量软件的应用

工程量计算的速度和准确性对概预算的编制起着决定性的作用，一般来说工程量计算占手工编制预算工作量的 60%～70%。随着我国市场经济的发展，工程软件开发商对工程量计算进行了有益的探索研究，推出了表达式输入软件、草稿纸输入软件、三维图形算量软件等。将造价工程师们从原来繁杂的手工算量中解放出来，减轻了工作强度，提高了工作效率。

9.1.1　工程量计算方法

1. 表达式输入法

所谓的表达式输入法，就是根据概预算人员的习惯，把概预算人员在草稿纸上完成的计算公式置于计算机软件中。这样概预算人员只要输入工程的基本数据，计算机就可以自动完成工程量的计算，大大减轻了概预算人员的计算工作量和计算的出错率。但表达式输入法计算形体复杂的构件或分项工程时，由于表达式过长而难于存储，且运算速度下降；同时，表达式输入法将计算公式内置，表达式自身错误就很难发现，也无法校对。

2. 草稿纸输入法

草稿纸输入法相比表达式输入法最大的进步是将表达式由“内置”变成“外显”，模仿手工的计算过程，把工程量的计算步骤列在软件所提供的“草稿纸”上，并在每一步都可以加上注释，非常直观，且便于检查和校对。在此基础上，草稿纸输入法建立了关联子目工程量的相关关系，当其中某一子目的工程量发生变化时，其他相关的子目也能随之变化，进一步加快了概预算的算量速度。

3. 图形算量法

图形算量软件是以绘制工程简图的形式，在算量软件中输入建筑图、结构图，自动计算工程量，同时自动套用定额的相关子目，并能生成各种量报表。图形算量软件工作效率高、计算准确，能够极大程度地减轻手工计算的工作负担。此类软件有着强大的绘图功能，并在实用性、易用性方面有了进一步的优化。可以将定额子目和工程量直接导出到计价软件，极大地提高工作效率。

9.1.2 图形算量软件的特点与编制步骤

1. 图形算量软件的特点

① 图形算量软件支持正交、弧形、圆形、倾斜多种轴网，可完成任意形状建筑物图形的输入。柱、梁、板、墙、门窗、楼梯、洞口、屋面、基础等假设为独立层分别输入，计算时自动进行叠加处理，并根据工程量计算规则，自动扣减。

② 根据输入的建筑施工图和结构施工图，采用扫描或单独定义的方法，快速准确地自动计算出各种装饰工程量，如柱面、梁面、墙面、墙裙、踢脚线、楼地面、天棚等工程量。

③ 可以进行各种类型的基础工程量自动计算，如板式、满堂、条形、独立、桩基等基础。同时，自动计算土方、垫层、基础梁、防潮层、基础模板、回填土等工程量。

④ 一栋建筑在绘完标准层后，采用图形复制、功能复制和属性替换等功能，可以快速方便地完成其他楼层。图形按实际比例显示，可随意缩放，尺寸自动标注，因此图形输入准确与否一目了然。同时，软件提供丰富的图形输入、编辑、修改、查询等功能，为工程图快速方便输入提供了保证。形成的工程图可以打印、复制，方便使用。

⑤ 能自动计算工程量，并具备核查功能，能形成三维模型，实现可视化和方便查错。计算的结果、明细、公式、汇总和工程图形均可显示和打印输出，便于审核和校对，并满足用户的不同需求。

⑥ 开放式的数据文件管理，方便用户增减定额或图集。自定义工程量计算规则，可以适合全国各地的定额管理要求和特殊情况。工程量计算的结果可以生成 Excel 文件，方便用户做二次开发使用，从而实现定额自动套价计算。

2. 图形算量软件的计算步骤

① 建立项目　输入项目的相关信息。

② 楼层定义　就是将该项目的层数、层高等信息进行输入，同时对整幢楼的信息如室外地坪标高、外墙裙的高度等做出定义。

③ 定义轴线　在绘图前，先按照施工图的实际情况建立主轴网和辅助轴网。

④ 绘图　建立了项目和楼层信息，并定义了轴网以后，就要按照规则把工程图的内容输入到计算机中。

⑤ 汇总计算　完成以上操作后，即可对所画图形进行单层或多层的汇总计算，确定工程各部分的工程量、计算公式和项目是否正确。

⑥ 报表输出　计算的结果（包括计算公式、明细、位置等）和工程图形均可输出，方便用户审核和校对。

9.1.3 常用图形算量软件简介

近年来，算量软件已经发展到以 BIM（building information modeling）模型为载体，工程量自动计算的阶段。这个阶段的算量软件特点是，算量的环境从平面蓝图搬到了电脑三维模型上，通过建模在电脑上真实地反映出设计图纸的实际三维效果，查看工程量直观形象，报表统计灵活快捷，大大提高了预算工作人员的工作效率，也为企业带来更多的效益。目前用于建设工程的算量软件有很多，如：鲁班算量软件、斯维尔算量软件、广联达系列算量软件、智在舍得算量软件、晨曦算量软件等。软件开发商一般在网站提供相关软件和教学视频,本章主要介绍一些常用软件及其官方网站,方便读者下载学习。

1. 鲁班算量软件

上海鲁班软件有限公司成立于1999年,一直致力于以先进的管理理念与信息技术,推动中国建筑业进入智慧建造时代。鲁班软件已转型为互联网服务模式,包括鲁班大师(土建、钢筋、安装)、鲁班成本测算、鲁班下料、鲁班节点等专业建模算量软件。

用户登录上海鲁班软件有限公司官方网站,进入“鲁班学堂-综合服务平台”下载安装软件即可。

2. 斯维尔算量软件

斯维尔算量软件是深圳市斯维尔科技有限公司开发的系列软件之一,包括三维算量(THS-3DA)、安装算量(THS-3DM)等软件。三维算量软件是图形化建筑项目工程量计算软件,它利用计算机的“可视化技术”,采用“虚拟施工”的方式对工程项目进行虚拟三维建模,从而生成计算工程量的预算图。经过对图形中各构件进行清单、定额挂接,根据清单、定额所规定的工程量计算规则,结合钢筋标准及规范规定,计算机自动进行相关构件的空间分析扣减,从而得到工程项目的各类工程量。安装算量软件是安装工程量图形化计算软件,它以AutoCAD为平台,采用“虚拟施工”的方式进行三维建模,可用于建设工程设计、施工、监理等单位的安装工程算量工作。

用户登录深圳市斯维尔科技有限公司官方网站“斯维尔知道”,进入“软件下载”,下载安装软件即可。

3. 广联达算量软件

广联达土建钢筋二合一软件——广联达BIM土建计量平台GTJ、安装算量软件GQI等是广联达自主图形平台研发的算量软件,无需安装CAD即可运行。软件内置清单工程量计算规范及全国各地现行定额计算规则;可以通过三维绘图导入BIM设计模型、识别二维CAD图纸建立土建算量模型;模型整体考虑构件之间的扣减关系,提供表格输入辅助算量;三维状态自由绘图、编辑,高效且直观、简单;运用三维布尔技术轻松处理跨层构件计算,彻底解决困扰用户难题;提量简单,无需套做法亦可出量;报表功能强大,提供做法及构件报表量,满足招标方、投标方各种报表需求。

用户登录广联达科技股份有限公司官方网站“服务新干线”,进入“软件下载”,下载安装软件即可。

4. 智在舍得算量软件

智在舍得土建钢筋算量软件是将土建算量和钢筋算量合二为一的新一代工程量计算软件,内置中国自主平台CAD软件,高效识别,快速建模;规则全面,自动扣减;一模多用,数据留痕,助力工程造价从业者快速、准确完成工程量计算,持续提升工作效率。智在舍得土建钢筋算量软件通过识别设计院电子文档和手工三维建模两种方式,把设计蓝图转化为面向工程量及套价计算的图形构件对象,整体考虑各类构件之间的扣减关系,非常直观地解决了工程造价人员在招投标过程中的算量、过程提量和结算阶段土建工程量计算和钢筋工程量计算中的各类问题,把工程造价人员从繁重的手工算量中解放出来,大幅度提高了建设工程量计算的工作效率和精度。

用户登录湖南智多星软件有限公司官方网站,进入“产品分类”,找到对应软件,点击“软件下载”,下载安装软件即可。

5. 晨曦算量软件

晨曦算量软件支持全国清单定额,内置国家建筑标准设计图集规范。高效建模,并可快速导出模型构件工程量及清单、定额、实物工程量,算量计价一步到位。

用户登录福建晨曦信息科技集团股份有限公司官方网站,进入“产品 & 方案”,选择“BIM 算量”,点“下载体验”,下载安装软件即可。

9.2 建设工程计价软件的应用

建设工程计价软件通过建立清单数据库、定额数据库、材料价格数据库、取费程序数据库等,将全部数据库预先输入计算机的外存储器中,并提供套用清单和定额的可视化操作界面。在编制预算时,用户只要输入工程量数据,再调入预先存储的资料,按照计量、套价、取费三个步骤,便可自动完成计算过程。

工程量输入可由人工完成,在软件中输入工程量的结果或输入工程量的计算表达式,由软件完成对该表达式的计算。也可以直接导入算量软件导出的工程量数据,或将算量软件计算的数据以 Excel 表格形式导入,然后利用建设工程计价软件自动计算工程造价和汇总、分析。

9.2.1 计价软件的功能

建设工程计价软件一般都提供了工程项目管理、定额管理、费用管理和预算编制等四大基本功能。

1. 工程项目管理功能

工程项目管理功能可以对项目管理库进行添加、查询、修改、删除等,在编制预算前,把该工程的各种基本特征数据输入该库,如:工程名称、工程结构类型、招标单位(或投标单位)、编制单位等;预算编制结束后将各种造价分析数据汇总在该工程记录内。

2. 定额管理功能

定额管理库是根据各地区的概预算定额、费用定额、材料设备价格及造价汇编等建立的。它包括定额库文件、补充定额库文件和价格文件。定额管理功能是对定额数据进行管理操作,可对定额库进行添加、查询、修改、删除等。建设行政管理部门发布的相关造价文件、补充定额,随时可以编入。

3. 费用管理功能

费用管理功能是对预算费用项目及标准的费用数据进行添加、查询、修改、删除等。

4. 预算编制功能

预算编制功能具有初始数据输入、相关费用计算和报表输出等功能。

9.2.2 计价软件的使用

1. 工程项目管理系统

建设工程计价软件具有建设项目分级管理功能,这种功能设计层次感强,管理大型项目十分方便。编制概预算时,以单位工程为基本单位,各单位工程的概预算文件可自动逐级汇总形成单项工程综合概预算,各单项工程的综合概预算进而可自动汇总为建设项目总概预算。同时,计价软件在一个单位工程内部,还可根据清单所在的章节提供多级分部工程,也可由用户来自定义分部工程或分层、分段,方便项目经理部的总包、分包之间的预算和结算等问题。

2. 清单项目与定额子目输入

清单项目的输入与定额的套用是编制工程概预算的最基本工作,也是影响工程造价编制速度的一个重要因素。目前计价软件充分利用计算机存储量大、检索速度快的特点,把所有的定额信息建立了数据库。这样,使用软件时就可采用多种方式随时调用。软件中常用的子目输入方法如下:

① 直接输入　输入清单项目编码,软件能够自动检索出其对应的定额子目,通过输入清单工程量和勾选相应定额子目,能完成该项清单的综合单价计算。

② 按章节检索　模仿手工翻阅清单项目和定额书的过程,在软件界面上直接选择清单项目或定额章节来查询。同时,软件一般还提供了清单项目工作内容、定额的章节说明、计算规则、工作内容以及注意事项,用户都可以脱离定额书来编制工程概预算。

③ 利用关键字查询定额子目　如:在定额子目选择时,输入关键词“挖土机”,则所有定额名称中的包括该关键词的定额子目都能显示出来供选择。

3. 定额换算与补充

定额是在特定时期、特定条件下编制出来的,不可能涵盖所有的工程内容;同时,由于施工技术不断更新,新工艺、新材料不断出现,因此在编制工程预算的过程中,常遇到定额换算或需要编制补充定额。建设工程计价软件一般都提供了多种换算功能。

① 直接换算　直接打开一条需要换算的定额子目的人、材、机消耗量表,在该表中可以任意删除、增加和替换相应材料,可以任意对该消耗量进行修改,这种方法可以实现所有的换算形式。

② 智能换算　对常用的换算,如系数换算、配合比换算、强度等级换算、实际值换算,在输入定额子目时,软件自动提示可能换算信息供用户勾选;也可先输定额子目,再进行智能换算。

③ 补充定额　计价软件还提供了直接补充子目或借用定额子目建立补充子目等方法,并且补充子目还可以存档和维护,经过存档的补充子目在下次使用时,可和普通定额子目一样调用。

4. 工料分析与价差调整

建设工程计价软件供应商一般在网上提供相应地市造价管理部门公布的不同时期的信息价,用户可下载存入材料价格库,在工料分析的基础上,再通过材料库中已存的相应信息价(或市场调查价)调差,进行汇总。也可根据施工期间材料购买幅度,结合此时造价管理机构公布的不同时期的信息价(或市场调查价),加权平均得到均衡市场价来进行调整,加权值可根据不同时期材料购买幅度计算。

5. 工程取费

全国各地的取费定额一般都严格规定了取费程序、相应的费率及取费基数。因此计价软件也在各地定额库中建立当地所有类型建筑工程取费标准的模板。用户只需要选定自己需要的模板,取费工作就完成了。计价软件还具备以下功能:允许用户在取费表中任意定义自己需要的取费项目,可对费率进行任意修改;允许用户在一个工程内同时建立多个费用文件,方便分部取费、清单综合单价取费及报价时进行多个费用方案的报价对比。

6. 报表输出

报表是概预算文件的最终表现形式。目前我国还没有统一的预算报表规范,各地区对预算报表的格式要求存在一定的差异,即使在同一个地区,不同部门及行业之间,由于内部规范标准的特定要求,其报表的表现形式也是不同的。基于这种情况,软件设计时提供各种报表的模板,供用户根据需要输出相应报表。

9.2.3 常用计价软件简介

目前用于建设工程计价的软件有很多,如:斯维尔清单计价软件、广联达云计价平台 GCCP、神机妙算云计价 V90 平台、纵横公路工程造价管理软件、同望 WECOST 公路工程造价管理软件、智多星工程项目造价管理软件、鲁班造价等。计价软件操作较简单,软件开发商一般在网站提供相关软件和教学视频,本章主要介绍一些常用软件及其官方网站,方便读者下载学习。

1. 斯维尔清单计价软件

斯维尔清单计价软件全面贯彻实施《建设工程工程量清单计价规范》(GB 50500—2013),涵盖全国各地区全专业定额,提供清单计价、定额计价、综合计价等多种计价方法 ,适用于建设工程概预结审全业务编制,满足电子招、投标报价的需求。软件提供指标分析、审计审核、计量支付等功能,实现了工程造价审计和造价管理的业务需求,形成了集计价、招投标编制、造价管理于一体的多维度计价体系。按照"全国统一平台、操作风格一致、尊重地区个性"的设计思路,产生满足全国各地计价的清单计价软件版本。用户登录深圳市斯维尔科技有限公司官方网站,进入"产品与解决方案",下载安装软件即可。

2. 广联达云计价平台 GCCP

广联达云计价平台 GCCP 是广联达科技股份有限公司自主研发的工程造价系列软件之一,重点通过概算、预算、结算、审核等功能模块,快速实现招标管理、投标管理、过程结算、审核等全过程造价管理。支持清单计价和定额计价两种模式,实现智能组价,一键载价,快速调价。产品覆盖全国各省市、采用统一管理平台,利用云和大数据应用技术,实现造价指标专业分析精细化,过程管理可溯化,帮助造价人员实现计价和控价等,完美解决招投标阶段和施工阶段、结算阶段等业务问题。用户登录广联达科技股份有限公司官方网站"服务新干线",进入"软件下载",下载安装软件即可。

3. 神机妙算云计价 V90 平台

神机妙算云计价 V90 平台是上海神机妙算软件有限公司开发的系列软件之一。该公司 1992 年即研发出海南第一套自带汉字系统的工程预算软件,也是国内第一套不需要其他汉字平台支持的工程预算软件。软件支持全国所有地区计价规范,内置 31 个省、自治区、直辖市的标准定额数据库及公路、电力、煤炭、通信、国土、水利、沿海港口、内河航运、有色金属、冶金、电力技改、电网检修、爆破等行业定额;支持概算、预算、结算、审计审核之间数据、清单计价与定额计价一键转化,一键快速调整总价、综合单价、全费用单价;支持跨地区、跨专业套清单、定额,支持民建定额与行业定额混合无缝衔接使用。用户登录上海神机妙算软件有限公司官方网站,进入"下载中心",下载安装软件即可。

4. 纵横公路工程造价管理软件

纵横公路工程造价管理软件是珠海纵横创新软件有限公司开发的系列软件之一,主要用于编制公路工程建设项目的投资估算、设计概算、修正概算、施工图预算、招标控制价、投标报价、合同中间结算、设计变更结算、竣工结算。用户登录纵横公路工程造价管理软件官方网站，进入“软件下载”，下载安装软件即可。

5. 同望 WECOST 公路工程造价管理软件

同望 WECOST 公路工程造价管理软件是广东同望科技股份有限公司开发的系列软件之一，适用于公路工程基本建设项目投资估算、设计概算、施工图预算、招标控制价、清单报价及结算造价文件的编制。用户登录广东同望科技股份有限公司官方网站，进入“产品服务”，下载安装软件即可。

9.3 BIM 在建设工程造价管理中的应用

项目建设过程中，工程造价管理工作需要大量的数据信息支撑，投资估算、设计概算、施工图预算等需要准确的数据作为计算依据，施工过程中的动态结算、竣工结算及竣工决算更是需要各种项目信息、变更签证数据信息、实时造价信息等的支撑。随着现代建筑规模、功能、要求的增加，建筑产品信息的种类、来源、复杂性也随之急剧增加，包括业主、设计方、施工方、监理、材料设备供应商等不同参与方的信息，投资决策、设计、招标、施工、竣工验收等不同阶段的信息，建筑、结构、水电、暖通、施工、安装等不同专业的信息等。这些不同种类的、复杂的信息，给建设项目实施过程中的信息收集和整理带来极大的挑战，给建设工程的造价管理所需的相关信息传递及共享带来了极大的难度，信息管理问题成为阻碍造价管理顺利实施的关键因素。

BIM 是用数字建模软件把完整的建筑信息以参数化、数字化的形式构建模型，该模型涵盖了建筑物的所有构件信息、项目信息、造价信息，因此 BIM 的实质是搭建一个信息共享平台，通过三大数据标准 IFC、IDM、IFD 的支撑，把不同软件、不同阶段、不同参与方有效地连接起来，确保与该建设工程项目相关的所有信息得以快速、通畅地传递及共享。

9.3.1 BIM 概述

1. BIM 的概念

BIM 的全称是 building information modeling（建筑信息模型），BIM 是一个数字信息模型，该模型包含了建设项目全生命周期内的全部物理特性及构件信息，还包括施工进度、过程控制等信息。

因为 BIM 是一个正在发展中的新事物，因此对于 BIM 的定义与解释也在不断地发展与完善之中。迄今为止，仍然没有一种单一且被完全广泛接受的 BIM 定义。

美国 McGraw-Hill 公司在 2009 年的一份报告中对 BIM 进行了定义：BIM 是一个通过构建并使用数字化信息模型，对建设项目进行设计管理、施工管理及运营维护的过程。

美国国家 BIM 标准（NBIMS）对 BIM 的定义：BIM 是一个包含建设项目的物理和功能特性的数字模型，其提供可靠的信息资源共享，为人们在从建设项目初期开始的全生命周期内的所有决策提供依据；BIM 是基于公共协作和共享的标准化数字信息模型，实施 BIM 的条件是在 BIM 建模过程中，不同项目参与方可以在项目建设的各个阶段对 BIM 模型进行插入、提取、更新及修改，以此来支持各方的工作并履行职责。

综上所述，BIM 具有以下特点：

（1）BIM 是一个数字信息模型

BIM 是采用完整的建筑信息以参数化、数字化的形式构建模型，该模型涵盖了建筑物的所有构件信息、项目信息、造价信息，相当于一个项目的虚拟替代品。

（2）BIM 是一个信息共享平台

BIM 是一个科学合理、可供复查、信息透明的数字技术平台。通过这个平台，可以确保项目各参与方在项目建设过程中沟通顺畅、共同协作、信息共享，提升各项工作和决策的有效性和准确性，提高项目管理的科学性和合理性，由此减少因信息传递受阻而产生的错误和浪费等现象，降低成本，提高投资效率，并确保项目按时完成。BIM 信息共享平台如图 9-1 所示。

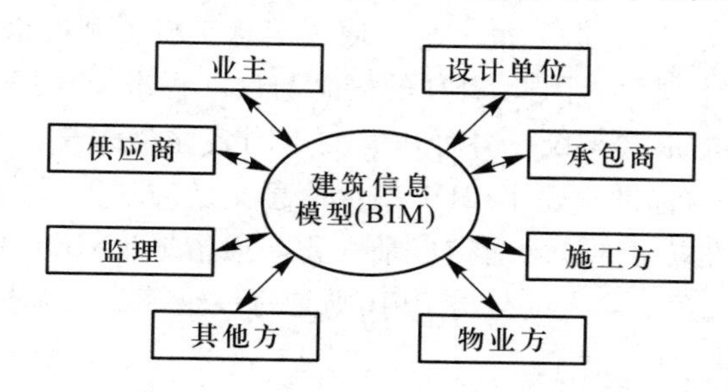

图 9-1 BIM 信息共享平台

（3）BIM 能在项目实施中不断完善

在项目建设的各个阶段，所有参与方都可以对该数字模型中的信息进行提取和更改，从而满足项目需求，顺利完成各项工作。

2. 数据标准

长期以来，由于不同的专业软件之间数据格式差异较大，导致在不同软件之间进行信息交换变得十分困难。为了解决这个问题，最有效的方法是研发一个所有软件都能支持的数据文件标准，所有软件都可以通过这个数据文件标准来进行相互之间的信息交换。因此，国际上推行了一些标准来规范不同数据的表达和交换，目前推广度比较高的三个标准分别是 IFC、IDM、IFD。

（1）工业基础类数据（industry foundation classes，简称 IFC）标准

国际标准组织 ISO 对应 IFC 的标准是 ISO/PAS 16739:2005。IFC 标准是一个计算机可以处理的建筑数据表示和交换标准，是目前受建筑行业广泛认可的国际性公共产品数据模型格式标准。IFC 是一种基于使用对象的公开的数据文件交换标准，其包含了建设项目全生命周期中不同阶段的所有信息，这些信息全面而细微，可以具体到单个构件的属性、几何、造价等信息。IFC 标准是建设项目的信息集成，其提供了所有信息交换的标准和格式，可以满足所有的建设项目信息交换。

IFC 标准的作用是定义一个基于使用对象的可用于实现信息交换的数据交换标准，其满足四个要求：贯穿项目生命周期、全球可用、横跨所有专业、不同应用软件通用。各大 BIM 软件商纷纷开发支持 IFC 标准格式文件的软件系统；许多国家也已开始致力于 IFC 标准的 BIM 实施规范的制定工作。

（2）信息交付手册（information delivery manual，简称 IDM）

国际标准组织 ISO 对 IDM 的标准是 ISO 294811:2010 和 ISO/CD 294812:2010。IDM 是定义不同阶段、不同对象之间需要交换的信息类型以及交换的方法流程，并确保这些信息交换流程能

够被正确理解和使用。IDM 的主要作用是明确在不同阶段、不同对象之间需要交换的信息类型,以及如何交换。

(3) 国际术语词典框架(international framework for dictionaries,简称 IFD)

随着经济全球化的发展,各国之间的合作建设项目日益增多,很多大型项目、国际合作项目的参与方往往来自不同国家,不同参与方之间的语言习惯、文化背景都有较大差异。因此,对于某些建设项目信息的名称及称谓,也往往会有一些差别。

为了解决这一难题,国际标准 ISO 通过采用概念和名称或描述分开的做法,引入类似人类身份证号码的方式来给每一个概念定义一个全球唯一的标识码,不同国家、地区、语言的名称和描述与这个标识码进行对应。从而,保证每一个人通过信息交换得到的信息和想要的信息一致,避免因信息称谓等原因而产生误解。因此,IFD 的概念与国际标准 ISO 120063:2007 联系紧密,IFD 的作用是利用信息字典库的形式来统一各种信息的不同名称及称谓。

IFC、IDM、IFD 三大数据标准构建了 BIM 平台信息交换的基础,保证建设项目信息的传递和共享通畅,BIM 技术平台的应用价值才能得以最大化。通俗地说:IFC 类似于一个药品齐全的药库,IDM 是针对某项疾病或某个病人的处方,IFD 则是每一个药品有全球唯一的标识码。

9.3.2 我国建设工程造价管理现状

当前的我国建筑市场中,建设项目各参与方大都仅仅关注自身利益,以至于存在着信息不对称、透明度较低的现象。具体表现为:业主不按工程建设标准程序进行立项、报建及招标,任意肢解工程,强行要求承包商垫资,拖欠工程款等;承包商恶意竞争、串标围标、层层转包、偷工减料,导致工程质量低下、安全事故频发,影响社会公共利益、增加社会成本;招标管理机构和中介公司办事不公,随意设定收费标准,与投标人合谋,引发腐败行为,一定程度上推升了工程造价成本。

此外,工程造价管理观念陈旧、经营手段落后。在信息收集的过程中,没有及时对信息进行整理和分析,也没有制定标准的程序对其进行审核,导致工程造价管理过程中的信息资源匮乏,缺乏科学性、合理性。在工程实施中,“三超”现象十分严重——概算超估算,预算超概算,决算超预算。

1. 信息管理方面存在的问题

当前建设项目全过程造价管理实施过程中,信息交流不畅、信息无法完全共享、无效信息、信息传递成本较大等成为阻碍工程造价有效管理的最大问题。

(1) 信息沟通方式落后

目前的信息沟通方式,如纸介质、快递、项目协调会议、邮件、传真等,既增加了沟通的成本,又需要花费大量人力进行沟通和协调,不可避免地在信息发布和传达过程中发生遗漏和失误,给后续的项目管理带来更多困难。如:设计阶段涉及的相关专业较多,常因信息沟通不灵,使得各专业施工图产生冲突和错误,导致设计变更、增加造价。同时传统的信息沟通大多采用点对点的方式,缺少多方沟通和协调,难以实现建设项目全过程的信息集成管理。

(2) 信息不能有效共享

在传统的建设项目管理模式下,各个阶段的项目参与方都以本阶段的造价管理目标为主,项目信息的使用和共享具有阶段性,并没有从全过程角度出发,从而导致各阶段之间缺乏有效的信息交流,造成造价信息支离破碎。如:决策、设计和施工阶段的很多对运营管理很有价值的信息往往不能在运营维护阶段使用,造成大量信息资源的浪费。

(3) 信息流失严重

由于建设项目建造过程的阶段性管理方式,信息在全过程的不同阶段之间、不同参与方之间流动和传递时,必然会导致大量信息流失,降低了造价管理的工作效率。另外纸质文档的信息传递需要重新输入到相应的应用软件中。每一阶段都会有大量的人工重复录入,不可避免地要产生信息的流失和错误。尽管施工图纸等信息可以使用电子文档进行相应的数据传递,但因不同应用软件之间的兼容性问题,很难保证信息传递的效率,从而导致了大量的信息流失。

(4) 信息传递延误

信息传递延误主要有两个方面的原因:一是沟通方式落后,由于建设项目的各参与方地域空间上的分布特点,使得信息不能及时传递给对方;二是各个参与方内部的层级式组织结构,在意图传达和意见反馈方面拖沓现象严重,不利于审批意见、通知单等信息的迅速传达和获取,尤其是到政府主管部门办理审批意见获取各种使用证书等,层级的管理机构使得需要花费大量时间获取所需的相关信息。

(5) 信息不能有效集成

由于信息的创建、交换和共享没有统一的数字平台,使得在不同阶段,不同专业人员大多是基于本专业的软件进行信息管理,缺乏有效的集成。同时这些应用软件之间因兼容性差,不能实现信息的关联修改。

2. 造价过程管理中存在的问题

建设项目工程造价管理,要求站在全过程、全方位的角度,通过资源的合理配置,控制工程总成本,确保完成项目投资目标。如果缺乏有效控制,极易出现“三超”现象,甚至产生不必要的经济纠纷。

(1) 各阶段造价管理缺乏协调

由于建设项目各个阶段之间的工作重点和内容都不尽相同,各个阶段的造价管理目标也有较大差异。加之我国的工程造价管理缺乏系统的管理模式,建设单位、设计单位、施工单位及审核部门等建设主体之间缺乏统一的造价管理目标,相互之间缺乏沟通,造价管理普遍出现阶段性脱节现象,建设项目造价管理体系并未起到应有的效果。不同的阶段之间、阶段与全过程之间的造价管理目标往往难以统一,造价管理工作难以协调,出现大量的设计变更、工程变更现象,增加了项目的无效成本,使得全过程造价管理难度加大,全过程造价管理效果不佳。

(2) 各阶段的造价管理失控

当前在我国建设项目全过程造价管理过程中,各个阶段的造价管理效果仍然较差,进而也影响到全过程的造价管理工作效果。如:设计单位在进行工程设计时,没有兼顾方案的技术性和经济性,重技术、轻经济,不关注造价的高低;竣工结算时问题频频发生,业主和承包商在进行决算时因工程量的差异、变更指令的认可、沟通等问题,引发大量扯皮现象,造成某些项目竣工结算和竣工决算拖延现象严重,严重影响项目的正常投入使用,项目的最终工程造价也难以确认。

3. 参建各方造价管理协调存在的问题

在当前的运行机制及合作模式下,建设项目各参与方都关注于各自自身的经济利益,在建设项目全过程实施过程中,各参与方都尽力维护各自的利益,着力完成各自的成本管理目标。当各参与方之间的成本管理目标出现矛盾之时,各参与方主观上一般都不愿意做出让步,此时,须查阅大量的成本数据、各类成本工作交接记录等,以此来判定各方之间的成本利益,做好相关的协同工作。因此,各参与方之间的协调问题也成为阻碍建设工程造价管理顺利完成的一大因素。

同时,由于参建各方在合作过程中缺乏信任,不愿意将关乎自身利益的资料信息过多地透露给其他参与方,造成信息割裂、信息传递受阻,导致建设过程中产生各种错误、重复工作、预算超支、工期延误及后期的高额运营维护费用等,主要由业主承担。因此,业主对于建设项目的造价承担了较大的风险,建设项目全过程造价管理的目标也难以实现。

9.3.3 BIM 在建设工程造价管理中的应用

BIM 的出现始于市场的驱动力,正是因为 BIM 的出现,才为建筑业的信息化提供了一种技术、方法、机制和机会。任何有价值的技术的出现,都会带动社会的发展。BIM 为传统的建设项目带来新的机遇的同时,也带来了新的挑战。BIM 在建设项目实施过程中及其造价管理中的应用价值如表 9-1 所示。

表 9-1 BIM 的应用价值

<table>
<tr><th>项目实施过程</th><th>BIM 任务</th><th>造价管理内容</th><th>应用价值</th></tr>
<tr><td>项目决策阶段</td><td>1. 拟建场地分析
2. 建立规划模型,方案论证
3. 进行可行性分析</td><td>投资估算</td><td>1. 确保投资收益最大化
2. 提高决策准确性</td></tr>
<tr><td>项目设计阶段</td><td>1. 建立设计方案模型
2. 自动生成图纸等数据文件
3. 各专业协调设计
4. 建立设计模型,信息整合与关联
5. 模型碰撞检查、修改模型</td><td>1. 设计概算
2. 修正概算
3. 施工图预算</td><td>1. 设计方案选优
2. 表达更形象,降低各专业间冲突
3. 便于修改、减少变更、节约成本
4. 便于设计阶段的成本控制</td></tr>
<tr><td>施工准备阶段</td><td rowspan="4">1. 增加 BIM 模型中的施工信息
2. 4D 时间动态检测分析
3. 5D 成本及变更分析
4. 设备安装碰撞检测
5. 掌握建筑使用信息
6. 提供数据更新</td><td rowspan="2">1. 施工成本控制
2. 施工图预算(包括招标控制价、投标价、中标价、合同价等)
3. 工程结算</td><td rowspan="3">1. 优化施工方案,提高工程量精度与稳定性
2. 提高施工效率和质量
3. 节约施工工期
4. 节约施工成本、降低工程造价</td></tr>
<tr><td>建设实施阶段</td></tr>
<tr><td>竣工验收
交付使用阶段</td><td>1. 竣工结算
2. 竣工决算</td></tr>
<tr><td>运营维护阶段</td><td>保修金支付</td><td>1. 有助于建筑物的维修管理
2. 改善规划,设施管理维护</td></tr>
</table>

注:4D 即 4 维,是在三维的基础上增加时间维;5D 即 5 维,是在 4 维的基础上增加成本(或造价)维。

1. BIM 在项目决策阶段的造价管理

项目决策阶段的重要任务是合理确定投资估算、确保投资效益最大化。在项目规划阶段，业主需要对建设项目方案的技术性和经济性做出评价，使其满足类型、质量、功能等要求。BIM 技术可以为业主提供概要模型，针对建设项目方案进行分析、模拟，从而降低建设成本、缩短工期并提高工程质量。通过 BIM 的数据模型及信息库，充分利用 BIM 的模拟性及可视化等特点，为建设项目模拟决策提供有力的支持。在投资决策阶段，参考 BIM 数据模型，查找和拟建工程类似项目的造价信息（如人工、材料、机械台班单价），参照已完类似工程的单方造价，使拟建项目的投资估算更为准确。在有多个投资方案的情况下，通过 BIM 对多个方案进行造价对比，选择经济较优的方案，更加便捷、准确、可靠，使得投资估算不会出现较大偏差。

在项目决策阶段，进行投资估算最大的难题在于对不可预见费的预估，由于建设工程的特殊性及一次性，建造过程中的不可控风险往往难以准确预见，因此不可预见费的预估也常常不够精确。在传统建设方式下，不可预见费所占的比例都较高，基于 BIM 的数据信息库及模拟建设，能够有效预见到工程项目建设过程中碰到的风险，从而降低不可预见费的比例，使得投资估算更加合理、准确。美国的一项研究表明，BIM 的应用可以提高投资估算、概算、预算及决算的准确性，降低业主对于不可预见费的投入。

2. BIM 在设计阶段的造价管理

建设项目设计阶段对整个项目工程造价管理的影响巨大，加强设计阶段工程造价管理意义重大。通过 BIM 提供的信息共享平台，设计成果可以呈现三维可视化，表达更加形象，各参与方也可在早期便介入到建设工程中来。

目前设计阶段最有效的工程造价管理措施是限额设计，所谓限额设计就是严格要求按照前期可行性分析报告中的投资估算额来控制初步设计，根据设计总概算额来控制施工图设计，在保证各专业达到设计方案要求的基础上，按分配的投资额度控制设计阶段的造价管理，控制不合理的变更，确保总投资额不会超出。限额设计是建设工程设计阶段投资控制系统中的一个重要环节，是工程建设过程中控制投资支出、保证建设资金得以有效分配和使用的重要措施。当通过制图软件完成建设工程图纸设计后，再通过 BIM 数据库，将设计图纸的构成要素与相应的造价信息进行关联，根据时间维度输出分部分项工程的造价信息，在设计阶段控制工程造价，有效地实现限额设计的目标。

设计图纸完成之后，需要进行设计交底和图纸审查，传统的方式是基于 2D 平面进行图纸审查，而且土建、水电、暖通等不同专业是分开设计的，这样在进行图纸审查时仅仅靠人为检查很难发现设计中的纰漏及不合理之处。基于 BIM 技术，可以将不同的专业整合于 BIM 信息共享平台，业主、承包商、设计单位、监理等在早期即可介入设计阶段，从各自不同的角度对图纸进行审核，实现基于 BIM 的协同设计，并运用 BIM 的可视化特性对拟建工程项目进行 3D、4D 甚至 5D 的虚拟碰撞检查，及时发现设计的不合理之处，减少设计错误的发生，有效防范后期可能因设计变更产生的纠纷，降低成本。同时，基于 BIM 的所有信息（图纸、报表等）都能实现协调、一致并相互关联，对设计信息进行修改和变更时更加容易。

在 BIM 的支持下，能够及时、高效、准确地计算出设计阶段的概算，同时，每一种设计方案都能得到相应的数据支撑，快速反应为造价的变化，使得限额设计能够落到实处，确保设计方案的技术性和经济性都达到最优。

3. BIM 在施工准备阶段的造价管理

招投标阶段是建设单位将投资理念转化为实际的过程，在该阶段，建设单位的主要造价管理工作是做好招标文件、标底、拦标价，保证招标过程能够顺利进行，最终寻找到技术合格、经济最优的供应商进行合作。施工单位的主要造价管理工作是做好投标文件，进行投标报价，以期能够顺利中标，承揽工程。在传统的工作模式下，建设单位和施工单位都需要花费大量的时间进行招标文件和投标文件的编制，以及进行工程量的审核。基于 BIM 模型，建设单位可以快速、准确地计算出招标所需的工程量，编制招标文件。对于施工单位，由于招标时间一般较紧，如果单纯依靠手工的计算，多数施工单位难以对招标单位提供的工程量清单进行精确的核实，只能对部分分部分项工程进行核实，难免会出现一些误差。利用 BIM 模型，施工单位可以快速进行工程量的核对，避免因工程量的问题导致项目亏损，极大地提高招投标过程的准确性和实施效率。

同时，基于 BIM 的信息共享平台，能够有效地保证各项信息的公开透明，招标方发布的信息能够第一时间传递到所有投标单位，避免了信息不对称的情况发生。BIM 技术与互联网可以有效地结合，极大地促进招投标管理部门对整个招投标过程的监管，减少舞弊现象和腐败现象的滋生，有力地推动建筑业朝着更加规范和透明的方向发展。

4. BIM 在施工阶段的造价管理

在施工阶段，因为工期持续时间长、市场变化快、工程建设不确定性多等因素，工程造价管理难以做到真正的过程控制。前期的预算加上过程中的结算，往往会造成造价超支的现象发生。基于 BIM，在施工过程中，一旦设计人员提出设计优化、变更及其他突发情况，可通过 BIM 及时对工程量进行动态调整，将工程建设期间的所有造价数据资料存储于 BIM 系统之中，并保持动态更新，且能保证所有端口的数据关联在一起，工程造价管理人员可通过 BIM 及时、准确地筛选、选用相关数据。同时，基于 BIM 的造价软件可对供应商投标文件、进度审核预算及工程量结算书进行统一管理，为成本测算、签证管理及工程款支付等造价管理工作提供支持。

在施工阶段进行造价管理的过程中，材料费是其中重要的管控对象，一般而言，材料费占建设工程直接费的比例约为 70%，占预算费用比例约为 60%，对材料消耗进行有效管理和控制是施工阶段造价管理的一大关键。目前，我国建筑业中控制材料消耗普遍的做法是“限额领料”，但在实践过程中，由于大多企业没有具体的材料消耗量标准，在配发材料时，往往工期紧且数据信息不全、信息不对称，领料单上的材料数据信息往往并不准确或不完整，审核人员只能根据提供的数据及自身的经验对领料单上的材料消耗数量进行大致估算，限额领料的实施效果并不理想。基于 BIM 的使用，审核人员可以在 BIM 数据库中查取大量同类建设工程项目的历史数据，然后运用 BIM 进行多维度模拟计算，即使是任意一个细部的施工消耗标准也能被快速地分析、汇总及输出，实现真正的限额领料。

利用 BIM 技术的虚拟碰撞检查，可以在施工阶段的图纸审查中，提前发现并解决施工图纸中的问题，有效减少变更签证和返工，即使发生了变更，也可以利用 BIM 快速调整造价，关联相关构件信息，快速结算。建设单位也可以利用 BIM 进行资金安排和进度款支付的审核。此外，通过 BIM 软件平台，可以对施工阶段进行实时的监控和模拟，将工程的质量、进度、造价关联起来，实现多维度的项目管理。其中一个关键的环节就是通过 BIM 进行资源合理配置，利用 BIM

的参数性，根据施工进度快速计算相应的人工、材料、机械台班等资源的需求计划，进行相应的资金计划、人员计划、材料计划和机械计划等资源的分配，保持资源的使用均衡，对施工进度和施工方案安排进行动态控制，在施工组织中进行专业施工队伍的穿插流水施工，保证各道工序衔接紧密，避免窝工，更加准确地制定用工计划和资金计划，既能提高工程施工进度和质量，又能大大地降低工程成本。

5. BIM 在竣工验收交付使用阶段的造价管理

在竣工验收交付使用阶段，经过前期投资决策阶段、设计阶段、招投标阶段、施工阶段的补充和完善，BIM 模型的信息量已经足够丰富，其能够完全表达出竣工工程实际完成的工程量，而且信息完全公开、透明，面向所有参与方，可有效地避免建设方与施工方就已完工程量发生扯皮现象，此外，利用 BIM 模型可以提供完整的结算资料，保证结算资料的完整性。BIM 模型信息的完整性、准确性可以保证竣工结算顺利进行，提高结算效率，有效地节约竣工验收阶段的成本。

传统的工程资料信息交流方式，人为重复工作量大，效率低下，信息流失严重。而 BIM 技术提供了一个合理的技术平台，基于 BIM 三维模型，将工期、价格、合同、变更签证信息储存于 BIM 中央数据库中，可供工程参与方在项目生命周期内及时调用共享。从业人员对工程资料的管理工作融合于项目过程管理中，实时更新 BIM 中央数据库中的工程资料，各参与方可准确、可靠地获得相关工程资料信息。在竣工结算对结算资料的整理环节中，审查人员可直接访问 BIM 中央数据库，调取全部相关工程资料。基于 BIM 技术的工程结算资料的审查将获益于工程实施过程中的有效数据积累，极大缩短结算审查前期准备工作时间，提高结算工程的效率及质量。

同时，在建设项目竣工决算过程中，运用 BIM 可以对建设工程进行多维度的对比，对已完工程的各项数据进行多维度的统计、分析及对比，从整个项目的角度对建设投资效益进行分析，并建立相应的企业内部数据库，为项目后评价打下基础，为今后类似的建设工程的开展提供大量有效的参考数据。

6. BIM 在运营维护阶段的造价管理

项目质量保修期内，BIM 也能起到非常重要的作用。在 BIM 参数模型中，项目施工阶段做出的修改将全部实时更新，并形成最终的 BIM 竣工模型，可作为各种设备管理、空间管理、经营管理的数据库，为系统的维护提供依据。同时，在工程质量保修期内，对质量缺陷内容、保修情况、费用支付等问题或现象也能进行有效管理。

项目的运营期间，建筑物的各功能房间、建筑构配件、设备及管道等需要不断维护。BIM 竣工模型则恰恰可以充分发挥数据记录和空间定位的优势，通过结合运营维护管理系统，制定合理的维护计划，分配维护管理人员和专项维护工作，从而保证建筑物正常运营。

9.3.4 BIM 在建设工程造价管理中的发展趋势

1. BIM 应用于建设工程造价管理的障碍分析

(1) BIM 行业标准需进一步完善

BIM 需要在整个建设工程全过程中通过各种不同的软件进行信息的交换，如 CAD 软件、施工管理软件、造价管理软件等，这些软件可能由不同的制造商开发，要使这些软件能相互识别、互通数据，需要一个统一的BIM数据标准。目前国际上已经有通用的IFC、IDM、IFD三大数据交换标准，如：美国在2004年就编制了国家标准—NBIMS（national building information modeling standard）；同时，大力推动BIM的发展，部分州政府通过立法，强制性要求本州的一些大型建筑项目使用BIM。

我国在BIM领域的研究起步较晚。至2021年，正式发布与BIM相关的国家标准5部，如：《建筑信息模型分类和编码标准》（GB/T 51269—2017）、《建筑信息模型设计交付标准》（GB/T 51301—2018）等；出台的20部行业标准和指南共涉及5个行业，其中建筑行业14部、公路行业2部、轨道交通行业2部、水利行业1部、城市信息模型（CIM）1部。建筑行业起步较早，标准化进程相对成熟，其他行业起步较晚，标准化成果也少一些。因此，在建设项目规划报建、设计施工、竣工验收、维护维修等全生命周期的管理方面，仍有较多的BIM标准、指南需要建立与完善。

（2）BIM技术及软件问题

BIM在设计技术及软件方面还是存在一定的缺陷，这也是阻碍BIM在建筑业应用的障碍之一。BIM软件的适用性和导入性不佳，不同软件之间不兼容、接口不能互通。由于我国的特殊国情，各地区定额标准都不一样，需要把工程量导入到计价软件中才能得到总造价；同时，国内还没有统一的材料编码，导致了不同的软件系统自成一套体系，阻碍了基于BIM的数据共享。目前软件大多应用于设计层面，想要实现工程造价的信息化和过程化管理，符合我国建筑行业标准的应用软件和数据接口是不可或缺的。

（3）专业人才缺乏

BIM的工程造价管理体系，要求造价管理人员参与项目决策、设计、招投标、施工、竣工验收等全过程，从技术、经济的角度出发，熟知BIM应用技术及造价管理知识，制定基于BIM的造价管理措施及方法，对于造价管理人员的素质要求极高。目前的建筑业环境中，既懂BIM、又精通造价管理的人才十分缺失，这些都不利于我国BIM技术的应用及推广。

（4）BIM的工程造价管理应用模式障碍

BIM的应用模式是集成项目交付模式，即把业主、设计单位、承包商及材料设备供应商等集合在一起，各方基于BIM进行有效合作，优化建设工程的各个阶段，减少浪费，实现建设工程效益最大化，进而促进基于BIM的全过程造价管理的顺利实施。由于参建各方的信任、风险分摊、利益分配、责任承担等问题的存在，BIM应用及推广难度较大。

2. BIM在建设工程造价管理中的发展趋势

BIM的发展经历了由BIM标准到BIM工具再到BIM应用的过程。当前BIM应用不仅是一种技术实现问题，更是一种上升到行业发展战略层面的管理问题。

（1）BIM应用标准层面

BIM会推进全球一体化和信息的交流，实现信息交互与共享。各国政府将积极参与BIM标准的制定，完善建筑业行业体制和规范。

（2）BIM应用技术层面

BIM应用软件之间缺乏交互性，软件开发企业往往仅考虑自身所在领域软件间的兼容性。软件开发商将提高创新力，面向国际，创新技术工具，提高软件兼容性与互操作性，实现BIM同平台对话。

（3）BIM 的多维与投资动态管理

由于三维算量软件给出的是一个静态点的工程量，不具有实时性，而进度和材料管理是一个动态量，具有时变性。BIM 模型将会加入时间维度和成本维度组建 5D 模型，有助于对施工方案设计进行详细分析和优化，有利于工程管理人员更加合理地安排资金计划、材料计划、人员计划和机械计划等，以实现动态实时监控。

（4）BIM 应用管理层面

BIM 的应用更重要的是管理和实践问题。BIM 应用实践过程中，进行统筹管理，推行 BIM 辅助设计、指导施工、控制成本、支持后期运营管理，实现项目全寿命期综合应用。

参考文献

[1] 杨劲.建筑工程定额原理与概预算[M].北京:中国建筑工业出版社,1987.

[2] 尹贻林.工程造价计价与控制[M].3版.北京:中国计划出版社,2003.

[3] 张起森.公路施工组织及概预算[M].2版.北京:人民交通出版社,2003.

[4] 孟新田.建筑工程概预算[M].武汉:武汉工业大学出版社,1997.

[5] 陈建国.工程计量与造价管理[M].上海:同济大学出版社,2001.

[6] 投资项目可行性研究指南编写组.投资项目可行性研究指南[M].北京:中国电力出版社,2002.

[7] 中华人民共和国交通运输部.公路工程概算定额:JTG/T 3831—2018[S].北京:人民交通出版社,2019.

[8] 中华人民共和国交通运输部.公路工程预算定额:JTG/T 3832—2018[S].北京:人民交通出版社,2019.

[9] 中华人民共和国交通运输部.公路工程机械台班费用定额:JTG/T 3833—2018[S].北京:人民交通出版社,2019.

[10] 中华人民共和国交通部公路司.公路工程国内招标文件范本(2003版)[M].北京:人民交通出版社,2003.

[11] 张丽华.公路工程概预算编制指南[M].北京:人民交通出版社,2002.

[12] 胡德明.建筑工程定额原理与概预算[M].2版.北京:中国建筑工业出版社,1996.

[13] 石勇民.公路工程定额原理与估价[M].北京:人民交通出版社,2004.

[14] 周直,崔新媛.公路工程造价原理与编制[M].北京:人民交通出版社,2002.

[15] 郭婧娟.建设工程定额及概预算[M].2版.北京:清华大学出版社,2004.

[16] 邬晓光.公路工程施工招投标标书编制手册[M].北京:人民交通出版社,2003.

[17] 中华人民共和国交通运输部.公路工程建设项目概算预算编制办法:JTG 3830—2018[S].北京:人民交通出版社,2019.

[18] 中华人民共和国住房和城乡建设部,中华人民共和国国家质量监督检验检疫总局.建筑工程建筑面积计算规范:GB/T 50353—2013[S].北京:中国计划出版社,2014.

[19] 中华人民共和国住房和城乡建设部,中华人民共和国国家质量监督检验检疫总局.建设工程工程量清单计价规范:GB 50500—2013[S].北京:中国计划出版社,2013.

[20] 中华人民共和国交通运输部.公路工程标准施工招标文件[M].北京:人民交通出版社,2018.

[21] 陈贤清.工程建设定额原理与实务[M].3版.北京:北京理工大学出版社,2018.

[22] 彭东黎.公路工程招投标与合同管理[M].3版.北京:重庆大学出版社,2021.